Go言語ハンズオン

Go Language Hands-On

ハンズオン

掌田津耶乃 [著]
Tuyano SYODA

秀和システム

本書で使われるサンプルコードは、次のURLでダウンロードできます。

http://www.shuwasystem.co.jp/support/7980html/6399.html

本書について

Go1.15.1以降に対応しています。

はじめに

✚ようこそ、「Goワールド」へ！

世の中にはたくさんのプログラミング言語があります。その多くは、割と「これはどういう目的で作られたか」がはっきりしています。OSなどの開発用に生まれたもの、Webサーバーで動かすことを考えて作られたもの、スマートフォンなどのプラットフォーム用に設計されたもの、等々。

そんな中で、なんとも奇妙な立ち位置にある言語、それが「Go」でしょう。Goは、ネイティブコードを生成するC/C++などの言語に置き換わるものとして考案されました。けれどGoは、C/C++とはかなり違います。またその用途も、普通のPC用プログラムの作成を考えて作られたかと思っていたら、気がつけばWebサーバー開発にもガンガン使われるようになっていたりします。

非常に新しい言語なのに、オブジェクト指向じゃありません。とてもモダンな言語のはずなのに、GOTOがあります。わかりやすいコードを目指しているのに、read_and_writeのような変数は嫌われ、rだのwだの意味不明な1文字変数が多用されます。

そして何より不思議なのは、この奇妙な言語「Go」が少しずつシェアを広げていることです。Goは、もはやマイナーな言語ではありません。「Goが使える」となれば周囲から一目置かれる、そういう存在になりつつあります。

この奇妙で魅力あふれるGo言語がどんなものか、実際に簡単なサンプルを作りながら学んでいこう、というのが本書の趣旨です。電卓、超簡易エディタ、Webスクレイピングツール、YouTube管理のWebアプリケーション・サーバーなど、さまざまなものを本書では作っていきます。そうして、「Goという言語で何ができるのか、どう使えばいいのか」を身をもって学びます。

Goを覚えれば今すぐ何か利益になるのか、今すぐすごいものが作れるようになるのか、それはわかりません。ただ、Goを知った後は、それまでとはプログラミングの風景が少しだけ違って見えるはずです。あなたの開発シーンに新しい視点をもたらしてくれることは確かです。

それって案外、ものすごく貴重な体験だったりするのですよ、多分。さあ、一緒に覗いてみましょう。「Goの世界」を。

2021年2月

掌田　津耶乃

Contents 目　次

Chapter 5　データアクセス　　　　277

Chapter 6 Webサーバープログラム 355

Chapter 1

Go言語をスタートする

ようこそ、Go言語の世界へ！
まずは、Goのプログラムをインストールし、
どのようにプログラムを作成し実行するか、
その基本操作を覚えましょう。
合わせて、Visual Studio Codeという
開発ツールの準備も整えておくことにしましょう。

Section
1-1　Goのセットアップ

なぜ、Goなのか?

Go言語は、2009年にGoogleによってリリースされた、プログラミング言語の中では非常に新しい言語です。既にこれまで、無数といっていいほどに多くのプログラミング言語が開発され、使われてきました。それなのに、なぜ、また新しい言語を作成したのでしょうか。

プログラミング言語というのは、**「何でもできる」**ものと考えられがちですが、実際には向き不向きがあります。**「この言語は、こういう用途に使うもの」**というように、言語ごとに用途や役割の傾向がだいたい決まっています。Webの開発ならなるべく柔軟で修正しやすい言語が向いているでしょうし、組み込み機器の開発では小さくて信頼性の高い言語が必要でしょう。

では、Go言語はどういう目的で作られたものなのでしょうか。

それは、一言でいえば**「C++の置き換え」**でしょう。

ネイティブコードを生成するコンパイラ言語において、C/C++の存在感は想像以上に大きなものがあります。世にプログラミング言語は多数ありますが、ネイティブアプリケーションの開発や、昨今注目のIoT機器のプログラム開発に使えるものは、そう多くはありません。おそらくほとんどの開発者がC/C++を利用しているでしょう。

C++は非常に言語仕様が複雑であり、バグを完全に取り除くのが非常に難しい言語といえます。また大掛かりになってくるとコンパイルに非常に時間がかかるようになります。C/C++はプログラミング言語の基本ともいえるものであり、多くの言語に影響を与えてきました。が、そろそろ**「C/C++以外の使いやすいネイティブコードの開発言語」**が登場してもいいのでは?と多くの開発者は内心思っているのではないでしょうか。

それこそが、Go言語が登場した理由といってもよいでしょう。

◉ Go言語の特徴

Go言語は、C++の欠点を取り除き、よりストレスなくスムーズにネイティブコードの開発が行なえることを考えて作られた言語といえます。その主な特徴を簡単に整理しましょう。

✚ 速い！

最大の特徴は、これでしょう。Go言語で開発されたネイティブコードは、実行速度が非常に速い。C++で開発されたものと比べても遜色ないでしょう。

それ以上に、「コンパイルの速さ」は特筆すべきものです。開発マシンにもよりますが、十万行を超えるようなソースコードでも多くは数秒でコンパイルできます。本書のような解説書に掲載されているリストなどは一瞬で終わるため、コンパイルされていることに気づかず「**Goはインタープリタでも使える**」と思い込んでいる人も大勢いるくらいです。

✚ シンプルな文法

Go言語の文法は、余計な要素を取り除き極力シンプルにしています。たとえば、繰り返しの構文はForしかありません。また、Go言語はオブジェクト指向言語ではありません。クラスはなく、継承もないのです。「**これはなくても支障なく開発できるはず**」というものを極力取り除き、単純化しているのです。

例外処理もありませんが、それに相当する処理はちゃんと作ることができます。また、文法をシンプルにしたことで、誰が書いてもほぼ同じようなソースコードになり、非常に可読性の高い言語となっています。

✚ 高い信頼性

多くの複雑になりがちな機能を切り捨てたことで、Go言語は信頼性の高いプログラムの開発を可能にしています。特に、バグの温床となりがちなポインタ演算をなくしたり、放置されがちな例外処理（try構文）もなくしたりすることで、必然的に問題の起こらないソースコードを書くようになります。

これまでの「**プログラムの品質は、書いたプログラマの質で決まる**」という考え方から脱却し、「**Go言語で書いてあれば、誰が書いても質の高いプログラムができる**」ように考えられているのです。

この他にも、「**並列処理に強い設計**」「**クロスプラットフォームに対応している**」「**広範囲な機能を提供する標準パッケージ**」など多くの特徴があります。Goは、現在使われているプログラミング言語の中でも、もっとも「**わかりやすく、信頼できる言語**」の一つである、といっていいでしょう。

Go言語を使うには？

では、このGo言語を使うにはどのような方法があるのでしょうか。これは、大きく二つに分かれています。Go言語のプログラムをインストールして使う方法と、「**Playground**」を使う方法です。

✚Playground を使う

実をいえば、Go言語はプログラムをインストールしなくとも使うことができます。Go言語の開発元は「**Playground**」というWebアプリを公開しており、Web上でGo言語のプログラムを作成し実行できるのです。Go言語の学習目的ならば、これでも十分使えるでしょう。

✚Go をインストールして使う

Go言語は、Windows、macOS、Linux各プラットフォーム向けにプログラムが用意されています。これをインストールし、コマンドラインから実行して利用することができます。

Playgroundは、記述したソースコードをコンパイルしネイティブコードを生成することはできません。あくまで「**ソースコードをその場で実行し結果を見る**」という、Go言語の学習利用のためのものです。実際の開発には、Go言語のプログラムをインストールする必要があります。

Go言語をインストールする

Playgroundは後ほど使ってみるとして、まずはGo言語のプログラムをインストールし、利用の準備を整えておきましょう。Go言語のプログラムは、Go言語のWebサイトで配布されています。

https://golang.org

◆図1-1：Go言語のWebサイト。トップページにダウンロードのためのボタンがある。

このアドレスにアクセスすると、「**Download Go**」というボタンが表示されます。これをクリックすると、「**Downloads**」というページに移動します。ここに、各プラットフォーム向けのインストールプログラムがまとめられています。ここから必要に応じてダウンロードし、インストールを行ないましょう。

◆図1-2：Downloadsページ。ここから各プラットフォームのプログラムをダウンロードできる。

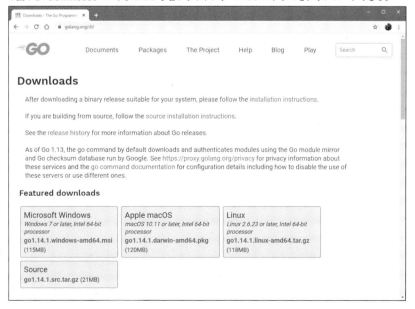

Chapter
1

2

3

4

5

6

◉ Windowsのインストール

Windows版は、専用のインストーラがダウンロードされます。これを起動し、以下の手順でインストールを行ないます。

✚1. Welcome to the Go Programming Language Setup Wizard

最初に、いわゆる「**ウェルカム画面**」が現れます。これはそのまま下の「**Next**」ボタンを押して次に進んでください。

◉図1-3：ウェルカム画面。そのまま次に進む。

✚2. End-User License Agreement

ソフトウェアの利用許諾契約画面が現れます。内容を確認し、「**I accept ～**」のチェックをONにして次に進みます。

◉図1-4：「I accept ～」のチェックをONにして次に進む。

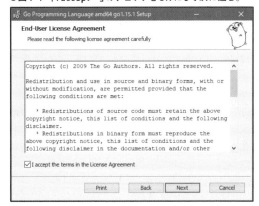

✚3. Destination Folder

インストールする場所を指定します。デフォルトで、Cドライブの **「Go」** フォルダが指定され
ています。特に理由がない限り、そのまま次に進みましょう。

◉図1-5：インストール場所を指定する。

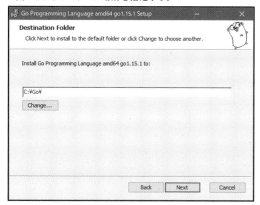

✚4. Ready to Install Go Programming Language

これでインストールの準備が完了しました。そのまま **「Install」** ボタンをクリックすれば、イ
ンストールを開始します。

◉図1-6：インストールの準備完了。

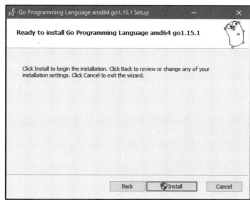

✚5. Completed the Go Programming Language

インストールが完了すると、 **「Completed 〜」** という表示に変わります。 **「Finish」** ボタ
ンをクリックしてインストーラを終了すれば、作業完了です。

◎図1-7：インストール完了。

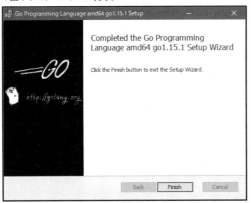

◉ macOSのインストール

macOSでは、パッケージファイル（pkgファイル）としてダウンロードされます。これをダブルクリックして起動し、インストールを行ないます。

✚1. ようこそGoインストーラへ

インストーラが起動すると、「ようこそ画面」が現れます。そのまま次に進んでください。

◎図1-8：起動画面。そのまま次に進む。

✚2. インストール先の選択

どこにインストールするかを指定する画面になります。デフォルトで「**このコンピュータのす
べてのユーザー用にインストール**」という項目が用意されるので、これをクリックすして次に
進みましょう。

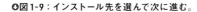

◉図1-9：インストール先を選んで次に進む。

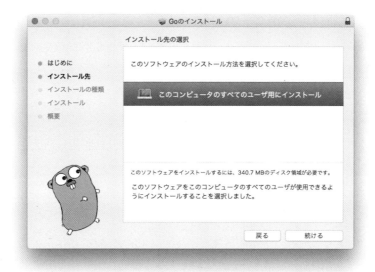

✚3. "〇〇"に標準インストール

標準インストールの準備が完了しました。「**インストール**」ボタンをクリックしてインストー
ルを開始しましょう。

⊕図1-10：インストールの準備完了。「インストール」ボタンで開始。

✛4. インストールが完了しました

　　インストールが完了したら、**「閉じる」**ボタンを押してインストール作業完了です。ただし！まだ完全に終わってはいませんから注意しましょう。

⊕図1-11：インストールが完了した。

✚5. ターミナルを開く

ターミナルを起動し、「**go version**」と実行してみてください。これでインストールしたGo言語のバージョンが表示されたら、問題なくインストールできています。もし「**コマンドがわからない**」といったメッセージが出たら、ターミナルから以下の操作を行なってください。

✚6. PATH環境変数を追記

ターミナルから、PATH環境変数にGoのパスを追加します。以下のように実行をしてください。

```
echo 'export PATH=$PATH:/usr/local/go/bin' >> .bash_profile
source $HOME/.bash_profile
```

これで、.bash_profileにGoのパスが追記されます。そのまま「**go version**」と実行してみましょう。問題なくバージョンが表示されたら、Go言語が使えるようになっています。

◉図1-12：ターミナルからコマンドを実行し、Go言語が使えるようにしておく。

```
Tuyano-MacBook:~ tuyano$ echo 'export PATH=$PATH:/usr/local/go/bin' >> .bash_profile
Tuyano-MacBook:~ tuyano$ source $HOME/.bash_profile
Tuyano-MacBook:~ tuyano$ go version
go version go1.15.1 darwin/amd64
Tuyano-MacBook:~ tuyano$ 
```

Column 本書のGoバージョンについて

本書では、2021年1月現在の最新版（Go 1.15.x）をベースに説明を行ないます。更に新しいバージョンがリリースされている場合は、それを利用いただいて構いません。本書で取り上げるGoの基本的な文法などはアップデートされてもそのまま問題なく使えるはずです。ただし最新バージョンなどでは、本書で利用する外部パッケージが未対応である可能性もあります。この点はご了解ください。

Playgroundを使ってみよう

Go言語のソフトウェアがインストールできたところで、実際にGoを使ってみることにしましょう。

まずは、「**Playground**」でGoを動かしてみます。Playgroundは、Go言語のサイトに用意されているWebアプリで、その場でGoのソースコードを記述し、実行することができます。では、Webブラウザで以下のアドレスにアクセスしてください。

https://play.golang.org

◎図1-13：Playground。ここでGoのソースコードを実行できる。

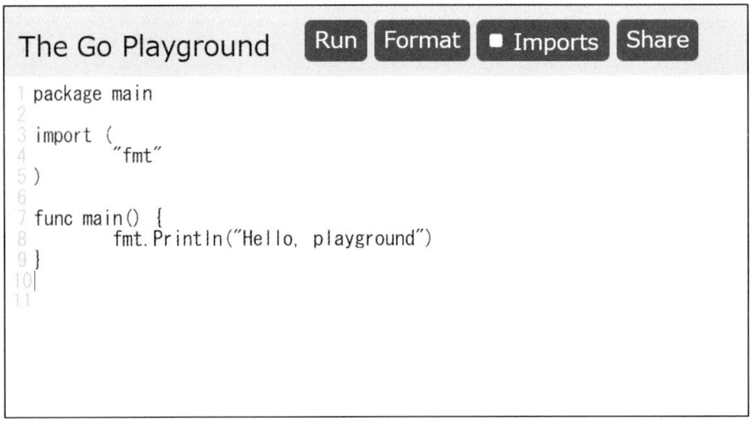

```
The Go Playground    Run  Format  ■ Imports  Share
1 package main
2
3 import (
4         "fmt"
5 )
6
7 func main() {
8         fmt.Println("Hello, playground")
9 }
10
11
```

◎ サンプルコードを動かす

Playgroundは、Go言語のソースコードを記述する簡易エディタと実行のためのボタン、実行結果を表示するエリアといったものからなるシンプルなWebページです。アクセスすると、デフォルトで以下のような簡単なソースコードが表示されます。

◎リスト1-1

```
package main

import (
        "fmt"
)

func main() {
        fmt.Println("Hello, playground")
}
```

このまま、上の「**Run**」ボタンをクリックしてみましょう。その場でソースコードが実行され、簡易エディタの下の白いエリアに実行結果が表示されます。「**Hello, playground**」という出力が、サンプルプログラムの実行結果です。

●図1-14：「Run」ボタンで実行すると、「Hello, playground」と表示される。

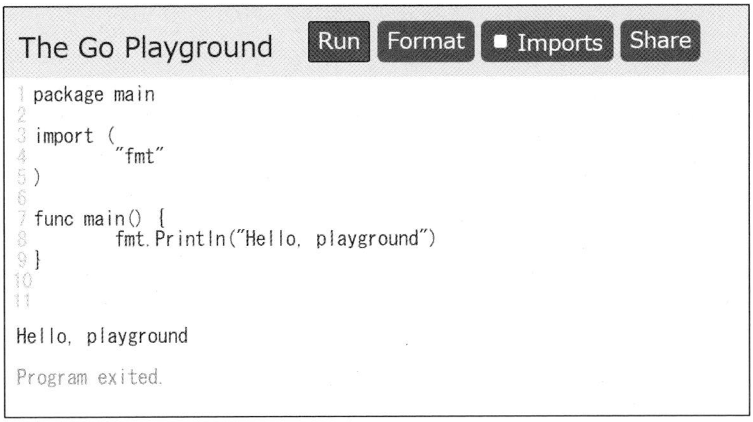

```
The Go Playground        Run  Format  ■ Imports  Share

1 package main
2
3 import (
4         "fmt"
5 )
6
7 func main() {
8         fmt.Println("Hello, playground")
9 }
10
11

Hello, playground

Program exited.
```

◉ Playgroundの特徴

このPlaygroundは、どの程度「**使える**」ものなのでしょうか。またどういう機能を持っているのでしょう。その特徴を簡単にまとめておきましょう。

✛Go言語の標準機能はすべて網羅する

Go言語の文法や標準で用意されているパッケージ類はすべて用意されています。Playgroundだからといって削られた機能などはありません。

✛すべてが完璧に動くわけではない

ただし、用意されているパッケージすべてが動くというわけではありません。たとえば、Webサーバー機能を提供するhttp.FileServerを使ったプログラムは実行できませんし、ファイルアクセスを行なうプログラムは正しく動作しない場合があります。プログラムは制約されたサンドボックス内で実行されるため、PC上で実行する場合と同じにはなりません。

✛プログラムは作れない

Playgroundには、ソースコードを実行する「**Run**」ボタンが用意されていますが、ソースコードの実行に関する機能はこれだけです。デバッグなどの機能もありませんし、プログラムをビルドしてネイティブアプリを生成することも、もちろんできません。またリソースファイルなどを

アップロードして使うこともできません。「**Goのソースコード一つだけ**」で動くプログラムしか作れません。

✚エディタ機能などはおまけ程度

Playgroundでは、直接ソースコードを記述し実行できますが、このエディタは必要最低限の機能しかありません。テキストの入力と編集以外の機能としては、行番号が表示されるぐらいで、エディタらしい入力を支援する機能は全く用意されていません。

ですから、本格的にソースコードを記述しようと思ったら、きちんとしたエディタを使うべきでしょう。これはあくまで「**ちょっとしたソースコードをその場で実行してみる**」というためのものですから。

以上のように、「**その場でGoのソースコードを書いて動かす**」ということ以上の機能があるわけではないことをよく理解して使いましょう。

Goコマンドを使う

続いて、Goコマンドを使ってソースコードを実行する方法についてです。先にGo言語のプログラムをインストールしましたが、これはコマンドプログラムとして実行されます。これにより、ソースコードを実行したり、ビルドしてネイティブアプリを生成したりすることができます。

では、実際に簡単なソースコードを用意してGoコマンドを使ってみましょう。適当なテキストエディタ（Windowsのメモ帳やmacOSのテキストエディットなどで構いません）を起動し、以下のソースコードを記述してください。

○リスト1-2

```go
package main

import (
        "fmt"
)

func main() {
        fmt.Println("Hello, Go-lang!")
}
```

これを適当な場所（ここではデスクトップ）に「**hello.go**」という名前で保存をします。Goのソースコードは、このように「**.go**」という拡張子をつけた名前にするのが一般的です。

⊙図1-15：メモ帳などのテキストエディタでGoのソースコードを記述する。

```
package main

import (
        "fmt"
)

func main() {
        fmt.Println("Hello, Go-lang!")
}
```

◉ ソースコードを実行する

では、このソースコードを実行しましょう。コマンドプロンプトまたはターミナルを起動してください。そして、cdコマンドで、ソースコードファイルがある場所にカレントディレクトリを移動します（デスクトップならば「cd Desktop」としておく）。

移動できたら、以下のようにgoコマンドを実行しましょう。

```
go run hello.go
```

⊙図1-16：go runコマンドでhello.goを実行する。

```
Microsoft Windows [Version 10.0.18362.720]
(c) 2019 Microsoft Corporation. All rights reserved.

D:\tuyan>cd Desktop

D:\tuyan\Desktop>go run hello.go
Hello, Go-lang!

D:\tuyan\Desktop>
```

実行すると、その下に「Hello, Go-lang!」とテキストが出力されます。これが、hello.goの実行結果です。ごく単純なものですが、ソースコードが実行されていることが確認できるでしょう。

Goのソースコードは、以下のようにしてその場で実行することができます。

```
go run ファイルパス
```

ここでは、ファイルがある場所に移動して実行したのでファイル名をそのまま記述していますが、他のディレクトリにあるファイルを実行する場合は、そのファイルのパスを記述して実行することもできます。たとえば、ホームディレクトリにカレントディレクトリがある状態ならば、

```
go run ./Desktop/hello.go
```

　このように実行することで、デスクトップにあるhello.goを実行させることができます。Windowsの場合、パスはDesktop\hello.goという形で指定することもできます（どちらのパスの書き方でも動作します）。

◉ ネイティブコードにビルドする

　ソースコードを直接実行する方法がわかったら、続いてネイティブコードを生成してみましょう。以下のように実行してください。

```
go build hello.go
```

❷図1-17：go buildコマンドでネイティブコードのプログラムを生成する。

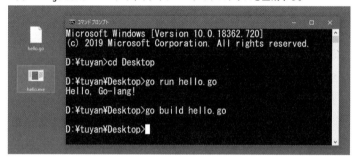

　これを実行すると、hello.goをコンパイルし、ネイティブコードのプログラムファイルを生成します。Windowsならば「**hello.exe**」というEXEファイルが作成されますし、macOSならば「**hello**」というコマンドプログラムが生成されます。

　そのまま、コマンドプロンプトまたはターミナルから「**hello**」（macOSの場合は「**./hello**」）と実行すれば、生成されたプログラムを実行することができます。

　このように、Go言語を使えば、非常に簡単にネイティブコードのプログラムを作ることができます。

Column　go runはインタープリタではない

　Go言語では、「**go runで実行、go buildでビルド**」となっているため、中には「**go runはコンパイルせずインタープリタのように動いている**」と思っている人もいるかもしれません。が、これは違います。

go runは、「コンパイルと実行」を連続して行なうコマンドです。つまりgo runでもプログラムはコンパイルされています。Go言語のコンパイラがあまりに高速であるため、インタープリタであるように錯覚しているだけなのです。

Visual Studio Codeについて

ソースコードの記述からプログラムの生成まで一通りの実行方法がわかったところで、開発に必要となる「**開発ツール**」について考えることにしましょう。

Go言語の開発は、基本的に「**テキストエディタ**」が一つあれば事足ります。Go言語のソースコードファイルは一般的な標準テキストファイルであり、特別な開発ツールは必要ありません。先ほどメモ帳やテキストエディットでソースコードファイルを作成したことからもそれは明らかでしょう。

ですが、それでもやはり「**プログラミングには開発ツールが必須である**」といえます。その理由はいくつかありますが、

「**ソースコード入力の効率を高めるため**」

という点が大きいでしょう。多くの開発ツールは、プログラミング言語の入力に特化した専用のテキストエディタを持っています。これにより、わかりにくいプログラミング言語のソースコードを快適に記述できるようになるのです。

◉ Visual Studio Codeとは？

では、どのような開発ツールがよいのでしょうか。これには、いくつかポイントがあります。「**Go言語に対応していること**」「**編集支援機能が強力なこと**」「**拡張性に富んでいること**」「**低価格あるいは無料で使えること**」といった点から、本書では「**Visual Studio Code**」を推薦します。

Visual Studio Codeは、マイクロソフトがリリースしている開発ツールです。これはオープンソースで開発されており、以下のアドレスにて無償公開されています。

https://azure.microsoft.com/ja-jp/products/visual-studio-code/

Chapter
1

2

3

4

5

6

◉図 1-18：Visual Studio Code の Web サイト。

◉ Visual Studio Code の特徴

このVisual Studio Codeは、どこが優れているのでしょうか。また、Goの開発に適している
のでしょうか。以下に特徴をまとめておきましょう。

✚ソースコード編集に特化

Visual Studio Codeは、その名前から想像がつくように、マイクロソフトのVisual Studioと深
い関係があります。Visual Studioは本格的な統合開発環境ですが、Visual Studio Codeは、
その編集部分のみを切り離してアプリケーション化したものといえます。本格開発環境に組み
込まれている膨大な機能を切り離し、ソースコードの編集に特化したことで、軽快で非常にス
ピーディに編集が行なえるツールとなっています。

✚強力な入力支援機能

Visual Studio Codeは、標準で多くのプログラミング言語をサポートしています。ソースコー
ドファイルを開くと、そのファイルの拡張子から自動的に使用言語を判別し、その言語の編集
を行なう専用エディタが開かれます。

Visual Studio Codeのエディタには、多くの入力を支援する機能が組み込まれています。本
格開発環境のVisual Studioで使われている「**IntelliSense**」と呼ばれる入力支援機能がそ
のままVisual Studio Codeでも使われており、ソースコードをリアルタイムに解析し、表示を整
形したり、その場で利用可能なキーワードをリアルタイム表示するなど、いかに快適にソース
コードを入力できるかを考えて作られているのです。

✚ 拡張機能でGoに対応

実をいえば、Visual Studio Codeは、標準でGo言語に対応していません。が、Visual Stuido Codeには多数の機能拡張プログラムがあり、Goの機能拡張を追加することで対応させることができます。

機能拡張プログラムはさまざまな言語のものが流通しており、これらを利用することで、現在使われているほとんどのプログラミング言語による開発が可能となるでしょう。Go言語に限らず、それ以外の言語の利用を使うときも、Visual Studio Codeがあれば大抵は対応できるはずです。

Visual Studio Codeをインストールする

では、Visual Studio Codeをインストールしましょう。先ほどのVisual Studio CodeのWebサイトにアクセスし、**「今すぐダウンロード」** ボタンをクリックしてください。ダウンロードページに移動します。直接アクセスする場合は以下のアドレスになります。

https://code.visualstudio.com/download

●図1-19：ダウンロードページ。ここからダウンロードする。

このページには、プラットフォームごとにダウンロードのリンクがまとめられています。そのま

ま「**Windows**」「**Mac**」といったボタンをクリックすれば、インストーラがダウンロードできます。

Windowsの場合、インストーラは「**System Installer**」と「**User Installer**」があるので注意してください。「**Windows**」ボタンをクリックすると、User Installerがダウンロードされます。これは、ログインしているユーザーだけ利用できるようにインストールをします。「**Windows**」ボタンの下にある「**System Installer**」という表示のリンク（64bitと32bit）をクリックすると、すべてのユーザーが利用可能な形でインストールを行なうSystem Installerがダウンロードできます。

◉Visual Studio Codeのインストール（Windows）

では、インストールを行ないましょう。Windowsの場合、ダウンロードされるのは、専用のインストーラです。これを起動し、以下の手順通りにインストール作業を行ないます。

✚1. 使用許諾契約書の同意

最初に表示されるのはソフトウェアの使用許諾契約書の画面です。内容に一通り目を通し、「**同意する**」ラジオボタンを選択して次に進みましょう。

◉図1-20：使用許諾契約書の同意画面。

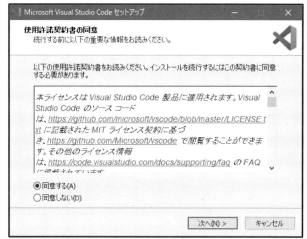

✚2. インストール先の指定（System Installer）

　　System Installerでは、次にインストールする場所を指定する画面になります。通常は「**Program Files**」内に「**Microsoft VS Code**」フォルダを作成します。

◉図1-21：インストール先の指定画面。

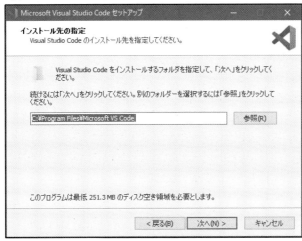

✚3. プログラムグループの指定（System Installer）

　　System Installerの場合は、「**スタート**」ボタンのプログラムグループの作成画面になります。デフォルトで「**Visual Studio Code**」と設定されています。特に理由がない限りそのまま次に進みます。

◉図1-22：プログラムグループの指定画面。

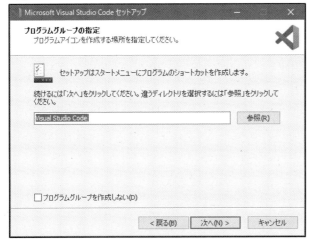

✚4. 追加タスクの選択

インストール時に実行するタスク（処理）を指定します。デフォルトで「**PATHへの追加**」のチェックのみがONになっています。特に理由がなければそのまま次に進みましょう。

◉図1-23：追加タスクの選択画面。

✚5. インストール準備完了

「**インストール**」ボタンをクリックすると、インストールを開始します。あとは、待っていればインストールが完了するので、そのまま終了します。

◉図1-24：インストール準備完了画面。

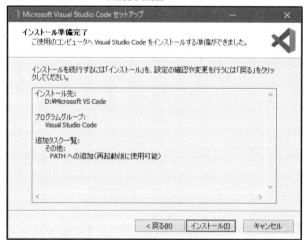

◉ VS Codeをインストールする（macOS）

　macOSの場合は、インストールといった作業は特に必要ありません。ダウンロードしたファイルをダブルクリックするとディスクイメージがマウントされます。その中にある「**Visual Studio Code**」というアプリケーションを「**アプリケーション**」フォルダにドラッグ＆ドロップしてコピーすれば作業完了です。

◉ VS Codeを日本語化する

　続いて、Visual Studio Codeの日本語化を行ないます。VS Codeを起動し、ウインドウの左側に縦一列にアイコンが並んでいるところから、一番下の「**Extensions**」アイコンをクリックします。これは機能拡張の管理を行なうものです。

　クリックすると、右側に機能拡張のリストが表示されるので、一番上の検索フィールドに「**japanese**」と入力して検索を実行しましょう。そして「**Japanese Language Pack for Visual Studio**」という項目を探して選択し、右側に表示される機能拡張の説明にある「**Install**」ボタンをクリックします。これで日本語化の機能拡張がインストールされます。

　インストールができたら、ウインドウ右下に「**Restart Now**」とボタンが表示されます。これをクリックして再起動すると、次回起動時より日本語で表示がされるようになります。

◉図1-25：Japanese Language for Visual Studioをインストールする。

◉Go機能拡張をインストールする

続いて、Go言語のための機能拡張をインストールしましょう。先ほど使った、ウインドウ左側にある「**Extensions**」アイコンをクリックして機能拡張のリストを呼び出します。そして一番上の検索フィールドで「**go**」と入力してください。マイクロソフト製の「**Go**」という機能拡張が見つかります。これを選択し、「**インストール**」ボタンをクリックしてインストールしてください。

◉図1-26：「Go」機能拡張を検索しインストールする。

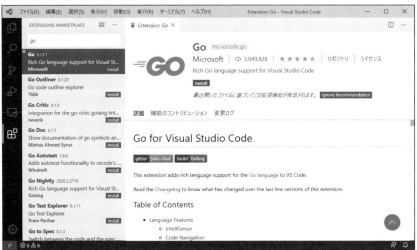

Visual Studio Codeを再起動する

では、Visual Studio Codeを再起動しましょう。Visual Studio Codeの起動画面は、ウインドウ内に「**ようこそ**」というタブの表示エリアが現れた状態になっています。これは、既に編集したことのあるファイルを開いたり、新しいファイルを作成したりといった開発スタート時の基本的な操作をリンクとしてまとめたものです。

これは、必要なければ上部の「**ようこそ**」タブにあるクローズアイコン（「**✕**」アイコン）をクリックして閉じることができます。

◉図1-27：起動画面。「ようこそ」という表示がされる。

◉Visual Studio Codeでファイルを開く

Visual Studio Codeの基本的な使い方は、**「ファイルを開いて編集する」**という極めてシンプルなものです。**「ファイル」**メニューの**「新規ファイル」**を選んで新しいファイルを用意したり、**「ファイルを開く...」**メニューで編集するファイルを開いて編集します。また、編集したいファイルを直接ウインドウ上にドラッグ&ドロップして開くこともできます。

ファイルは、複数のものを同時に開くことができます。ファイルを開くと、開いたファイル名のタブの付いたエディタが画面に現れます。複数のファイルを開いた場合は、それぞれのファイルのタブがウインドウの上部に並び、このタブをクリックすることで表示を切り替えることができます。

◉図1-28：複数のファイルを開いたところ。上部にファイル名のタブが並び、これをクリックして表示を切り替える。

◉「フォルダを開く」とは？

この「**直接ファイルを開いて編集する**」というやり方の他に、Visual Studio Codeには「**フォルダを開く**」という機能もあります。「**ファイル**」メニューの「**フォルダを開く...**」を選び、フォルダを選択すると、そのフォルダを開きます。あるいは、フォルダをVisual Studio Codeのウインドウにドラッグ＆ドロップして開くこともできます。

フォルダを開くと、ウインドウの左側に「**エクスプローラー**」と呼ばれる表示が現れます。これは、開いたフォルダ内のファイルやフォルダを階層的に整理して表示するものです。ここから、編集したいファイルをクリックすると、そのファイルが右側のエリアに開かれ編集できるようになります。

この「**フォルダを開く**」方式は、Webアプリの開発などで多用されます。Webの開発は、HTMLファイル、CSSファイル、イメージファイルなど多数のファイルをフォルダにまとめ、それらの内容を同時に編集しながら進めていきます。こうした作業には、フォルダ内のどのファイルでも開いてその場で編集できるVisual Studio Codeのようなツールが非常に役に立つのです。

◉図1-29：フォルダを開いた例。左側のエクスプローラーに、フォルダ内のファイルやフォルダがリスト表示される。

Visual Studio Codeのエディタについて

　ファイルを開くと、そのファイルの種類（拡張子）に応じて言語を特定し、その言語の編集を行なうためのテキストエディタでファイルが開かれます。言語ごとにエディタの機能が用意されていますが、ほとんどの言語でほぼ同じ機能が提供されるようになっています。

　ソースコードのエディタには、入力を支援するどのような機能が用意されているのか、主なものを簡単にまとめておきましょう。

✛色分け表示

　エディタを開いてまず目に入るのは、ソースコードがかなりカラフルな色で表示されることでしょう。Visual Studio Codeのエディタでは、入力したソースコードを解析して、各単語の役割ごとに色やスタイルを設定して表示します。これにより、たとえば**「このxという単語は、変数なのか、関数名なのか、言語のキーワードなのか」**といったことがひと目でわかるようになります。

✛オートインデント

　入力中のソースコードは常に内容が解析されており、改行するとその場で**「次行はどの構文内に位置するか」**を調べ、それに応じて自動的にテキストの開始位置（インデント）が調整されます。これにより、インデントを見ればひと目で構文の状態が把握できるようになります。

✛単語の補完機能

　ソースコードを入力していると、単語の最初の数文字をタイプした段階で、その文字で始まる（その場で利用可能な）単語がポップアップ表示されます。ここから項目を選ぶことで、その単語を入力できます。

　これは、単に**「全部タイプしないで済む」**というだけでなく、タイプミスを防いで正確にソースコードを記述できるようになります。スペルを間違えるとその瞬間に候補がなくなるので**「書き間違えた！」**と瞬時にわかるのです。

◎図1-30：Goのソースコードファイルを開き編集しているところ。ソースコードが色分けされ、使えるキーワードがポップアップして表示される。

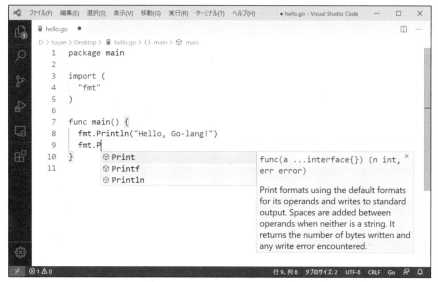

ターミナルについて

Visual Studio Codeの基本は、**「エクスプローラーに表示されるファイルを開いて、エディタで編集する」**というものです。この二つの基本的な使い方さえわかっていれば、Visual Studio Codeで開発を行なうことができます。

が、それ以外の要素として、特にGo言語を使う場合は覚えておきたいものがあります。それが**「ターミナル」**です。

ターミナルは、コマンドを実行するための機能です。**「ターミナル」**メニューから**「新しいターミナル」**を選ぶと、ウインドウ下部にターミナルが開かれます。ここからコマンドを実行することができます。

Go言語の場合、go runやgo buildでプログラムの実行やビルドを行ないます。Visual Studio Code自体には、標準でGo言語のコマンドを実行する機能などは用意されていません。そこで、ターミナルを用意しておき、ここからコマンドを実行するのです。

もちろん、別途コマンドプロンプトなどのアプリを開いておいてもいいのですが、いちいちアプリを切り替えて操作するよりもVisual Studio Code内でコマンド実行まで完結したほうが便利でしょう。

○図1-31：「新しいターミナル」でウインドウ下部にターミナルが現れる。ここから直接コマンドを実行できる。

Section 1-2 Goの基本コード

Goのソースコードについて

　基本的な開発のための操作がわかったところで、Go言語のプログラムの書き方について考えていくことにしましょう。Playgroundを使ったとき、デフォルトでごく簡単なソースコードが表示されていましたね。あれが、Goのもっとも基本的なプログラムのサンプルといえます。

　Goのプログラムは、整理すると以下のような形で記述されます。

```
package パッケージ名

import (
        パッケージ
)

func main() {
        ……実行する処理……
}
```

╋package パッケージ名

　Goのプログラムは、「パッケージ」と呼ばれる形で管理されます。これは、名前空間の一種と考えていいでしょう。すなわち、プログラムごとに場所を示す値（パッケージ）を指定することで、同じ名前のプログラムなどがあっても問題なく使えるようにできるわけです。

　作成するプログラムを配置するパッケージは、プログラムの冒頭に「package ～」という文を用意することで設定します。記述しないままプログラムを実行あるいはビルドするとエラーになります。なおVisual Studio Codeを利用する場合、packageを記述しなくても、ソースコードファイル保存時に自動追記されます。

　メインプログラム（main関数があり、起動時に最初に実行されるプログラム）は、必ずmainという名前空間を指定する必要があります。したがって、**「メインプログラムは必ずpackage mainで始まる」**と考えていいでしょう。

✚import(パッケージ)

Goの標準ライブラリもパッケージの形で用意されています。プログラム内から標準ライブラリの機能を利用する場合は、このimport文を使って使用するパッケージを指定します。

このimport文は、その後の()内に読み込むパッケージ名を指定します。複数のパッケージを利用する場合は、それぞれのパッケージ名を改行して記述をします。

✚main関数

メインプログラムは、「main」という関数として定義をします。これは、「func main()」という宣言文で始まるものです。その後の‖内に記述された内容がすべての実行する文になります。

「関数」というのは、まとまった処理を外部から呼び出しいつでも実行できるように定義したものです。関数の定義については改めて説明をしますが、だいたい以下のような形で定義をします。

```
func 関数名 ( 引数 ) 戻り値 { ……処理…… }
```

引数や戻り値といったものは、関数に値を渡したり、実行後の値を受け取ったりするためのものです。これらは、不要ならば省略できます。その後の‖内に、実行する処理を記述します。

プログラムをgo runで実行する場合、最初に呼び出されるのが、ここで定義されている「main」という関数です。この関数は、引数・戻り値なしの形で定義します。ですから、「**Goのプログラムは、func main()と書く**」と覚えてしまってもよいでしょう。

◉ Goのソースコードの書き方

ソースコードの概要はわかりましたが、これからGoのソースコードを自分で書くようになったときを考え、「**Goはどう書くか?**」について簡単にまとめておきましょう。これは、Goの文法以前の、もっと基本的な書き方の話です。

✚キーワードやステートメントは半角英数字で書く

Goには文法上用意されているキーワードや、さまざまな文 (ステートメント) が用意されています。これらは、基本的に「**半角英数字**」で書くと考えてください。全角文字で書かないようにしてください。

✚大文字と小文字は別の文字

Goでは、大文字と小文字は別の文字として認識されます。ですから、さまざまな名前をつける ときも、大文字小文字まで正確に記述するように心がけてください。

✚インデントはタブ文字が基本

プログラムを書くときは、文法に応じて文の開始位置を右にずらしていくのが一般的です。 これを「インデント」といいます。このインデントは、タブ文字を使う方式と半角スペースを使 う方式があります。Goは、タブ文字を使うのが基本です。

✚公開されるものは大文字で

これはもう少しGoのプログラミングについて理解が進まないとわからないでしょうが、Goで はさまざまな機能をプログラムで作っていきます。これらは、他から利用できるもの（公開され たもの）と利用できないもの（非公開なもの）があります。

Goでは、公開されるものは大文字で始まる名前をつける決まりになっています。そして非公 開のものは小文字で始まる名前をつけます。

✚演算子の前後にスペースを入れない

Goではさまざまな演算を行なう式を記述しますが、こうした式では演算子の前後にスペース を入れません。たとえば、「1 + 1」といった式は「1+1」とスペースを入れずに書くのが基本 です。スペースは、演算の優先順位を明確にするのに使われます。

これらは、Goのソースコード記述の基本として頭に入れておいてください。なお、Visual Studio Codeを利用していれば、ファイルを保存する際にこれらの多くは自動的にチェックされ 表示が調整されるようになっています。ですから、実際に何度もソースコードを書いていくうち に、自然に書き方の基本は身についていくでしょう。

fmtパッケージと値の出力

サンプルでは、main関数の中でテキストを出力する文が実行されています。以下のように記 述します。

```
fmt.Println( 値 )
```

これはfmtパッケージに用意されているPrintlnという関数です。このように、Goに用意され

ているさまざまな機能を実行するためのものも、やはり「関数」と呼びます（そうでないものもありますが、ここでは「何か実行するものはみんな関数」と考えておいてください。関数の詳細については改めて説明をしますので）。

Printlnは、その後の()内に出力する値を記述しておくと、それが書き出されます。パッケージ内にある機能の利用についてはまた改めて触れるので、ここでは「値を表示するときは、fmt.Println(値)と書く」ということだけ覚えておきましょう。

この引数には、テキストだけでなく数字や式なども指定することができます。実際に試してみましょう。では、作成したhello.goを開いて、main関数を以下のように書き換えてみてください。

○リスト1-3

```
func main() {
        fmt.Println(123 * 45)
}
```

○図1-32：実行すると、「5535」と表示される。

ここでは、「123 * 45」という式が書かれていますね。これをターミナルでgo run hello.goと入力して実行すると、123×45の計算結果である「5535」が表示されます。こんな具合に、式を引数に書いてその結果を表示させることができます。

◉ 改行しない「Print」

これで値の表示はできるようになりましたが、もう一つ、値の出力をするのに便利な関数を覚えておきましょう。「Print」というもので、使い方はPrintlnと同じです。

```
fmt.Print( 値 )
```

このPrintとPrintlnの違いは、「Printlnは出力後に改行をするが、Printはしない」という点です。Printlnを続けて実行すると、それぞれの値が改行されて表示されますが、Printの場合は（改行されず）すべて同じ行に続けて書き出されます。

これを使うと、複数の値をつなげて一つの文を表示することができるようになります。やってみましょう。main関数を以下のように修正してください。

●リスト1-4

```
func main() {
        fmt.Print("123 * 45 = ")
        fmt.Println(123 * 45)
}
```

●図1-33：実行すると「123 * 45 = 5535」と表示される。

ここでは、最初に「**123 * 45 =** 」というテキストをPrintで書き出しておき、その後のPrintlnで123 * 45の結果を出力しています。これを実行すると、「**123 * 45 = 5535**」というように一つの文として実行結果が表示できます。

テキストを入力する

ただ結果を表示するだけでなく、こちらから値を入力できるようになると、もっと柔軟なプログラムが作成できるようになりますね。

そのための機能はGo言語の標準パッケージに用意されてはいるのですが、Printlnのようにただ呼び出すだけというシンプルなものではないため、使い方がわからないと利用できないでしょう。そこで、簡単に入力できるような仕組みを用意し、値を入力できるようなプログラムを作ってみることにしましょう。

hello.goの内容を以下のように書き換えてください。

●リスト1-5

```
package main

import (
        "bufio"
        "fmt"
        "os"
```

```
)

func main() {
        name := input("type your name")
        fmt.Println("Hello, " + name + "!!")
}

func input(msg string) string {
        scanner := bufio.NewScanner(os.Stdin)
        fmt.Print(msg + ": ")
        scanner.Scan()
        return scanner.Text()
}
```

◉図1-34：名前を入力すると、「Hello, ○○!!」と表示される。

実行すると、「**type your name:**」と表示され、入力待ち状態になります。そのまま名前を入力し、Enter/Returnキーを押すと、「**Hello, ○○!!**」と入力した名前を使ったメッセージが表示されます。

◉input関数を用意する

ここでは、いくつかのポイントがあります。まず、import文です。ここでは、"bufio", "fmt", "os"という三つのパッケージをインポートしています。これらがすべて用意されていないとプログラムは動かないので注意しましょう。

そしてmain関数のあとには、「**input**」という関数の定義が書かれています。こういう形ですね。

```
func input(msg string) string {
    ……処理……

}
```

この中で、テキストを入力するための処理が用意されています。この中身は、今は特に理解する必要はありません。ただ、このinputという関数の使い方だけわかっていれば十分です。

◉inputの利用

このinput関数は、main関数の中で以下のような形で利用されています。

```
name := input("type your name")
```

input関数は、()に表示するメッセージをテキストで用意して実行します。そして:=という記号を使って、nameに値を設定しています。これで、nameという変数にinputで入力されたテキストが設定されるようになります。

このあたりは、正確な働きは今理解する必要はありません。**「こうすると、nameに入力したテキストが設定される」**ということだけわかればいいでしょう。inputの使い方がわかれば、mainを修正してさまざまな値を入力して処理するプログラムが作れるようになります。importやinputの部分は、**「リストの通りに書いておけばOK」**と考えておきましょう。

GOPATHについて

これで、ごく簡単な入出力のプログラムは作れるようになりました。最後に、プログラムの配置に関する話をしておきましょう。

サンプルのhello.goは、デスクトップにソースコードファイルを配置して動かしました。これでプログラムの実行は問題なくおこなえます。が、このままでは問題もあるのです。それは、**「このプログラムは、他のプログラムから利用できない」**という点です。

Goは、importを使ってさまざまなパッケージをインポートし利用できます。が、hello.goに書かれたものは、このままでは他のプログラムからインポートすることができません。なぜか？ それは、ファイルが**「GOPATH以外の場所にある」**からです。

◉GOPATH変数とは？

GOPATHというのは、Goが参照する環境変数です。Goは、インストールされた場所をGOPATHというシステム環境変数に記憶させています。ソースコードファイルは、このGOPATH環境変数のディレクトリ内にある**「src」**フォルダの中にまとめられます。

実際にGoをインストールしたフォルダを開いてみましょう。その中に**「src」**フォルダが用意されているのがわかります。この**「src」**内に配置したソースコードファイルは、その内容をimportで取り込み、他のプログラムから利用できるようになるのです。

⊕図1-35：Goのインストールフォルダを開くと、そこに「src」フォルダが用意されているのがわかる。

この「**src**」フォルダ内には、更に多数のフォルダが用意されており、その中にソースコードファイルが記述されています。これらのフォルダは、そのプログラムが置かれる「**パッケージ**」を示すものと考えていいでしょう。つまり、package helloとして「**hello**」パッケージに配置するプログラムは、「**src**」フォルダ内の「**hello**」というフォルダの中にソースコードファイルを配置する、といった具合です。

整理すると、ソースコードファイルの配置は、以下のように考えておきましょう。

- ◆ メインプログラムとして実行するものは、どこに置いても使える。
- ◆ 他のプログラムからインポートして利用するパッケージのプログラムは、GOPATHの「src」フォルダ内にパッケージ名のフォルダを用意し、その中に配置する。

helloパッケージを作る

では、実際にGOPATHへプログラムを配置し、それを利用するということをやってみましょう。例として、helloというパッケージにプログラムを配置してみます。

まず、GOPATHのフォルダ（Goがインストールされているフォルダ）の中にある「**src**」フォルダを開き、そこに「**hello**」というフォルダを作成してください。これが、helloパッケージの配置場所になります。

続いて、Visual Studio Codeで「**ファイル**」メニューから「**新規ファイル**」を選び、新しいファイルを開きましょう。そして以下のように記述をします。

○リスト1-6

```go
package hello

import (
        "bufio"
        "fmt"
        "os"
)

func Input(msg string) string {
        scanner := bufio.NewScanner(os.Stdin)
        fmt.Print(msg + ": ")
        scanner.Scan()
        return scanner.Text()
}
```

　　見ればわかるように、先ほど使ったinput関数を記述しています。ただし、packageは
「**hello**」に変わっていますし、input関数も「**Input**」と最初が大文字になるように名前を変
更してあります。
　　記述をしたら、先ほど作成した「**hello**」フォルダの中に「**input.go**」という名前で保存を
しましょう。

◉ hello.Inputを利用する

　　では、helloパッケージを使ってみましょう。ここでもhello.goの内容を書き換えて使うことにし
ます。

○リスト1-7

```go
package main

import (
        "fmt"
        "hello"
)

func main() {
        name := hello.Input("type your name")
        fmt.Println("Hello, " + name + "!!")
}
```

これは、先ほどのリスト1-5で実行した処理と全く同じものを、helloパッケージのInput関数を利用する形に修正したものです。importに"fmt"と"hello"が用意されていることがわかるでしょう。

実際に利用している部分を見ると、hello.Input(……)というように記述されています。helloパッケージのInput関数ということで、このような形で記述して利用するようになっているのですね。

まだ、パッケージの仕組みなど詳しいことはわからないでしょうが、**「パッケージというのを利用することで、作ったプログラムを他で簡単に再利用できるようになる」**ということはこれでわかったのではないでしょうか。

Goのプログラムがどのようなものか、実際に使ってみてイメージぐらいはつかめてきたことでしょう。では、次章から本格的にGo言語の文法について説明していくことにしましょう。

Chapter 2

Goの基本文法

Goは、比較的シンプルな文法でできています。
基本となる値、構文、関数などの使い方がわかれば、
簡単なプログラムはすぐに書けるようになるでしょう。
これらの使い方について説明しましょう。

Section 2-1 値と変数

値の種類について

　では、Go言語の基礎的な文法から順に説明をしていくことにしましょう。最初に頭に入れておくのは「値」についてです。

　プログラミング言語の世界では常識といえることですが、値にはいくつかの種類（型、タイプ）があります。Goにも、標準でいくつかの基本型が用意されています。いかにざっと整理しておきましょう。

✚整数の型

```
int  int8  int16  int32  int64
```

　一般的な整数の型は、全部で5つあります。int8〜int64までは、値に割り当てられるビット数の違いによるものです。int8ならば8ビット幅の値となり、-128〜127の範囲の値になります。

　数値がつかない「int」は、環境依存の型であり、int32またはint64に相当するものになります。特に理由がないなら、整数値はこのintを利用するのが基本と考えていいでしょう。

✚符号なし整数の型

```
uint uint8 uint16 uint32 uint64
```

　符号なし整数（すなわちマイナスの値を持たない）の型は5つあります。uint8〜uint64までが割り当てられるビット数による違いです。「uint」は、intの符号なし版ともいうもので、環境依存のためuint32またはuint64に相当するものになります。これが符号なし整数の基本の型といってよいでしょう。

✚その他の整数型

uintptr
　これは、ポインタを扱うための符号なし整数型です（データ幅は環境によって変わります）。ポインタとは、値のアドレスを扱う型です。値のポインタを利用する際に用いられます。

byte

　これは、uint8 の別名です。バイトデータ（8ビットのデータ）を扱うことを考えて、byteという型名でも利用できるようになっています。

rune

　これはint32 の別名です。ユニコードのコードポイントを表す際に利用することを考えて用意されています。

　これらは、いずれも値の内容は確かに整数値ですが、数値ではなく別の用途での利用を考えて用意されているものです。これは整数の値の一つと考えないほうがいいでしょう。

＋実数（浮動小数）の型

```
float32 float64
```

　浮動小数の値は、データ幅が32ビットのものと64ビットのものが用意されています。float64のほうが扱える数値の精度がより高くなります。

＋複素数

```
complex64 complex128
```

　Goには複素数のための型も用意されています。complex64は実数部と虚数部をそれぞれfloat32で設定する値で、complex128はそれぞれをfloat64で設定する値です。

> **Column** 「環境による」とは？
>
> 　整数の型のところで、「データ幅は環境による」というものがいくつかありました。int、uint、uintprtですね。これらは、32ビットOSでは32ビット、64ビットOSでは64ビット幅の値になります。

＋真偽値 bool

　真偽値は、二者択一の値です。これは「true」「false」という二つの値しかありません。

＋テキスト（文字列）string

　テキストは、stringのみです。どんな長さのテキストもこの型で扱うことができます。ただし、

文字（文字列ではなく1文字だけの値）を表すときは、既出の「**rune**」を利用することができます。

値のリテラルについて

それぞれの型の値は、そのままソースコードの中に記述して利用することができます。こうした「**ソースコードに直接記述される値**」のことを「**リテラル**」といいます。

では、それぞれの型のリテラルはどのように記述すればいいのでしょう。簡単にまとめておきましょう。

✚整数リテラル

整数の値は、そのまま「**123**」というように数字を記述するだけです。このように記述されたリテラルは、基本的にint型の値として扱われます。この他、8進数と16進数によるリテラル表記も可能です。

8進数	冒頭にゼロをつけて記述する。「**0123**」など。
16進数	冒頭に「**0x**」をつけて記述する。「**0x123**」など。

✚実数リテラル

実数（浮動小数）の値は、小数点をつけて記述します。「**123.4**」「**0.0001**」というように小数点がついていれば、それは実数値と判断されます。リテラルは基本的にfloat64型の値として扱われます。

また「**e**」記号を付けて実数と指数によるリテラルを記述することもできます。たとえば、以下のような形です。

1.234e5	1.234×10の5乗

✚テキストのリテラル

テキストのリテラルは二つあります。一つはrune型（文字型）、もう一つはstring型（文字列型）です。

rune型	テキストの前後をシングルクォートでくくる。'a' といった形になる。
string型	テキストの前後をダブルクォートでくくる。"abc" といった形になる。

この他、改行を含むstringリテラルとして、「`」記号を利用できます。`○○`というように前後を「'」でくくると、その間のテキストは途中で改行しても一つの値として認識されます。

╋真偽値のリテラル

真偽値（bool）は、二つしか値がありません。「**true**」と「**false**」です。この二つがboolのリテラルです。

演算について

値は、そのタイプに応じてさまざまな演算記号が使えます。これは数値型に限らず、文字列型でも利用できるものがあります。基本的な演算について以下にまとめておきましょう。

╋数値の演算

数値の値には、一般的な四則演算の演算子が用意されています。「**+**」「**-**」「*****」「**/**」「**%**」といったものになります（「**%**」は除算の剰余を得る演算子です）。また演算の優先順位を示す()も利用できます。

╋文字列の演算

文字列（string値）は「**+**」演算子を使って右辺と左辺を一つの文字列につなげることができます。たとえば、"A" + "B"とすれば、"AB"が得られます。

その他のもの、たとえば真偽値（bool値）などは算術演算はできません。また文字を扱うruneは四則演算が使えますが、これはruneが実質整数値であることで当然でしょう（ただし、演算結果も整数値になってしまいます）。

変数について

値を保管するために用いられるのが「**変数**」です。変数は、値の保管用にメモリ内に確保される領域で、指定された名前でその値にアクセスできます。

変数には、名前と保管される値の型が指定されます。用意された変数には、指定の型の値のみが保管でき、それ以外の型の値は保管できません。では、変数の基本的な使い方をまとめておきましょう。

✚変数の宣言

変数を利用するには、まず変数を宣言する必要があります。この方法はいくつか用意されています。基本は「var」キーワードを使ったものです。これは以下のように利用します。

```
var 変数 型
var 変数1, 変数2, …… 型
```

変数名のあとに型名を記述することで、指定の型を保管する変数が宣言されます。同じ型の変数を複数作成する場合は、変数名をカンマで記述し、最後に型名を記述することで、一度に複数の変数を宣言できます。

✚値の代入

変数への値の代入は、イコール記号を使います。イコールは、右辺の値を左辺に代入する働きをします。

```
変数 = 値
```

また、変数への代入は、複数の代入を一度にまとめて行なうことも可能です。これは変数と値をそれぞれカンマで区切って記述します。

```
変数1, 変数2, …… = 値1, 値2, ……
```

これにより、値1が変数1へ、値2が変数2へ……と順に代入されます。複数の代入を行なう場合、変数と値の数が一致する必要があります。

◉ 変数の利用範囲

作成された変数は、それが宣言された構文内のみ利用可能です。といっても、まだ構文というのがどういうものかよくわからないでしょうが……。わかりやすくいえば、**「{}で設定された範囲内」**と考えてください。

Goのプログラムは、main() {……}というように書かれていましたね？ この{}の中で宣言された変数は、この{}内でのみ使えます。この{}の外側では使えないのです。

Goではさまざまな構文が用意されており、それらはこのmainのように{}記号を使って構文内で実行される処理を記述するようになっています。そうした場合も、変数はその構文の{}内でのみ使えるようになっています。

このあたりは、実際に構文を利用するようになってから改めて考えてみるとよいでしょう。

◉ 変数名について

　　変数名は、英数字＋アンダースコア記号で設定します。全角文字の名前もつけることは可能ですが、複雑さを嫌うGoではあまり使われないでしょう。Goでは、全角と半角、大文字と小文字は別の文字として扱われます。したがって、同じ名前で全角半角、大文字小文字が異なる名前が使われたりするのは混乱のもとになります。

　　また、Goでは、「**わかりやすい冗長な名前**」よりも「**短い名前**」が用いられます。特に、狭い範囲でしか使われない変数は1文字か2文字の名前にするのが一般的です。name_and_passwordといった名前よりも、nという一文字の名前のほうがGoでは「**よい名前**」なのです。

　　多くのモダンなプログラミング言語では、ここ数十年、「**ひと目で内容がわかる名前**」をつけることがよいことだ、という考え方が一般的でした。このため、get_person_data_where_id_within_name_and_mailというような「**内容は見当がつくが、タイプするのがえらく面倒な名前**」が多用されてきました。

　　Goは、こうした「**複雑な形に進化したもの**」について、「**その複雑さは本当に有効だったのか?**」という問いを突きつけます。長い変数名は、本当にプログラムをわかりやすくするために有効だったのか？ それよりも、変数名はそれが利用される範囲の大きさに応じて最適な「**短さ**」であるべきではないか？ それがGoの突きつけた問いです。

　　たとえ1文字の名前でも、それが何を指し示すかわかりやすくすることはできます。たとえば、Readerはr、Writerはw、というように、「**このタイプの値を保管する変数名は〇〇**」というパターンを決めてプログラムを書けば、1文字でもそれが何を示すかわかります。Goでは、「**その名前はもっとシンプルでわかりやすくできないか?**」と考えるようにしましょう。

暗黙的型宣言について

　　変数をすぐに利用するのであれば、宣言と代入を同時に行なうことも可能です。これは、varによる宣言のあとにイコールで値を代入すればいいのです。

```
var 変数 型 = 値
var 変数 = 値
```

　　変数宣言と値の代入が同時に行なわれる場合は、型の指定を省略することも可能です。これは、代入される値から型が推論されるからです。

◉ 短縮変数宣言について

この「変数の宣言と代入」は、もっとシンプルに行なうことができます。それは「:=」という演算子を利用します。これは、宣言と代入の短縮演算子で、以下のように使います。

```
変数 := 値
```

型の指定は不要です（暗黙的型宣言により自動的に変数型が設定されます）。varを使うよりこのほうが手早く書くことができるでしょう。

変数を使ってみよう

では、実際に変数を利用した例を作成してみましょう。hello.goを以下のように書き換え実行してみてください。

◉ リスト2-1

```go
package main

import ("fmt")

func main() {
        a,b,c := 100, 200, 300
        fmt.Print("total:")
        fmt.Println(a+b+c)
}
```

◉ 図2-1：実行すると「total:600」と表示される。

ターミナルでgo run hello.goと入力して実行すると、**「total:600」**と結果が出力されます。ここで、a, b, cという三つの変数に、それぞれ100, 200, 300の値を代入しています。そしてこれらの合計をPrintlnで出力しています。このように、同じ型の変数ならば同時にいくつでも作成し

て利用できるのがGoの便利なところです。

値のキャスト（型変換）

変数を利用する場合、知っておきたいのが**「値のキャスト」**です。キャストは日本語で**「型変換」**とも呼ばれるもので、ある型の値を別の型に変換する作業です。

型の変換は、数値関連については比較的わかりやすく簡単です。これは**「型名(値)」**という形で変換を行ないます。たとえば、以下のような具合です。

```
// int32型xを宣言
var x int32 = 100
// int64に変換
var y int64 = int64(x)
// float32に変換
var z float32 = float32(y)
```

このように**「型名(値)」**という形で型変換を行なうことで、数値関連であればどの型にも簡単に変換することができます。

◉ 暗黙の型変換の禁止

既に何らかのプログラミング言語を利用したことがある人ならば、**「int32からint64型変数に代入するときは、暗黙の型変換がされるから型変換の処理は不要では？」**と思ったかもしれません。

多くのプログラミング言語では、異なる型の変数に代入する際、**「より広い範囲を扱える型」**の場合は自動的に型変換がされます。たとえば、int32の値をint64型の変数に代入するときは、（int32の値はすべてint64で表現できるので）自動的に変換します。逆に、int64の値をint32型変数に代入するときは、（int64の値はint32で表現しきれないので）明示的に型変換をする必要があります。

が、Goでは、こうした**「暗黙の型変換」**はありません。代入先の変数がより広い範囲を扱えるものであっても（そうでなくとも）必ず型変換の処理が必要になります。Goでは、こうした曖昧な型変換はバグの温床になると考え、**「すべての型変換は明示的に行なう」**ことにしているのです。

文字列と数値の型変換

　　数値関係は簡単に型変換が行なえますが、文字列と数値の変換はこうはいきません。たとえば、int値の変数xをstring(x)として文字列型に変換することはできないのです。

　　ではどうするのか。これは、「**strconv**」というパッケージにある関数を呼び出して変換を行ないます。

✚文字列→整数

```
変数, 変数 = strconv.Atoi( 値 )
```

✚整数→文字列

```
変数, 変数 = strconv.Itoa( 値 )
```

　　Atoiは「**Ascii to integer**」の略と考えていいでしょう（ItoaはInteger to asciiですね）。注意したいのは、これらのメソッドは二つの値を返すという点です。一つ目の変数には、型変換された値が代入されます。では二つ目の変数は？

　　これは、型変換に失敗したとき、エラー情報を扱う値（error型という値）が渡されるのです。この値は、問題なく型変換できた場合は「**nil**」になります。nilは、「**値がない**」状態を示す特別な値です。

◉数値を入力し計算する

　　では、実際に「**文字列と整数の型変換**」を使ったサンプルを作成してみましょう。先に、helloパッケージにInput関数を作成しておきましたね？（リスト1-6）　あれを利用して、「**金額を入力すると税込価格を計算する**」というサンプルを考えてみましょう。

⊕リスト2-2

```
package main

import (
        "fmt"
        "hello"
        "strconv"
)

func main() {
        x := hello.Input("type a price")
```

```
    n, err := strconv.Atoi(x)
    p := float64(n)
    fmt.Println(int(p * 1.1))
}
```

○図2-2：実行すると「err declared but not used」とメッセージが表示される。

ここでは、Inputで入力された文字列をstrconv.Atoiでint型に変換し、それを更にfloat64に変換しています。そして計算した結果をintに変換してPrintlnで表示する、ということを行なっています。何度も型変換をするので面倒臭い感じがするでしょうが、値がどのように変換されているのかが確実に把握できていることがわかるでしょう。

ただし！ このプログラムは、実は動きません。実行してみると、 **「err declared but not used」** といったエラーメッセージが表示されるはずです。これは、 **「errという変数は、宣言されているけど使われていないよ」** というメッセージです。

Goでは、宣言された変数は必ず利用されている必要があります。 **「宣言だけして使わない」** というのは許されません。

strconvの関数は、この制約を利用してエラーの処理を強制します。すなわち、代入されるerror変数を実際に利用する処理を書かなければプログラムが実行できないようになっているのです。

では、main関数を修正してちゃんと動作するようにしましょう。

○リスト2-3

```
func main() {
    x := hello.Input("type a price")
    n, err := strconv.Atoi(x)
    if err != nil {
        fmt.Println("ERROR!!")
        return
    }
    p := float64(n)
    fmt.Println(int(p * 1.1))
}
```

◎図2-3：金額を入力すると、その税込価格を計算して表示する。

今度はちゃんと実行できるようになります。「**type a price:**」と表示されたら、金額の値（整数）を入力すると、その税込価格を出力します。また整数以外の値を入力すると、「**ERROR!!**」と表示されるようになります。

ここでは「**if**」というものを使っていますが、これはこのあとで説明する「**制御構文**」というものです。制御構文は、必要に応じて実行する処理を制御するためのものです。ある程度複雑なプログラムを作るようになると、必ずこの制御構文が必要となってきます。

というわけで、値と変数の次は「**制御構文**」について説明を行ないます。

定数について

変数は、値を一時的に保管するものですが、同じように値を保管するものに「**定数**」というものもあります。

変数は、作成したあとは自由に保管されている値を変更できますが、定数は作成したあとは値の変更ができません。これは、以下のように作成します。

```
const 定数 = 値
const 定数 型 = 値
```

こうして作成された定数は、値の変更ができないため、リテラルと同じ感覚で扱えるようになります。プログラムの中でリテラルとして使われる値は、最初に定数として用意しておくようにすると、あとで「**あらかじめ用意しておいた設定値を変更しないといけない**」といった場合なども簡単に行なえるようになります。

◉型の指定は必要か？

定数は、作成時に型を指定する書き方としない書き方ができます。これは、変数の「**型の省略**」とは微妙に違います。

変数で型を省略するのは、代入される値から型が推論できるためです。が、定数の場合、型

を省略するのは「**特定の型に固定しないため**」です。たとえば、こういう定数があったとしましょう。

```
const n int = 100
m := n * 1.1
```

この処理はエラーになってしまうのです。定数nは、int型です。ということは、int型以外の値と演算する場合はそのまま使えないのです。したがって定数nを使うためには、たとえばこんな書き方をしなければいけません。

```
m := float64(n) * 1.1
```

int以外の型の演算で毎回こんなことをしなければいけないのでは大変です。では、intの型指定をしなかった場合はどうなるでしょうか。

```
const n = 100
m := n * 1.1
```

これは、エラーにはなりません。この定数nは型の指定がないため、型が特定されていません。型が特定されていない定数は、それが使われる際に型を推論します。上の文では、n * 1.1とする際に自動的にfloat64型として値が扱われるのです。

このように、特に数値の定数を扱う場合は、「**型の指定をするかしないか**」で利用の仕方が大きく変わります。

importについて

最後に、importについても触れておきましょう。importは、そのプログラムで利用するパッケージを宣言するものでしたね。これは、以下のように記述しました。

```
import (
        "パッケージ名"
        "パッケージ名"
        ……略……
)
```

複数のパッケージをインポートする場合は、このように一つ一つを改行して記述するようになっていました。これは、「**factoredインポートステートメント**」と呼ばれる書き方です。

こうした書き方の他に、一つ一つをimport文として記述する方式もあります。

```
import "パッケージ名"
import "パッケージ名"
……略……
```

このように一つ一つのパッケージをimportでインポートしていくことも可能です。ただし、Goではfactoredインポートステートメントを使うのが基本といっていいでしょう。ここでは**「importは、一つずつ書くこともできる」**ということだけ覚えておいてください。

> **Column** 保存するとソースコードがフォーマットされる?
>
> importの説明を読んで、**「よし、実際に試してみよう」**と思った人はいませんか? importを一つずつ記述するやり方に書き換え、**「これでよし!」**と保存したら、なぜかfactoredインポートステートメントに戻ってしまっていた……。一つずつimportするやり方は、やろうとしてもできない?
>
> もちろん、そんなことはありません。メモ帳などのテキストエディタで記述して保存し、実行すれば、どんなソースコードも試すことができます。
>
> PlaygroundやVisual Studio Codeのエディタでは、Runや保存の際にソースコードの再フォーマットが実行されます。これにより、ソースコードのインデントやimportの記述が自動的にアップデートされるようになっているのです。

制御構文

制御構文について

　制御構文は、処理の流れを制御するためのものです。これは**「ステートメント」**と呼ばれるキーワードを使って記述します。

　制御構文には、実行する処理を選択する**「条件分岐」**と、処理を繰り返す**「繰り返し」**があります。条件分岐は二つのものがあり、また繰り返しもいくつかの使い方があるため、実際にはもっと多くの構文があるかのように感じるでしょう。

　まずは条件分岐の構文から順に説明をしていきます。

ifステートメント

　条件分岐の基本は**「if」**というステートメントです。これは以下のように記述をします。

```
if 条件 {
      ……実行する処理……
}
```

　ifのあとに用意する**「条件」**は、真偽値（bool）として得られる値や変数などです。この値がtrueだった場合、その後の‖部分に記述された処理を実行します。

◉ else ステートメント

　条件がfalseの場合は何もしませんが、**「falseなら別の処理を実行する」**という場合のために用意されているのが**「else」**ステートメントです。これは以下のように使います。

```
if 条件 {
      ……true時の処理……
} else {
      ……false時の処理……
}
```

　　実行する処理の‖のあとにelseをつけ、false時の処理を‖内に記述します。こうすることで、条件がtrueかfalse化に応じて異なる処理を実行することができます。

⊕図2-4：ifは条件がtrueかfalseかによって異なる処理を実行する。

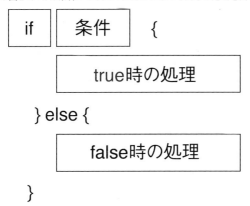

◉ifステートメントを使う

　　では、実際にifの利用例を見てみましょう。ここでは、変数の値をチェックし、それが偶数か奇数かによって異なるテキストを表示させてみましょう。hello.goのmain関数を以下のように書き換えてください。

⊕リスト2-4

```go
func main() {
        x := hello.Input("type a number")
        n, err := strconv.Atoi(x)
        if err != nil {
                fmt.Println("ERROR!!")
                return
        }
        fmt.Print(x + "は、")
        if n%2 == 0 {
                fmt.Println("偶数です。")
        } else {
                fmt.Println("奇数です。")
        }
}
```

●図2-5：整数値を入力すると、それが偶数か奇数か判断する。

今回もhelloパッケージのInputを利用しています。実行すると「**type a number:**」と表示されるので、整数値を入力すると、その値が偶数か奇数かを表示します。

ここでは、まずstrconv.Atoiを呼び出したあとで、以下のような形でifステートメントを用意しています。

```
if err != nil {
        ……エラー時の処理……
}
```

strconv.Atoiでは、実行時に変換された値とerror値が変数に代入されました。このerrorが代入される変数がnilかどうかを調べ、そうでなければ「**エラーが発生している**」としてエラー処理を行なっています。!=は、左右の値が等しくないことを示す演算子です。

今回はPrintlnでメッセージを表示し、それから「**return**」を実行しています。このreturnは、関数から抜ける働きをするもので、要するにこれで「**main関数を終わりにする（つまりプログラムを終了する）**」という処理をしています。

このifのあとに、得られた整数値が偶数か奇数かをチェックする処理を行なっています。

```
if n%2 == 0 {
        ……偶数時の処理……
} else {
        ……奇数時の処理……
}
```

n%2 == 0は、n % 2の値（nを2で割った余り）がゼロかどうかをチェックしています。2で割り切れれば偶数と判断し、そうでなければ奇数と判断しているわけですね。

◉比較演算子について

ここで使ったifでは、!=や==といった演算子による式が条件として設定されていました。これらは「**比較演算子**」と呼ばれるものです。これは左右の値を比較し、その結果を真偽値

(bool) として返すものです。比較演算子には以下のようなものがあります。

A == B	AとBは等しい
A != B	AとBは等しくない
A < B	AはBより小さい
A <= B	AはBと等しいか小さい
A > B	AはBより大きい
A >= B	AはBと等しいか大きい

これらの式は、成立すればtrue、しなければfalseを返します。Goに慣れていないうちは、**「ifの条件は比較演算子の式を使う」**と覚えてしまってもよいでしょう。

ショートステートメント付き「if」

このifは、条件の前に1文だけのステートメントを用意することができます。この場合、ifステートメントは以下のように記述をします。

```
if 文 ; 条件 { …… }
```

ifに進んだ段階で、まずifのあとの文が実行され、それから条件がチェックされます。実行された文で作成された変数などは、ifの構文内でのみ利用でき、if文を抜けると消滅します。

では、実際にショートステートメントを利用した例を挙げておきましょう。main関数を書き換えて動かしてみてください。

● リスト2-5

```
func main() {
    x := hello.Input("type a number")
    fmt.Print(x + "は、")
    if n, err := strconv.Atoi(x); err == nil {
        if n%2 == 0 {
            fmt.Println("偶数です。")
        } else {
            fmt.Println("奇数です。")
        }
    } else {
        fmt.Println("整数ではありません。")
    }
```

```
}
```

　これは、先ほどの偶数奇数をチェックするサンプルを書き換えたものです。処理内容は全く同じですが、ずいぶんと雰囲気が変わりましたね。

　ここでは、Inputによる入力のあと、以下のようにifステートメントを実行しています。

```
if n, err := strconv.Atoi(x); err == nil {……
```

　ifに入ると、まずn, err := strconv.Atoi(x)が実行されます。これにより、整数に変換された値とerrorが変数en, errに代入されます。そして、err == nilをチェックし、エラーがなければ偶数奇数のチェック処理に進むようになっています。

Switch ステートメント

　ifステートメントは基本的に**「二者択一」**の分岐です。条件の結果により、二つの処理のうちどちらかが実行されるようになっています。が、場合によっては二つ以上の分岐が必要となることもあるでしょう。たとえば**「ジャンケン」**の処理をしたければ、どうしても三つの分岐が必要となりますね。

　このような場合に用いられるのが**「Switch」**というステートメントです。これは値の内容に応じて実行する文を変更するものです。

```
switch 条件 {
case 値1:
        ……実行する処理……
case 値2:
        ……実行する処理……

default:
        ……すべて当てはまらない場合の処理……
}
```

　switchのあとに、チェックする対象となる条件を用意します。これは変数などを使います。switchでは、この条件をチェックし、同じ値のcaseを探してそこにジャンプし、その後にある処理を実行します。

　同じ値のものが見つからない場合は、最後のdefaultにジャンプします。ただし、このdefaultはオプションであり、省略も可能です。この場合は、caseが見つからないと何もせずに次に進みます。

条件は、ifのように真偽値となる値である必要はありません。switchの条件は、どんなものでも構いません。またcaseには、複数の値をカンマで記述することもできます。

◉図2-6：switchは、条件の値をチェックし、同じcaseにジャンプして実行する。

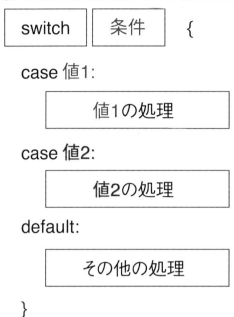

◉ ショートステートメントについて

また、switchもifと同様にショートステートメントを追加することができます。この場合は以下のように記述されます。

```
switch 文; 条件 {……}
```

switchに進むと、まず用意された文を実行し、それから条件をチェックしてcaseにジャンプをします。実行された文で生成された変数は、switch構文内でのみ利用できます。switchを抜けた時点で変数は消滅します。

◉ switchを使ってみる

では、実際にswitchを使ったサンプルを作成してみましょう。main関数を書き換えて動かしてください。

●リスト2-6

```go
func main() {
    x := hello.Input("type a number")
    fmt.Print(x + "月は、")
    switch n, err := strconv.Atoi(x); n {
    case 0:
            fmt.Println("整数値が得られません。")
            fmt.Println(err)
    case 1, 2, 12:
            fmt.Println("冬です。")
    case 3, 4, 5:
            fmt.Println("春です。")
    case 6, 7, 8:
            fmt.Println("夏です。")
    case 9, 10, 11:
            fmt.Println("冬です。")
    default:
            fmt.Println("月の値ではありませんよ？")
    }
}
```

●図2-7：1～12の整数を入力すると、その月の季節を表示する。

実行すると数字の入力を訪ねてくるので、1～12の整数を入力してください。その数字の月の季節を出力します。整数以外のものを入力するとエラーメッセージが表示されます。また1～12以外の整数を入力すると値が正しくないことを知らせます。

ここでは、Inputで入力テキストを変数に受け取ったあと、以下のようにswitchを用意しています。

```go
switch n, err := strconv.Atoi(x); n {……
```

ショートステートメントにn, err := strconv.Atoi(x)を指定して整数に型変換をし、これで得られた変数nを条件に指定して起きます。これで、入力された整数（n）を元にcaseを用意でき

るようになります。ここでは以下のような分岐が用意されています。

```
case 0:
```

　これは、strconv.Atoiによる型変換に失敗した場合の処理です。型変換に失敗すると、err にエラー情報が代入され、変数nには値が取り出されません。この場合、nは初期値であるゼロ になります。そこで、case 0:では、値が得られなかった処理を用意します。

　（実際には、ゼロを入力した場合もこのcase 0:にジャンプしますが、このへんは考えないで おきましょう）

```
case 1, 2, 12:
case 3, 4, 5:
case 6, 7, 8:
case 9, 10, 11:
```

　1～12の整数値を季節ごとにcaseで分けています。caseはこのように複数の値を設定できる ので、四つのcaseで12ヶ月すべてを分岐できます。

```
default:
```

　最後に、default:を用意し、それ以外の値が入力された場合の処理を用意しておきます。こ れでどんな値が入力されても対応できるようになります。

caseの評価順について

　switchを使うとき、頭に入れておきたいのが**「caseの評価順」**です。switchでは、caseの チェックは上から順に行なわれます。最初のcaseをチェックし、**「これじゃない」**となったら次 のcaseに進み、**「これじゃない」**なら更に次のcaseに進み……という具合に上から順に一つ ずつcaseをチェックしているのです。

　caseには、値となるものなら何でも指定できます。関数（決まった処理を呼び出して実行す るもの）も使えるのです。そうすると、ちょっと面白い実行の仕方になります。ちょっと試してみま しょう。

●リスト2-7

```
func main() {
        x := 5 //☆
        switch x {
        case f(1):
```

```
                fmt.Println("* first case. *")
        case f(2):
                fmt.Println("* second case. *")
        case f(3):
                fmt.Println("* third case. *")
        default:
                fmt.Println("* default case. *")
        }
}

func f(n int) int {
        fmt.Println("No,", n)
        return n
}
```

◎図2-8：実行するとNo,1、No,2、No,3、* default case. *と表示される。

今回は"hello"と"strconv"は使いません。importからこれらを削除しておいてください。

main関数と、その下にfという関数を用意してあります。関数については改めて説明するので、ここでは**「fという関数がこれで用意されたんだ」**とだけ頭に入れておいてください。そしてswitchのcaseでは、このf関数を値に指定しています。これを実行すると、以下のように出力されます。

```
No,1
No,2
No,3
* default case. *
```

case f(1):がチェックされた段階でf(1)が実行され、**「No,1」**が出力されます。case f(2):で**「No,2」**が出力され、case f(3):で**「No,3」**が出力され、default:でようやく本来の処理である**「* default case. *」**が出力された、というわけです。

マークにある変数xの値を、たとえば**「2」**に修正すると、今度は**「No,1」「No,2」**

「* second case. *」と出力されることがわかるでしょう。case f(1):とcase f(2):がチェックされ、そこにある処理が実行されて構文を抜けるので、このような出力になるのです。xの値をいろいろと書き換えて出力の変化を確認してみましょう。

◉ Printlnの引数について

今回、f関数で引数の整数を出力していますが、ここでちょっとした重要ポイントがあります。この文です。

```
fmt.Println("No,", n)
```

ここでは、二つの引数が指定されていますね？ 注目してほしいのは、第1引数がstring値であるのに、第2引数はint値であるという点です。

Printlnは、このように型の異なる値を複数の引数として指定し、出力させることができます。これは覚えておくと非常に便利ですね！

条件のないswitch

switchでは、必ずその後に条件が指定される、というわけでは実はありません。**「条件を省略したswitch」**というのも実は作ることができます。これは、以下のように解釈されます。

```
switch {……}
```

```
switch true {……}
```

つまり、**「caseの値がtrueと等しいもの」**を探してジャンプすることになるわけです。ということは？ そう、caseのほうに**「ここにジャンプしてほしい条件」**を記述して、その条件がtrueのときに実行させることができるようになります。つまり、switchのあとではなく、各caseのあとに条件を設定したswitchステートメントが作れるのです。

◉ 値が偶数か奇数か調べる

これを利用すると、普通はswitchで行なわないような処理も作れるようになります。実際に利用例を挙げておきましょう。

○リスト2-8

```go
func main() {
        x := hello.Input("type a number")
        n, err := strconv.Atoi(x)
        if err == nil {
                fmt.Print(x + "は、")
        } else {
                return
        }
        switch {
        case n%2 == 0:
                fmt.Println("偶数です。")
        case n%2 == 1:
                fmt.Println("奇数です。")
        }
}
```

○図2-9：整数を入力すると、偶数か奇数か調べる。

これは、先にifで作成した**「偶数か奇数か調べるプログラム」**をswitchで作成したものです。実行したら、整数を入力して動作を確認してみてください。

　ここでは入力された値を変数nに整数値として取り出してから、以下のようにswitchを用意しています。

```go
switch {
case n%2 == 0:
        ……変数nが偶数の場合の処理……
case n%2 == 1:
        ……変数nが奇数の場合の処理……
}
```

　各caseには、変数nが偶数か奇数かを調べる式が設定されています。この式がtrueになったとき、そのcaseが実行されることがわかるでしょう。

switchのfallthroughについて

switchステートメントは、caseにジャンプし、そこにある処理を実行すると、自動的に構文を抜けて次に進みます。ジャンプしたcaseにある処理だけが実行され、その後にある処理は実行されないようになっています。

が、場合によっては、その後にあるcaseの処理も実行させたい、ということもあるでしょう。このような場合に用いられるのが**「fallthrough」**です。caseで実行する処理部分にこのキーワードを記述すると、その後にある次のcaseの処理も続けて実行されるようになります。

では、fallthroughがどのような働きをするのか、簡単なサンプルで見てみましょう。

●リスト2-9

```go
func main() {
        x := hello.Input("type 1~5")
        n, err := strconv.Atoi(x)
        if err == nil {
                fmt.Print(x + "までの合計は、")
        } else {
                return
        }
        t := 0
        switch n {
        case 5:
                t += 5
                fallthrough
        case 4:
                t += 4
                fallthrough
        case 3:
                t += 3
                fallthrough
        case 2:
                t += 2
                fallthrough
        case 1:
                t++
        default:
                fmt.Println("範囲外です。")
                return
        }
        fmt.Println(t, "です。")
}
```

◉図2-10：1～5の整数を入力すると、1からその数字までの合計を表示する。

```
問題 ①   出力   デバッグ コンソール   ターミナル        1: cmd         ∨   +  ▯  🗑  ∧  ×

D:\tuyan\Desktop>go run hello.go
type 1~5: 5
5までの合計は、15です。

D:\tuyan\Desktop>

              行 39、列 2 (411 個選択)   スペース: 4   UTF-8   CRLF   Go  ⅀  🔔
```

実行したら、1～5の整数を入力してください。すると、1からその数字までの合計を表示します。

ここでは、switch内にcase 5～case 1が用意されています。そして、それぞれで数字をtに加算する処理を実行しています。もし5が入力されたなら、case 5にジャンプし、t +=5 を実行し、その下のcase 4にあるt += 4を、更にその下のt += 3、t += 2、t++……と実行していくわけです。結果として、5～1の整数がすべてtに加算されます。

このように、fallthroughを使うことで、**「ジャンプした場所より先の処理をすべて実行する」** といった処理の仕方ができるようになるのです。

forステートメント

続いて、繰り返しの構文についてです。繰り返しは**「for」** ステートメントというものが用意されています。これは以下のような形で記述します。

```
for 条件 {
       ……繰り返す処理……
}
```

forのあとに条件を用意します。この条件は、ifと同様に真偽値（bool）で得られる式や変数を使います。この条件がtrueの場合、その後の‖部分を実行し、再びforに戻ります。そしてまた条件をチェックし、trueなら処理を実行してまた戻り……と‖部分をひたすら繰り返し続けます。そして、条件がfalseになったら、構文を抜けて次に進みます。

◉図2-11：forは、条件がtrue の間、処理を繰り返し続ける。

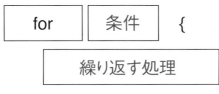

◉ forを使ってみる

では、実際にforを使ってみましょう。ここでは整数を入力し、1からその値までの合計を計算してみます。

◉リスト2-10

```go
func main() {
    x := hello.Input("type a number")
    n, err := strconv.Atoi(x)
    if err == nil {
        fmt.Print("1から" + x + "の合計は、")
    } else {
        return
    }
    t := 0
    c := 1
    for c <= n {
        t += c
        c++
    }
    fmt.Println(t, "です。")
}
```

◉図2-12：整数を入力すると、1からその数までの合計を計算する。

実行したら、適当な整数を入力してください。すると、1からその数字までの合計を計算して表示します。

ここでは、以下のような形でforの繰り返しが用意されています。

```go
for c <= n {
    t += c
    c++
}
```

nは入力された整数、cは現在の加算する値をカウントしていくための変数です。forでは、cがnと等しいか小さい間、繰り返しを行なうようになっています。

繰り返し内では、tにcを加算し、そしてcの値を1増やしています。こうして、cをtに足しては1増やす、を繰り返していき、cの値がnより大きくなったら繰り返しを抜けているのです。

forは、このように**「繰り返すごとに条件が変化する」**という点が重要です。繰り返しても条件が全く変化しない場合、forから抜け出ることができなくなります。こうした繰り返しは**「無限ループ」**と呼ばれます。くれぐれも無限ループを作らないように注意してください。

◉ 代入演算子と++,--

今回のforでは、新しい演算子が使われています。まず**「t += c」**というものです。この+=は、**「右辺の値を左辺の変数に加算する」**働きをします。つまり、**「t = t + c」**と同じことをやっているのですね。ただし、この**「t += c」**ほうが、やっていることが直感的にわかります。

この四則演算の記号と代入演算の記号が合体したものを**「代入演算子」**といいます。これは、四則演算子の種類と同じだけのものが用意されています。

もう一つは、**「c++」**の**「++」**です。これは**「インクリメント・ステートメント」**といって、変数の値を1増やす働きをします。同様に、**「--」**という記号の**「デクリメント・ステートメント」**もあり、こちらは変数の値を1減らします。

代入演算子と、インクリメント／デクリメント・ステートメントは、演算の際に多用するものですので、ここで覚えておきましょう。

> **Column** ++,--は演算子ではない!
>
> ++と--は**「ステートメント」**とついていることでわかるように、これらは演算子ではありません。短いけれど**「文」**なのです。ステートメントですから、式の中で使ったりすることはできません。
>
> 一般のプログラミング言語では、これらは演算子として用意されています。このため、式の中で++や--が使われることになり、これらの値の増減タイミングによるバグを呼びがちでした。
>
> Goでは演算子ではなく、ステートメントですから、値の増減のタイミングによるバグなどが交じることはありません。これは**「バグを呼び込むような機能は極力排除する」**というGoの方針がよく現れている部分といえるでしょう。

forの初期化と後処理

forステートメントは、条件の前後にショートステートメントを持つことができます。これは、それぞれ以下のような役割を果たします。

```
for 初期化 ; 条件 ; 後処理 {
        ……繰り返す処理……
}
```

最初に用意するステートメント（初期化）は、for構文に進んだとき、最初に一度だけ実行されます。そして条件のあとに用意されるステートメント（後処理）は、繰り返し実行する∥の部分の処理を実行し終えたあとで実行します。これは、繰り返すたびに実行されることになります。

これらを利用することで、たとえば繰り返すごとに数字をカウントする変数などが用意できるようになります。例として、先にforのサンプルとして作成した**「入力した数字を合計する」**というプログラムをfor利用の形に書き換えてみましょう。

◎リスト2-11

```go
func main() {
        x := hello.Input("type a number")
        n, err := strconv.Atoi(x)
        if err == nil {
                fmt.Print("1から" + x + "の合計は、")
        } else {
                return
        }
        t := 0
        for i := 1; i <= n; i++ {
                t += i
        }
        fmt.Println(t, "です。")
}
```

やっていることは同じですが、for回りがずいぶんとすっきりしたことがわかるでしょう。for自身に繰り返すごとに数字を1増やす変数iの処理が組み込まれているため、繰り返し内部ではただ合計を計算していく変数tにiを加算するだけで済みます。またカウントしている変数iはforの内部でしか使われないため、for以外のところではこの変数のことを考える必要がありません。

「繰り返すごとに数字を操作する」という場合は、このショートステートメントを使ったforの利用を考えるようにしましょう。

無限ループと continue/break

forは、実は条件も省略し、何もつけずに実行することも可能です。つまり、このような形ですね。

```
for {
    ……繰り返す処理……
}
```

こうすると、当然のことですが（繰り返しを抜ける条件がないので）エンドレスでひたすら繰り返しを続けることになります。いわゆる**「無限ループ」**となるわけです。

無限ループは、通常は絶対に避けなければならないものですが、ときには**「あえて無限ループを作る」**ということもあります。無限ループでひたすら繰り返しを行ない、その中で必要に応じてループを抜けるような仕組みを用意しておくのです。これには以下のようなものを使います。

continue	そこで繰り返しを抜けて最初に戻り、次の繰り返しに入る。
break	そこで繰り返しを抜け、forの次の処理に進む。

continueは、それよりあとにある処理を実行しないで次の繰り返しに進ませます。これに対し、breakは繰り返し自体を終了して次に進みます。

では、これらを使った無限ループの例を挙げておきましょう。

◎リスト2-12

```go
func main() {
    x := hello.Input("type a number")
    n, err := strconv.Atoi(x)
    if err == nil {
        fmt.Print("1から" + x + "の偶数の合計は、")
    } else {
        return
    }
    t := 0
    c := 0
    for {
        c++
        if c%2 == 1 {
            continue
```

```
        }
        if c > n {
                break
        }
        t += c
    }
    fmt.Println(t, "です。")
}
```

◉図2-13：数字を入力すると、1からその数字までにある偶数の値だけを合計する。

これも、先ほどと同様に「**入力した値までの合計を計算する**」というものですが、少しひねって「**偶数の値のみ合計する**」ようにしています。

ここでは、for内でまず変数cの値を1増やし、それからif c%2 == 1と条件分岐を用意して、cが奇数ならばcontinueを実行しています。更にその後でif c > nをチェックし、cがnより大きければbreakで繰り返しを抜けています。

そして、これらの処理のあとに、t += cというように値を加算する処理があります。これで、cが偶数でn以下の場合はt += cが実行されるようになります。

この「**無限ループのforを用意し、必要に応じてbreakで抜ける**」というやり方は、繰り返し処理を抜ける手段が複数あるような場合に有効です。必要なところに「**条件をチェックしbreak**」という処理を用意できるので、「**これとこれとこれの場合に抜ける**」というように複雑な脱出条件があるような場合にはbreakが活躍するでしょう。

ラベルと goto

制御構文というわけではないのですが、処理の流れを制御するための仕組みとして「**ラベル**」というものも用意されています。

ラベルは、プログラムの中に記述される「**目印**」です。これは「**名前:**」というように、ラベルの名前のあとにコロンを付けて記述します。

こうして用意されたラベルは、「**goto**」というステートメントを使って特定のラベルにジャンプさせることができます。gotoは、どこからでも実行することができるため、たとえば何重にも

入れ子になったforの中から外にジャンプしたりすることもできます。

このgotoは、たとえばエラー処理などで多用されます。エラー用の処理のラベルを用意しておけば、プログラムのどこからでもエラーがあればそこにジャンプさせることで対応できます。

では、実際の利用例を挙げておきましょう。

○リスト2-13

```go
func main() {
    t := 0
    x := hello.Input("type a number")
    n, err := strconv.Atoi(x)
    if err != nil {
        goto err
    }
    for i := 1; i <= n; i++ {
        t += i
    }
    fmt.Println("total:", t)
    return


err:
    fmt.Println("ERROR!")
}
```

○図2-14：整数以外の値を入力すると、errにジャンプし「ERROR!」と表示される。

ここでは、エラー時の処理をerrラベルのあとに用意し、err != nilであればgoto errでジャンプするようにしてあります。この例では1ヶ所だけですが、いくつもこうしたエラーの発生する処理がある場合、**「エラーはgoto errするだけ」**というのはエラー処理を一ヶ所に集約でき便利でしょう。

Column gotoは「悪」か？

「ラベルとgoto」を読んだ人の中には、「なんでgotoなんてものがあるんだ?」と驚いた人も多いかもしれません。

gotoは、その昔のBASIC言語全盛の時代に広く使われていました。が、必要に応じてあちこちにジャンプしてしまうgotoは処理の流れが非常にわかりにくく、複雑にもつれてしまった**「スパゲティコード」**を作りがちでした。こうしたことから、**「goto = 悪」**という認識が強く浸透してきていました。モダンな機能を取り入れた言語では、gotoを採用していないものが圧倒的に多いのは確かです。

では、なぜGoではあえてgotoを採用したのでしょうか。明確な理由はわかりませんが、**「よりシンプルにプログラムを作れるように」**というGo言語の方針から採用に踏み切ったのではないでしょうか。gotoは、確かに不必要に多用するとプログラムの流れを寸断することになってしまいますが、エラー処理のように**「gotoを利用したほうが遥かにプログラムがシンプルに作れる」**というケースもあります。**「使い方をよく考えて利用すれば、gotoは悪ではない」**ということでしょう。

Section 2-3 複雑な値

配列（array）について

　処理の基本的な制御が一通りわかったところで、改めて**「値」**に焦点を当てることにしましょう。これまで、整数やテキストのような基本的な型については一通りの説明をしていますが、Goにはもっと複雑な値もあります。そうした**「基本型以外の値」**について考えていくことにしましょう。

◉ 配列は多数の値を管理する

　まずは**「配列」**についてです。配列は、多数の値をまとめて扱うためのものです。これは、以下のような形で作成をします。

```
var 変数 [ 整数 ] 型
```

　変数のあとにある、[整数] 型 というのが配列の型指定です。[]で保管する値の数を指定し、その後に保管する値の型を指定します。たとえば、10個のint値を保管する配列なら、[10]intと型を指定すればいいわけですね。

　作成された配列には、まだ値は保管されていません。最初から保管する値が決まっている場合は、初期値として値を指定して配列を作成することも可能です。

```
var 変数 [ 要素数 ] 型 { 値1, 値2, …… }
```

　{}で配列に保管する値を指定します。初期値を用意した場合は、[]の個数を示す整数値は、その後の{}に用意する値の数と一致する必要があります。

　作成された配列に保管されている値は、[番号]という形で番号を指定して利用できます。

```
変数 = 配列 [ 番号 ]
配列 [ 番号 ] = 値
```

　このようにして配列に保管されている特定の値を取り出したり、別の値に書き換えたりでき

ます。この[]の部分は、一般に「**添字**」と呼ばれます。また各値に割り当てられる番号は「**イン**
デックス」と呼ばれます。

●図2-15：配列は複数の値を保管する場所を持つ。各値はインデックスという番号が割り振られて管理される。

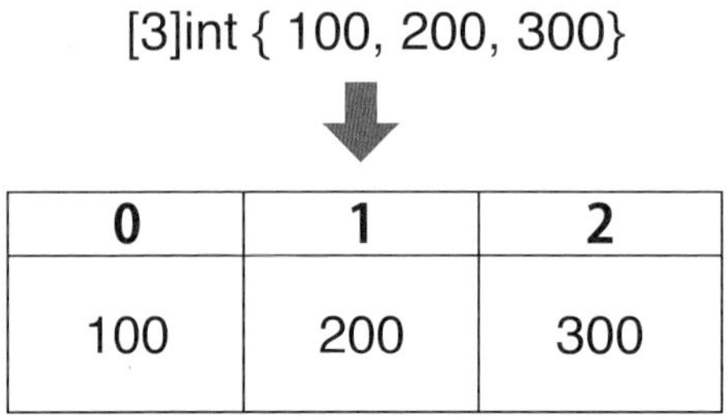

[3]int { 100, 200, 300}

0	1	2
100	200	300

◉ 配列の特徴

配列は基本型などの値と違った性質があります。特に注意しておきたい特徴について簡単
にまとめておきましょう。

＋要素数は固定

配列は、作成する際に「**いくつの値を保管するか**」を指定します。この保管できる値の数
は、基本的に作ったときの数のまま固定です。途中で保管できる値の数を増やしたりすること
はできません。

＋すべての値は同じ型

配列の宣言から想像がつくように、配列に保管される値はすべて同じ型の値になります。異
なる型の値を保管することはできません。

＋インデックスはゼロから順

各要素に割り当てられるインデックスは、ゼロから順に割り当てられます。途中で数字が抜
けたりすることはありません。

配列を利用する

では、実際に配列を利用した例を作成してみましょう。今回は、数値をまとめて入力してもら
い、その合計を計算するサンプルを考えてみます。importに"strings"を追記するのを忘れない
でください。

⊕リスト2-14

```go
// "strings" をimport

func main() {
        x := hello.Input("input data")
        ar := strings.Split(x, " ")
        t := 0
        for i := 0; i < len(ar); i++ {
                n, er := strconv.Atoi(ar[i])
                if er != nil {
                        goto err
                }
                t += n
        }
        fmt.Println("total:", t)
        return

err:
        fmt.Println("ERROR!")
}
```

⊕図2-16：実行するとデータを訪ねてくる。「10 20 ……」というように各値を整数で区切って記入すると、それらの合計が計算される。

実行したら、データの値を半角スペースで区切って記述してください。たとえば、「**10 20 30**……」といった具合です。そしてEnter/Returnすると、記述したデータの合計を計算して表示します。たとえば、「**10 20 30**」とすると「**total:60**」と表示されます。

◉ strings.Splitについて

ここでは、まず入力されたテキストをスペースで分割し配列にしています。これは、strings パッケージの「**Split**」という関数で実行できます。

```
var 変数 = strings.Split( 対象となる文字列 , 区切り文字列 )
```

このSplitは、第1引数のテキストを、第2引数で指定したテキストのある場所で分割します。たとえば、ここでの利用部分を見てみましょう。

```
ar := strings.Split(x, " ")
```

こうなっていました。これで、変数xに代入されているテキストから半角スペースのところで分割した配列を作成し、arに代入します。

◉ 配列と for

作成された配列は、forを使って繰り返し処理を行なえます。ここでは、以下のようにforを用意していますね。

```
for i := 0; i < len(ar); i++ {……
```

条件として、i < len(ar)という式が指定されています。この**「len」**というのは、配列の要素数を返す関数です。これは引数に配列を指定して実行すると、その配列の要素数をint値で返します。これで、**「iが要素数より小さい間繰り返す」**ようになっていたのですね。

このforでは、配列から順に値を取り出し、それを整数に変換してtに加算する、ということを行なっています。

```
n, er := strconv.Atoi(ar[i])
if er != nil {
        goto err
}
t += n
```

strconv.Atoi(ar[i])で、配列arのi番目の値を整数値に変換しています。こんな具合に、forで用意した変数iを使って配列から要素を取り出すことで、配列のすべての値を順に処理していくことができます。

レンジ（range）について

この**「forで配列を繰り返し処理する」**というのは確かに便利ですが、きちんと取り出す要素を指定しないと**「取り出してないものがあった」**なんてことにもなりかねません。つまり、**「プログラマがきちんとforと配列からの値の取り出し処理を書くこと」**を前提にしている

のですね。もっと、**「誰が書いても確実に配列の全要素を処理できる」** といった方法はないのでしょうか。

　実は、ちゃんとあります。それは**「range」**というものです。rangeは、配列から順に要素を取り出すために用意されているキーワードです。これは、以下のように使います。

```
変数1, 変数2 := range 配列
```

　このrangeは、呼び出されるたびに配列から順にインデックスと値を取り出して返します。変数1にはインデックス、変数2には取り出した値がそれぞれ代入されます。forにこのrange文を用意することで、配列から順に値を取り出す繰り返しが行なえます。

　では、先ほどのサンプルをrange利用の形に書き直してみましょう。

◎リスト2-15

```
func main() {
        x := hello.Input("input data")
        ar := strings.Split(x, " ")
        t := 0
        for _, v := range ar {
                n, er := strconv.Atoi(v)
                if er != nil {
                        goto err
                }
                t += n
        }
        fmt.Println("total:", t)
        return

err:
        fmt.Println("ERROR!")
}
```

　こうなりました。行なっていることは全く同じです。ここでは繰り返しをしているfor文を以下のように書き換えてあります。

```
for _, v := range ar {……
```

　これで、配列arから順にインデックスと値が変数に取り出されていきます。すべての値が取り出されたら、自動的にforから抜けて次へと進みます。rangeを利用することで、forもすっきりとしますね。

何より、繰り返しの処理部分でar[i]というように配列から値を取り出したりせず、既に取り出し済みの値を使って処理が行なえます。つまり、**「配列から順に値を取り出していく」**という部分をプログラマが自分で管理する必要がないのです。ただ、渡された変数を使って処理を書くだけなので、**「配列からきっちり値を取り出せているか」**など考える必要がありません。

Column 変数「_」って何？

ここでは、forの部分で _, v := range arというようにrangeを使っていました。vは、値が保管される変数ですね。では、その前の「_」というのは何でしょう？ これも変数なんでしょうか？

これも、もちろん変数です。Goでは、アンダースコアで始まる変数は、他の変数とは少し違います。これは、**「使わなくてもいい変数」**なのです。

Goでは、宣言された変数は必ず使わなければいけません。使わないと**「宣言した変数を使ってないよ」**とエラーになってしまいます。が、このforでは、取り出したインデックスは必要ありませんから使いません。こういうとき、普通の変数を指定してしまうと**「使ってないぞ」**と怒られます。

そこで、アンダースコアで始まる変数を用意するのです。こうすれば、その変数は使わなくてもエラーになることはありません。

スライス（slice）について

配列は、保管される要素の数などが固定されています。途中で要素を増やしたい場合も、できません。そこで、要素を柔軟に扱える**「スライス」**というものが用意されています。これは配列とほぼ同じようなものですが、要素をいろいろと操作することができます。

このスライスは、いくつかの作り方があります。もっとも基本となるのは、配列を作成するのと同じようなやり方です。

```
変数 := [] 型 { 値1, 値2, ……}
```

これで、スライスが変数に代入されます。配列と同様に||部分に保管する値を用意しておきます。が、[]には要素数の値がありません。このように要素数を省くと、配列ではなくスライスが作成されます。

◉ 配列からスライスを取り出す

　もう一つの方法は、配列からスライスを生成するものです。配列から、最初と最後の範囲を指定することで、その範囲の値をスライスとして取り出すことができます。

```
変数 := 配列 [ 開始 : 終了 ]
```

　もし、配列のすべての要素をスライスとして取り出したければ、終了の値を省略し、[0:]とすればいいでしょう（あるいは、[:]でもいいでしょう）。また、[:0]とすると、配列の値を一切持たないスライスが作成されます。
　実際に簡単なスライスを作って表示してみましょう。なお、"strings"は使わなくなるので、importから削除しておいてください。

◉リスト2-16

```go
func main() {
        a := [5]int{10, 20, 30, 40, 50}
        b := a[0:3]
        fmt.Println(a)
        fmt.Println(b)
}
```

◉図2-17：配列から一部を切り出してスライスを作る。

　これを実行すると、配列aとスライスbが出力されます。a[0:3]とすることで、配列aの最初から三つ目までの値がスライスとして取り出されていることがわかるでしょう。

スライスの長さと容量

　スライスを扱うとき、頭に入れておきたいのが、**「スライスの大きさを表すのに二つの値がある」** という点です。
　一つは**「長さ」** です。これは、スライスに保管されている値の数（サイズ）です。配列でもlen

でこの値を取り出したりしましたね。

もう一つは**「容量」**です。これは、**「スライスが参照する配列の大きさ」**です。スライスは、配列から要素を指定して作成できます。たとえば10の要素を持つ配列から5つを指定してスライスを作成したとき、スライスの長さは5ですが、容量は10になります。

◎ スライスは配列の「参照」

この**「長さと容量」**という考え方は、スライスが元の配列と関連していることを示しています。実をいえば、スライスは**「配列の参照」**に過ぎないのです。つまり、配列が保管している値をスライスという形で利用しているだけなのです。

このことがよくわかるサンプルを挙げておきましょう。

◎リスト2-17

```go
func main() {
    a := [5]int{10, 20, 30, 40, 50}
    b := a[0:3]
    fmt.Println(a)
    fmt.Println(b)
    a[0] = 100
    fmt.Println(a)
    fmt.Println(b)
    b[1] = 200
    fmt.Println(a)
    fmt.Println(b)
}
```

◎図2-18：配列aとスライスbの要素を変更しながら内容を出力する。

配列aを作成し、その中から三つの要素を取り出したスライスbを用意しています。それぞれを出力してから、配列a[0]の値を変更し、それからスライスb[1]の値を変更しています。出力内

容を見ると、配列aとスライスbのどちらを修正しても両方の値が更新されることがわかるでしょう。つまり、この二つは同じ値を参照しているのです。

この**「スライスは元の配列の一部を参照している」**という事実は、非常に重要です。

Column 参照とは、値の保管場所

ここで**「参照」**というものが登場しました。参照というのは、具体的にどういうものなんでしょうか？

これは、**「別のところにある値の保管場所を指し示すための値」**です。スライスは、配列から作成しますが、このスライスは、配列の中身をコピーして作っているわけではありません。配列が保管されている場所と取り出す値の範囲を指し示す情報がスライスとして作成されているのです。

要素を追加する「append」

スライスは、値を追加することができます。これは**「append」**という関数を使います。

```
変数 = append( スライス , 値1, 値2, ……)
```

第1引数にスライスを指定し、その後に追加する値を記述します。これは一つだけでなく、複数の値を記述してまとめて追加することもできます。では、実際に使ってみましょう。

○リスト2-18

```go
func main() {
    a := [3]int{10, 20, 30}
    b := a[0:2]
    fmt.Println(a)
    fmt.Println(b)
    b = append(b, 1000)
    fmt.Println(a)
    fmt.Println(b)
    b = append(b, 1000)
    fmt.Println(a)
    fmt.Println(b)
}
```

◎図2-19：実行すると、スライスの最後に1000を追加する。

これを実行すると、配列aとそこから三つだけ取り出したスライスbが作成されます。そして
appendでスライスbの最後に1000を追加します。この実行結果を見ると、非常に面白いことに
なります。

```
[10 20 30]
[10 20]
[10 20 1000]
[10 20 1000]
[10 20 1000]
[10 20 1000 1000]
```

スライスは配列の参照ですが、スライスにappendで値を追加すると、元の配列の要素が書
き換わっています。更にappendで追加すると、配列は変わらずスライスにだけ値が追加されて
います。実に不思議な変化をしますね！

スライスを操作する

では、append以外のスライスを操作する関数はどんなものがあるのでしょうか？ 実は、ない
のです。スライスの操作は、appendで**「最後に追加する」**しかありません。

が、これは**「スライスは操作できない」**ということではありません。スライスの基本的な操
作は、[開始:終了]でスライスの特定の部分を取り出すことで行なえるのです。

実際にさまざまな操作を行なうのは、慣れないうちはかなり面倒なのも確かでしょう。そこ
で、スライスの基本的な操作を行なう関数を用意して、それを使って操作できるようにしておき
ましょう。

●リスト2-19

```go
func main() {
        a := []int{10, 20, 30}
        fmt.Println(a)
        a = push(a, 1000)
        fmt.Println(a)
        a = pop(a)
        fmt.Println(a)
        a = unshift(a, 1000)
        fmt.Println(a)
        a = shift(a)
        fmt.Println(a)
        a = insert(a, 1000, 2)
        fmt.Println(a)
        a = remove(a, 2)
        fmt.Println(a)
}

func push(a []int, v int) []int {
        return append(a, v)
}

func pop(a []int) []int {
        return a[:len(a)-1]
}

func unshift(a []int, v int) []int {
        return append([]int{v}, a...)
}
func shift(a []int) []int {
        return a[1:]
}

func insert(a []int, v int, p int) []int {
        a = append(a, 0)
        a = append(a[:p+1], a[p:len(a)-1]...)
        a[p] = v
        return a
}

func remove(a []int, p int) []int {
```

```
        return append(a[:p], a[p+1:]...)
}
```

◉図2-20：スライスを用意し、それをいろいろと操作していく。

　ここでは、スライスを操作する関数を定義して、さまざまに操作を行なっています。まだ関数についてきちんと説明をしていませんから、今ここで作成した関数について理解する必要はありません。ただ、使い方だけ覚えておけば十分でしょう。ここでは以下のような関数を定義してあります。

✚最後に追加

```
変数 = push( スライス , 値 )
```

✚最後を削除

```
変数 = pop( スライス )
```

✚最初に追加

```
変数 = unshift( スライス , 値 )
```

✚最初を削除

```
変数 = shift( スライス )
```

✚指定の位置に追加

```
変数 = insert( スライス , 値 , インデックス )
```

✚指定の位置を削除

```
変数 = remove( スライス , インデックス )
```

いずれも、変更されたスライスが返されるので、それを変数に代入して利用します。サンプルを実行すると、以下のような内容が出力されるのがわかるでしょう。

```
[10 20 30]            // 初期状態
[10 20 30 1000]         // 最後に追加
[10 20 30]            //最後を削除
[1000 10 20 30]         // 最初に追加
[10 20 30]            // 最初を削除
[10 20 1000 30]          //インデックス2に追加
[10 20 30]            // インデックス2を削除
```

最初の[10 20 30]という内容のスライスをいろいろ操作しているのがわかりますね。これで、とりあえず一通りのスライス操作はできるようになりました。いずれ、関数についてしっかりと学んだら、これらの関数の仕組みや働きなどもよく理解できるようになるはずです。それまでは**「使い方だけわかればOK」**と考えましょう。

Column 「...」って何？

今回、作成した関数の中を見てみると、「...」という見たことのない記号が使われているのに気がついた人もいるかもしれません。たとえば、unshiftのところで実行している文にこういうものがありました。

```
append([]int{v}, a...)
```

このa...は、**「スライスaを展開する」**ことを示します。たとえば、三つの要素があるスライスなら、

```
a...   →   a[0], a[1], a[2]
```

このようになるわけです。appendは、第2引数以降はスライスに追加する値を指定しないといけません。そこでスライスaを展開して、その中の値すべてを追加するようにしていた、というわけです。

マップ（map）について

　　配列やスライスは、インデックスと呼ばれる通し番号を使って値を管理していました。が、番号ではなく、たとえば名前などを使って値を管理したい場合もあります。このようなときに使われるのが「**マップ**」です。

　　マップは「**キー**」と呼ばれる値を使って値を管理します。これは、以下のように宣言をします。

```
var 変数 map[ キー型 ] 値型
```

　　これで、指定の型のキーと値を管理するマップの変数が用意できます。初期値を用意したい場合は、以下のように記述します。

```
変数 := map[ キー型 ] 値型 {
        キー : 値,
        キー : 値,
        ……
}
```

　　一つ一つの項目を改行して書く（最後の¦も改行している）場合、最後の値の後ろにもカンマが必要ですので注意してください。

　　作成されたマップは、[]でキーを指定して値を操作することができます。では、実際に簡単なマップを作って操作してみましょう。

◎リスト2-20

```
func main() {
        m := map[string]int{
                "a": 100,
                "b": 200,
                "c": 300,
        }
        m["total"] = m["a"] + m["b"] + m["c"]
        fmt.Println(m)
}
```

◎図2-21：実行すると、マップのa,b,cの値を足してtotalに代入する。

ここではa, b, cという三つの要素を持つマップmを作成しています。これは、こんな具合に変数を用意していますね。

```
m := map[string]int{……
```

これで、stringのキーにint値を保管するマップが作成されます。そして、a, b, cの値を合計してtotalに代入しています。

```
m["total"] = m["a"] + m["b"] + m["c"]
```

マップは、こんな具合に[]にキーを指定して値を取り出します。新たに値を追加するときも、新しいキーを指定して値を代入するだけです。実行すると、以下のような出力がされるでしょう。

```
map[a:100 b:200 c:300 total:600]
```

マップの中に、totalというキーが増えています。マップはこのようにどんどん新しいキーを追加して値を増やしていけます。

◉ 要素の削除は？

では、マップにある要素を削除するにはどうすればいいのでしょうか。これは、「**delete**」という関数を使います。

```
delete( マップ , キー )
```

このように実行することで、指定のマップから指定のキーが削除されます。これは、「**削除されたマップが返される**」のではなく、引数に指定したマップ自体が更新されます。また、指定したキーがなかった場合もエラーにはなりません。

マップとfor

マップの内容をすべて取り出し処理する場合は、forが使えます。この場合、rangeを使って

マップからキーと値を取り出して処理するのがもっともわかりやすいでしょう。

```
for 変数1, 変数2 := range マップ {
      ……繰り返す処理……
}
```

このようにすることで、マップからキーと値を取り出し、それぞれ変数1と変数2に取り出していきます。では、これも利用例を挙げておきましょう。

⦿リスト2-21

```
func main() {
      m := map[string]int{
            "a": 100,
            "b": 200,
            "c": 300,
      }
      for k, v := range m {
            fmt.Println(k + ":", v)
      }
}
```

⦿図2-22：実行するとマップからキーと値を一つずつ取り出し表示していく。

これを実行すると、a, b, cのキーと各値が出力されていきます。マップも配列やスライスと全く同じようにforで処理できることがわかります。

⦿ マップは順序を保証しない

実際に試してみると、マップの値がa, b, cと順に表示されなかった人もいるかもしれません。a, c, bといった具合に順番が正しくない場合もあるでしょう。

これは、何か問題が発生しているのではありません。マップは、キーの順序を保証しないのです。配列やスライスのようにインデックスで値を管理している場合は、値の並び順は保証さ

れます。が、マップはキーで値を管理します。このキーは、サンプルではstringを使いましたがそれ以外の値でも構いません。どんな値が使われるかもわからないのです。ですから、どういう順番になるかもわからないのですね。

Section 2-4 関数について

関数の基本

ある程度以上の複雑なプログラムを作成するようになると、制御構文だけでは処理の制御が難しくなってきます。長く複雑なプログラムでは、必要に応じて同じような処理を何度も実行することになります。こうしたものをメインプログラムから切り離し、いつでも実行可能な形にしておけば、何度も同じ処理を書く必要もなくなります。また役割ごとにプログラムを切り離して呼び出すようにすれば、プログラムの構造も把握しやすくなります。

こうした目的のために用意されたのが**「関数」**です。関数は、メインプログラムから切り離された小さなプログラムのまとまりです。これはいつでも呼び出し、その処理を実行することができます。関数は、ただ処理を実行するだけでなく、呼び出す際に必要な情報を渡したり、あるいは実行結果となる情報を受け取ったりすることができます。

⊕図2-23：関数は、メインプログラムから切り離された小さな処理。呼び出すことでいつでもその処理を実行できる。

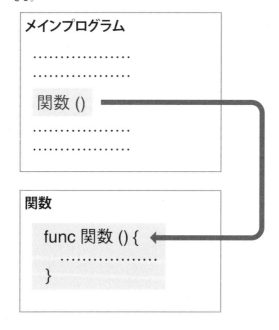

◉ 関数の定義について

関数は、「**func**」というキーワードを使って定義をします。その基本的な形を整理すると以下のようになります。

➕関数の基本形

```
func 関数名 ( 引数 ) 戻り値 {
        ……実行する処理……
}
```

➕関数名

funcのあとに、関数の名前を指定します。関数は、この名前を指定して呼び出されます。関数名は半角英数字とアンダースコアの組み合わせの名前にするのが基本です。全角文字の名前もつけられますが、あまり利用することはないでしょう。

関数名は、パッケージとして公開して外部から利用できるようにしたい場合は、必ず大文字で始まる名前にします。外部に非公開のものは小文字で始まる名前にします。

➕引数

関数名のあとには()をつけ、「**引数**」を指定します。引数とは、関数を呼び出す際に必要な値を受け渡すためのものです。

この引数は、変数名と型名を続けて記述します。複数の値を渡したい場合はそれぞれをカンマで区切って記述します。たとえば、(a int, b string)とすれば、int型の値とstring型の値がそれぞれaとbに渡されるようになります。関数内では、このaとbの変数を使って渡された値を利用します。

➕戻り値

()のあとには、「**戻り値**」の指定をします。戻り値は、関数を呼び出した側に返される値のことです。これは、値の型のみを指定します。たとえば、int側の値を返すならば、()のあとにintと指定すればいいわけです。特に値を返す必要がない場合は、戻りとは省略できます。

戻り値の指定は、関数が**「戻り値の型の値と同じように扱える」**ことを示します。たとえば、int型を返す関数は、それ自体がint型の値と同じように扱うことができるわけです。

◉ シグニチャについて

この「**func 関数名 (引数) 戻り値**」という関数の宣言部分を見れば、その関数がどういう

もので、どう利用すればいいかがわかります。関数の顔ともいえる部分なのですね。

この部分のことを、関数の「**シグニチャ**」と呼びます。

関数の利用例を見る

関数は、ここまでのサンプルの中でもいくつか使われていました。サンプルで作成した関数から、関数利用の実際を見ていきましょう。

まずは「**main**」関数です。これは、プログラムを実行した際に最初に呼び出される関数でしたね。このmainは以下のように定義されていました。

```
func main() {……}
```

関数名がmain、引数なし、戻り値なしの関数として定義されていることがわかります。このmain関数だけは、他の場所から呼び出されたりはしません。これはプログラム実行時に自動的に呼び出されます。

◉ pushとpopをチェック

先にリスト2-19でスライスの操作を行なったとき、計6個の関数を定義していましたね。その中からピックアップして、関数の定義とその使い方を見てみましょう。

ここでは、スライスの一番後に項目を追加するpushと、最後の項目を取り除くpopの二つの関数をチェックしてみます。これらは以下のようになっていました。

◉リスト2-22

```
func push(a []int, v int) []int {
        return append(a, v)
}

func pop(a []int) []int {
        return a[:len(a)-1]
}
```

pushは、(a []int, v intと引数が指定されています。[]intは、int型の配列を示す型でしたね。これは配列だけでなくスライスを示す際も使われます（そもそもスライスは配列の参照ですから）。そしてintは整数型です。これで、int型配列（[]int）とint値が引数に渡されることがわかります。

戻り値は[]intとなっていますね。これは、int型配列（実際はスライス）が返されることを示し

ています。

　実際に実行しているのは、return append(a, v)という文です。この**「return」**は、実行中の関数を抜ける働きをするものでしたね。このとき、returnのあとに値を記述しておくと、その値が呼び出した側に返されるのです。pushならば、append(a, v)の結果がreturnで返されました。これで、スライスaの末尾にvが追加されたものが返されていたのです。

　popも、(a []int)でint型配列（スライス）を引数として私、[]int型配列（スライス）返すように指定されています。ここでは、return a[:len(a)-1]として、スライスの長さより一つ手前の位置までを取り出してreturnしています。これにより、最後だけが取り除かれたスライスが返されます。

　では、これらの関数がどのように呼び出されているのか見てみましょう。スライスaを作成してから、pushとpopを呼び出している部分を抜き出すと以下のようになっていました。

🔾リスト2-23

```
a := []int{10, 20, 30}
fmt.Println(a)
a = push(a, 1000)
fmt.Println(a)
a = pop(a)
fmt.Println(a)
```

　pushは、a = push(a, 1000)というように引数にスライスaとint値1000を指定して呼び出し、それを変数aに代入しています。これで、戻り値がaに得られるようになります。

　popも、引数にaを指定し、その結果を再びaに代入しています。戻り値に[]intが指定されているということは、**「[]intの値と同じように扱える」**ことがよくわかります。

　それぞれの関数の定義内容と実際の呼び出し例をよく見比べると、関数がどのように利用されるかがわかってくるでしょう。

複数の戻り値

　引数は、複数の値を用意することができます。では、戻り値は？　戻り値も、複数の値を返すことができればずいぶんと関数の応用範囲も広がりますね。

　これは、可能です。この場合、以下のように関数を記述します。

```
func 関数名 ( 引数1, 引数2, …… ) (戻り値1, 戻り値2, ……) {
```

　二つ以上の戻り値を指定する場合は、それぞれをカンマで区切り、()で戻り値全体をまとめます。このようにして複数の戻り値を指定した場合は、returnで返す値も、また関数の結果を変数などに代入する際も同じように複数の値や変数を用意する必要があります。

では、pushとpopを少し修正して、popの際には最後の値を取り出したスライスと、取り出した値の二つを返すようにしてみましょう。

⊙リスト2-24

```go
func main() {
        m := []string{}
        m, _ = push(m, "apple")
        m, _ = push(m, "banana")
        m, _ = push(m, "orange")
        fmt.Println(m)
        m, v := pop(m)
        fmt.Println("get " + v + " ->", m)
}

func push(a []string, v string) ([]string, int) {
        return append(a, v), len(a)
}

func pop(a []string) ([]string, string) {
        return a[:len(a)-1], a[len(a)-1]
}
```

⊙図2-24：スライスmに値をpushし、それからpopする。popで取り出した値と、popしたあとのスライスが表示される。

ここでは、string値のスライスを扱うpushとpopを考えてみました。いずれも戻り値は二つの値を返すようにしてあります。まず、pushを見てみましょう。

```go
func push(a []string, v string) ([]string, int)
```

このようになっています。[]stringスライスと、int値が返されるようになっています。returnしている文は、return append(a, v), len(a)となっています。値を追加したスライスと、スライスの要素数を返していることがわかりますね。

これを利用している部分は、こうなっていました。

```
m, _ = push(m, "apple")
m, _ = push(m, "banana")
m, _ = push(m, "orange")
```

今回は、要素数は特に使っていないので変数_を指定してあります。このように二つの変数を用意して値を受け取ればいいわけですね。

もう一つのpop関数も見てみましょう。これは以下のように定義されていました。

```
func pop(a []string) ([]string, string)
```

戻り値は、[]stringスライスとstring値になっています。ここでreturnしている文を見ると、return a[:len(a)-1], a[len(a)-1]となっています。ややわかりにくいかもしれませんが、a[:len(a)-1]は最初から最後の一つ手前までのスライスを示すもの、a[len(a)-1]はスライスの最後の要素を示します。つまり、popで最後の要素を取り出したスライスと、取り出された値をそれぞれ返していたわけです。

このpopを呼び出している部分はこのようになっていました。

```
m, v := pop(m)
```

これで、変数mにstringスライスが、vに取り出されたstring値がそれぞれ代入されます。このpopのように、実行することで複数の値が変化したり取り出されたりするような場合は、それらをまとめて戻り値として返すことができればずいぶんと使いやすくなります。

名前付き戻り値の利用

戻り値の扱いをよりシンプルにしたいのであれば、**「名前付きの戻り値」**を使うことができます。これは、引数と同じように戻り値にあらかじめ変数を指定しておくものです。この場合、戻り値は()でまとめておきます。

戻り値に変数を指定しておいた場合、その変数に代入された値がそのまま戻り値として返されるようになります。最後のreturnは、何も値をつけずただreturnするだけになります。

名前付き戻り値の利用例を見てみましょう。スライスに値を挿入するinsert関数を定義し、それを利用するサンプルを挙げておきます。

リスト2-25

```
func main() {
        m := []string{
                "one", "two", "three",
        }
        fmt.Println(m)
        m = insert(m, "*", 2)
        m = insert(m, "*", 1)
        fmt.Println(m)
}

func insert(a []string, v string, p int) (s []string) {
        s = append(a, "")
        s = append(s[:p+1], s[p:len(s)-1]...)
        s[p] = v
        return
}
```

図2-25：実行すると三つの値を持つスライスの各値の間に"*"が追加される。

これを実行すると、三つの値を持つスライスの各値の間に"*"という値が追加されます。以下のように結果が出力されるのがわかるでしょう。

```
[one two three]
[one * two * three]
```

一つ目が用意されたスライスで、二つ目がinsertを使って"*"を追加したあとのスライスです。値が二つ挿入されていることがわかりますね。

ここでのinsert関数では、(s []string)というように戻り値が指定されていますね。これにより変数sが用意され、このsに代入された値がそのまま戻り値として返されることになります。

insertの最後には、ただreturnとだけ記述されていることがわかるでしょう。このreturnは、必須です。**「戻り値は変数に用意されているから」**といってreturnを省略することはできません。returnを省略できるのは、戻り値を持たない関数だけです。

可変長引数について

　関数では、引数はあらかじめ定義しておく必要があります。が、場合によっては**「必要に応じて引数を追加できるようにしたい」**ということもあります。

　たとえば、スライスに値を追加するpush関数を定義する場合を考えてみましょう。先に、スライスと値を引数に指定してpush関数を定義しましたね。あれを、**「複数の値を引数に指定できる」**というようにできたら、ずいぶんと便利ではありませんか?

　こうした**「必要に応じていくらでも引数を追加できる」**というものを**「可変長引数」**と一般に呼びます。Goの関数でも、可変長引数はサポートしています。引数を指定するとき、型名の前に**「...」**という記号をつけるのです。

```
func 関数名 ( 変数 ...型 ) 戻り値 {……}
```

　このような形ですね。これで、指定した型の値をいくつでも引数として追加できるようになります。

　このように可変長の引数を用意した場合、引数の値はどのように扱われるのでしょうか。これは、**「配列」**として扱われるのです。たとえば、int型の引数を可変長にした場合、その引数は**「int型配列」**として値が渡されます。つまり可変長引数とは、**「配列の引数を、配列を作らずに扱えるようにしたもの」**といえます。

```
(変数 ...型) → (変数 []型)
```

　このように考えると、可変長引数の仕組みがよく理解できるのではないでしょうか。

　では、これも実際の利用例を見てみましょう。スライスに値を追加するpush関数を可変長引数でいくつでも追加できるようにしてみましょう。

🔵リスト2-26

```
func main() {
        m := []string{
                "one", "two", "three",
        }
        fmt.Println(m)
        m = push(m, "1", "2", "3")
        fmt.Println(m)
}


func push(a []string, v ...string) (s []string) {
        s = append(a, v...)
```

```
        return
}
```

◉図2 26：スライスにまとめて値を追加する。

これを実行すると、三つの要素を持つスライスに更に三つの要素が追加されて表示されます。ここでは以下のようにスライスの内容が出力されるのがわかります。

```
[one two three]
[one two three 1 2 3]
```

値を追加しているのは、m = push(m, "1", "2", "3")の文ですね。pushの引数に、スライスmと更に三つの値が用意されています。このpushの定義を見てみましょう。

```
func push(a []string, v ...string) (s []string) {……
```

stringスライスaのあとに、stringの可変長引数vが用意されています。このvの値は、以下のようにしてaに追加されています。

```
s = append(a, v...)
```

v...は、配列vを展開したものでしたね。これでvの内容がすべてmに追加されます。そう、実はappend関数も可変長引数を利用していたのですね。

Column 可変長引数は最後に用意する！

push関数を見て、「可変長引数は、他の引数と一緒に使える」ということに気がついたでしょう。可変長引数は、それだけしか使えないわけではないのです。他のさまざまな引数も用意した上で、更に可変長引数を追加できます。

ただし、注意したいのは「可変長引数は引数の最後に用意しなければいけない」という点です。可変長引数のあとに更に引数を用意すると、どこまでが可変長引数の値なのかはっきりしなくってしまいますね？ このため、Goでは可変長引数は最後の引数でしか使えないようになっています。

関数は「値」である！

Goでは、関数は**「値」**です。というと**「関数のどこが値なんだ？」**と思うかもしれませんが、そうなのです。Goでは、関数をそのまま変数に入れたりして使うことができます。ただし、その場合はちょっと関数の書き方が通常と違ってきます。

```
変数 := func(引数) 戻り値 {……}
```

このように、funcのあとに関数名を書かず、すぐに引数を記述します。こうした名前のない関数を**「無名関数」**と呼びます。**「名前がなかったら、どうやって呼び出すんだ？」**と思うかもしれませんが、代入した変数のあとに()をつけて呼び出せばいいのです。

では、実際に無名関数を変数に入れて利用する例を見てみましょう。

● リスト2-27

```go
func main() {
    f := func(a []string) ([]string, string) {
        return a[1:], a[0]
    }
    m := []string{
        "one",
        "two",
        "three",
    }
    s := ""
    fmt.Println(m)
    for len(m) > 0 {
        m, s = f(m)
        fmt.Println(s + " ->", m)
    }
}
```

● 図2-27：実行するとスライスの先頭から順に値を取り出し表示していく。

これを実行すると、三つの値を持つスライスの先頭から順に値を取り出して表示していきます。以下のように出力されるのがわかるでしょう。

```
[one two three]
one ->[two three]
two ->[three]
three ->[]
```

最初の[one two three]がスライスの初期状態です。そこから順に先頭の値を取り出していく様子がわかりますね。

ここでは、最初にスライスの先頭を取り出す関数を以下のように作成しています。

```
f := func(a []string) ([]string, string) {
        return a[1:], a[0]
}
```

これで関数が変数fに代入されました。非常に不思議な感じがしますが、この関数はmain関数の中で作られています。ということは、main関数の中だけで利用できる（構文で宣言された変数はその構文内でしか使えない）ことになります。

この関数では、引数にスライスを渡し、戻り値に（最初の要素が削除された）スライスと、取り出した値を返しています。

ここでは、forを使ってスライスmの要素数がゼロになるまで繰り返し処理をしています。この繰り返し部分では、以下のようにして最初の要素を取り出しています。

```
m, s = f(m)
```

変数fのあとに(m)と引数を付けて呼び出していますね。これで、変数f内の関数が実行され、その戻り値がm, sに代入されます。まるでfという関数が定義されている感覚で利用できることがわかりますね。

が、fは変数ですから、たとえばこの値（関数）を別の変数に代入したりすることだってできますし、配列などで複数の関数をまとめて整理し使うことだってできます。**「関数を値として使う」** ことがわかると、関数の活用法もぐっと広がるのがわかるでしょう。

高階関数について

「**関数が値である**」ということがわかれば、「では、関数の引数や戻り値に関数を使うこともできるのでは?」と考えるかもしれません。これは、もちろん可能です。

こうした「**引数や戻り値に関数を使った関数**」は、一般に**高階関数**と呼ばれます。高階関数を作成するとき、注意したいのは「**関数の型をどのように記述するか**」でしょう。これは、先ほどの無名関数に似た形になります。

```
func (引数) 戻り値
```

引数と戻り値は、値の型のみを指定します。たとえば「**string型の値を引数にしてint型の値を返す関数**」の型ならば、func(string) intとなるわけですね。

では、実際に「**関数を引数にして渡す関数**」を利用する例を挙げておきましょう。

●リスト2-28

```
func main() {
    modify := func(a []string, f func([]string) []string) []string {
        return f(a)
    }

    m := []string{
        "1st", "2nd", "3rd",
    }
    fmt.Println(m)

    m1 := modify(m, func([]string) []string {
        return append(m, m...)
    })
    fmt.Println(m1)

    m2 := modify(m, func([]string) []string {
        return m[:len(m)-1]
    })
    fmt.Println(m2)

    m3 := modify(m, func([]string) []string {
        return m[1:]
    })
    fmt.Println(m3)
}
```

◎図2-28：実行すると、[1st 2nd 3rd] というスライスをいろいろと操作する。

ここでは、modifyという変数に関数を用意し、これを使ってスライスをいろいろと操作しています。実行すると以下のように出力されるでしょう。

```
[1st 2nd 3rd]
[1st 2nd 3rd 1st 2nd 3rd]
[1st 2nd]
[2nd 3rd]
```

最初の[1st 2nd 3rd]が、元のスライスです。2行目以降はmodify関数を呼び出した戻り値を出力しているのですが、引数で渡す関数の内容によって結果が変わっていることがわかるでしょう。

modify関数がどのようになっているか、見てみましょう。

```
func(a []string, f func([]string) []string) []string {
        return f(a)
}
```

第1引数にstringスライスを、第2引数に関数をそれぞれ指定しています。そして戻り値はstringスライスを返すようになっています。つまり、第1引数のスライスを第2引数の関数で処理し、操作されたスライスを返すようになっていたのですね。

では、このmodifyをどのように利用しているのか見てみましょう。最初のmodifyの呼び出しはこんな具合になっていました。

```
m1 := modify(m, func([]string) []string {
        return append(m, m...)
})
```

どこからどこまでが引数の関数だかわからないですね。引数の関数リテラルを切り離してもう少し整理してみましょう。

```
m1 := modify(m, 関数)
```

こんな具合に呼び出されています。そして引数の関数として用意されているのが、こういう関数リテラルです。

```
func([]string) []string {
        return append(m, m...)
}
```

これでだいぶわかりやすくなりました。引数のスライスにappendでスライスの内容を追加する、つまりスライスに同じ内容を追加する処理をしていたのですね。これで、[1st 2nd 3rd]というスライスが[1st 2nd 3rd 1st 2nd 3rd]に変わっていた、というわけです。

引数に用意する関数の処理が変われば、得られる値もまるで違ってくることになります。ここでは、スライスの最後の値を削除したり、最初の値を削除したりする関数を引数に指定して呼び出しています。高階関数を使えば、同じmodify関数を呼び出しながら、こんな具合に処理の内容が変更できるようになります。

関数とクロージャ

高階関数で引数に関数を指定する場合、覚えておきたいのは**「代入された関数は、その周辺の環境もそのまま保持している」**という点です。**「環境」**というと何のことだ？と思うかもしれませんが、つまり関数の外側にある変数などのことです。

関数が値としてどこかに保管される場合、その関数内で関数外にある変数などを利用していると、その関数が代入されたときの状態をそのまま保持し続けます。

これは、実際にその例を見てみないと、いっていることがよくわからないかもしれませんね。では利用例を挙げましょう。

⊙リスト2-29

```
func main() {
        data := "*新しい値*"
        m1 := modify(data)
        data = "+new data+"
        m2 := modify(data)

        fmt.Println(m1())
        fmt.Println(m2())
}
```

```
func modify(d string) func() []string {
        m := []string{
                "1st", "2nd",
        }
        return func() []string {
                return append(m, d)
        }
}
```

● 図2-29：modify関数を実行してスライスを操作する。m1, m2を実行すると、modifyにあったスライスmが保持されているのがわかる。

ここでは、modify関数を使って処理をしています。このmodify関数は、以下のような形で定義されています。

```
func modify(d string) func() []string {……}
```

stringが引数に指定され、 func() []stringという関数が返されるようになっていますね。返される関数は以下のようになっています。

```
func() []string {
        return append(m, d)
}
```

見ればわかるように、ここではmodifyの引数dと、modify内に用意されているスライスmが使われています。この関数が、値として返されるわけです。サンプルでは、m1とm2という変数にそれぞれ戻り値の関数が代入されています。

これを呼び出すと、以下のように値が出力されるのがわかります。

```
[1st 2nd *新しい値*]
[1st 2nd +new data+]
```

見ればわかるように、modify関数に用意されていたスライスmと変数dが、m1とm2の中で

保持されているのです。m1, m2はmodifyでreturnされる関数で、変数dとmは、関数の外にあった変数です。が、これらの値が関数と一緒に保たれているのですね。

しかも、m1とm2では、modifyの引数で渡されたdの値はそれぞれ異なるものが保持されています。関数が変数に代入された際にあった値がそのまま保持されているのがわかるでしょう。

これが、**クロージャ**です。関数だけでなく、その関数で利用している**「関数の外にあるもの」**まで一緒に保持することができるのです。

Column 書いた関数をその場で実行！

高階関数の引数などでは、その場で関数を書いて呼び出すことができます。が、こういう**「その場で関数を書いてその場で実行する」**ということが必要なことって実はよくあるのです。こういうとき、どうすればいいのでしょうか。

実は、簡単です。関数の定義のあとに()をつければいいのです。

```
func() {
        ……処理……

}()
```

このように関数を書くと、その場で関数を実行してくれます。汎用的に使うわけでなく、**「この場で1回だけ実行できればいい」**というような場合は、こうやって関数を書いてその場で実行させましょう！

フォーマット出力「Printf」について

これで関数については一通り説明ができました。最後に、関数とは直接関係ないのですが、テキストを出力する際に覚えておきたい**「フォーマット出力」**について触れておきましょう。

●リスト2-30

```
func main() {
        n := 123
        b := true
        s := "hello"
        fmt.Printf("number:%d, bool:%t, string:%s.", n, b, s)
}
```

◎図2-30：実行すると整数、真偽値、テキストをひとまとめにして出力する。

これは、int値、bool値、string値を一つのstringリテラルの中に埋め込んで出力させた例です。fmtの「**Printf**」は、第1引数に用意したstringリテラル内に特殊な記号を記述することで、さまざまな型の値をリテラル内に埋め込んで出力することができます。

Printfで利用可能な記号は非常に多くのものがあるのですが、ここで主なものを簡単にまとめておきましょう。なお同じ記号が複数ありますが、これは扱う値の型により役割が異なるためです。

%t	bool値
%d	整数値を10進表記で出力
%b	整数値を2進表記で出力
%o,%O	整数値を8進表記で出力（%Oは冒頭に0o）
%x, %X	整数値を16進表記で出力（%xは小文字、%Xは大文字）
%q	整数値の文字を出力
%e,%E	実数値を科学表記で出力（%eはe+xxx, %EはE+xxx）
%f,%F	実数値（どちらも同じ出力）
%g,%G	実数値で大きな指数値は科学表記に変換
%x,%X	実数値を16進表記で出力
%s	文字列値を出力
%q	文字列値をダブルクォートをつけて出力
%x,%X	文字列を16進表記で出力
%p	ポインタを出力

（※ポインタとは値のアドレスを扱う値。次章で説明）

これらの記号は、すべて覚える必要はないでしょう。基本の記号（%, %d, %f, %s）だけ覚えておけば、すぐにPrintfを使えるようになるはずですよ。

Chapter 3

Go の高度な文法

Go言語には、より高度なプログラミングを
可能にするための文法的な機能が
いろいろと用意されています。
それらの中から、ここでは「ポインタ」「構造体」
「インターフェイス」「並行処理」
について説明をしましょう。

Section 3-1 ポインタ

ポインタとは？

前章で説明した文法は、Go言語の基本となるものといえます。これらは重要なものですが、比較的理解しやすい仕組みのものが大半であり、多少のプログラミングの経験などがあれば悩むこともなく理解できたことでしょう（関数の一部の機能などは少々難解でしたが）。

が、Goにはもっと複雑で高度な機能もあります。Goで使われる文法的なもので、こうした「**より難しい機能**」について説明していくことにしましょう。

まずは「**ポインタ**」についてです。

◉ ポインタはメモリのアドレスを管理する

ポインタというのは、ネイティブアプリ開発に使われるC/C++言語などを触った経験があれば必ず耳にしていることでしょう。が、最近広く使われているライトウェイト言語（JavaScriptやPython、Ruby、PHPといったもの）ではまず耳にすることのない言葉です。こうしたライトウェイト言語は、ハードウェアに依存するような機能はありません。が、Goはネイティブコードを生成するものであり、またそれまで使われていたC/C++などを置き換えることを考えています。ですから、C/C++などにあったハードウェアに依存するような機能についてもいくつかサポートしているのでしょう。

ポインタは、メモリ内に置かれている変数の「**アドレス**」を扱うために考えられたものです。プログラミング言語では多数の変数が使われますが、これらは必ずメモリ内のどこかに領域を確保して値を保存しています。

ライトウェイト言語では、この「**変数の値がメモリ内のどこにあるか**」は考える必要がありませんでした。が、ハードウェアに近いC/C++などでは、変数の値が保管されているアドレスを調べ、それにより値を扱えるようにしていました。たとえば、配列などは決まった大きさの保管領域を連続してメモリ内に確保していますから、アドレスを移動することで配列の別の値にアクセスできます。こうしたポインタを操作する機能をC/C++では持っていたのですね。

◉図3-1：変数はメモリ内に値を保管する。その値があるアドレスを扱うのがポインタだ。

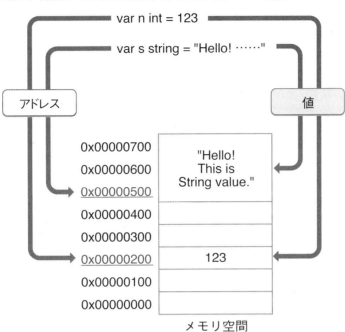

var n int = 123

var s string = "Hello! ……"

アドレス 値

0x00000700	
0x00000600	"Hello! This is String value."
0x00000500	
0x00000400	
0x00000300	
0x00000200	123
0x00000100	
0x00000000	

メモリ空間

Goのポインタについて

では、Goに用意されているポインタはどのようなものでしょうか。これは、実は意外と単純です。C/C++などでポインタ操作について学んだ経験がある人は、**「ポインタ」**と聞いただけで嫌悪感を覚えるかもしれませんが、GoのポインタはC/C++などに比べると遥かにシンプルです。

Goでは、値が保管されているアドレスを管理するために**「ポインタ」**という概念が用いられています。Goには、変数を定義する際、その変数のアドレスを取り出すことができます。これには**「*」**という記号を使います。

```
var 変数 *型
```

通常、変数名のあとに型名を記して変数を宣言しますが、この型名の前に**「*」**をつけると、その型の値が保管されるメモリ内のアドレスを保管する変数として宣言されます（これが**「ポインタ」**型になります）。

この変数には、値は直接保管できません。値ではなく、値が置かれているアドレス（ポインタ）を代入します。変数のポインタは、変数名の前に**「&」**をつけることで取り出すことができます。この&は**「アドレス演算子」**と呼ばれるもので、値のアドレスを示すのに使います。

整理すると、ポインタ型の変数は、こんな具合に使えばいいのです。

```
var 変数 *型 = &値
```

では、ポインタ型の変数から値を取り出すにはどうすればいいのでしょうか。ポインタ型変数は、アドレスの値が保管されているだけで、そこにどういう値が保管されているかはわかりません。値を取り出すときは、ポインタ型変数の前に「*」をつけて記述します。これにより、そのポインタにある値を取り出すことができます。

◉ ポインタを使ってみる

では、実際にポインタを使って値を保管し取り出してみましょう。main関数を以下のように書き換えてみます。

◉リスト3-1

```
func main() {
        n := 123
        p := &n
        fmt.Println("number:", n)
        fmt.Println("pointer:", p)
        fmt.Println("value:", *p)
}
```

◉図3-2：実行すると変数 n の値とポインタ、ポインタにある値を出力する。

これを実行すると、変数nに整数値を代入し、それからnのポインタを変数pに代入しています。そしてPrintlnを使い、nの値、pの値、pのポインタにある値を出力しています。

ここでは、int型変数nを用意し、そのポインタを扱う変数pを作成しています。

```
n := 123
p := &n
```

変数nのポインタを&nで取得し、pに代入しています。ポインタを代入すると、その変数は自

動推論によりポインタ型と認識されます。int型であれば、&nによりpは*int型の変数となります。こうして用意されたポインタ型変数pは、以下のようにして値を出力しています。

```
fmt.Println("pointer:", p)
fmt.Println("value:", *p)
```

最初のpを出力する文では、たとえば0xc0000100a0といった値が書き出されるでしょう。これが値があるアドレスです。アドレスはこのように16進数として出力されます。そして、*pで、そのポインタにある値（変数nの値）が表示されます。

◉ ポインタは操作できない！

Goで扱うポインタの機能は、実はこれがすべてです。C/C++などでは、ポインタを加算減算することで指し示しているアドレスを移動させたりできますが、Goにはそうした機能はありません。ポインタ型変数には四則演算などの演算子がすべてサポートされていないのです。Goでは、ポインタは演算したりできません。ポインタは「**変数の値があるアドレスを示す値**」であり、これ自体を演算したりすることはできないようになっています。

Column ポインタは型が違ってもすべてint値

ここではint型変数のポインタを使いましたが、ポインタはもちろん他のboolやstringなど、あらゆる型の変数で使うことができます。

ここでよく頭に入れておきたいのですが、さまざまな型のポインタは、実はすべて同じ型の値になります。int型のポインタとstring型のポインタは、型としては同じものなのです。

これは、どんな型の値であれ、それが保管されているアドレスの値は同じ型になる、ということです。型は通常、int32またはint64の型になります（環境によって変わります）。

ただし、中身は同じですが、Goではint型のポインタとstring型のポインタは「**別の型**」として扱われます。中身は同じint値ですが、型としては「**違う型**」として扱われるのです。したがって、たとえばstring型のポインタをint型ポインタに代入したりはできません。

ポインタを操作して値を変更する

　演算などはできませんが、ポインタ変数は同じ型のポインタ変数の値を代入させることはできます。ということは、同じ型の値ならばアドレスを代入したり入れ替えたりすることもできるのです。

　実際に試してみましょう。main関数を修正してください。

●リスト3-2

```go
func main() {
    n := 123
    p := &n
    m := 10000
    p2 := &m
    fmt.Printf("p  value:%d, address:%p\n", *p, p)
    fmt.Printf("p2 value:%d, address:%p\n", *p2, p2)
    pb := p
    p = p2
    p2 = pb
    fmt.Printf("p  value:%d, address:%p\n", *p, p)
    fmt.Printf("p2 value:%d, address:%p\n", *p2, p2)
}
```

●図3-3：ここでは、まず変数nとmを用意し、それぞれのアドレスをpとp2に代入している。そしてpとp2の値を入れ替えたらどうなるか確認する。

　実行すると、変数nとmに整数値を代入し、それぞれの値とアドレスを表示します。そして、二つの変数のアドレスを代入したポインタ型変数の値を入れ替えて値とアドレスを出力すると、値とアドレスが入れ替わります。

　アドレスの値を入れ替えれば、そこにある値も入れ替わるわけですから、これは当然といえば当然ですね。

ポインタのポインタ

では、この**「値のアドレスを変数に入れる」**というポインタの考えを更に推し進め、**「値の
アドレスを入れた変数のアドレス」**を使ってみましょう。つまり値とポインタとポインタのポイ
ンタを用意するわけです。**「ポインタのポインタ?」**と不思議に思うでしょうが、ポインタ型
変数だって変数でありメモリ内に値が保管されているのですから、**「ポインタ型変数のポイ
ンタ」**だって使うことができます。

では、main関数を以下のように修正してみましょう。

● リスト3-3

```
func main() {
        n := 123
        p := &n
        q := &p
        m := 10000
        p2 := &m
        q2 := &p2
        fmt.Printf("q  value:%d, address:%p\n", **q, *q)
        fmt.Printf("q2 value:%d, address:%p\n", **q2, *q2)
        pb := p
        p = p2
        p2 = pb
        fmt.Printf("q  value:%d, address:%p\n", **q, *q)
        fmt.Printf("q2 value:%d, address:%p\n", **q2, *q2)
}
```

● 図3-4：変数qとq2を出力する。pとp2の値を入れ替えると、何もしていないqとq2の値が入れ替わっている
のがわかる。

ここでは変数nとm、そのポインタである変数pとp2、ポインタのポインタである変数qとq2が
用意されています。そして、ポインタ変数pとp2の値を入れ替えると、ポインタのポインタである

qとq2も入れ替わっていることが確認できます。ここで重要なのは、値であるnとm も、そしてqとq2も全く操作していないという点です。ポインタのアドレス値を入れ替えることで、ポインタのポインタであるqとq2が参照しているアドレスが変更され、取り出される値も変更されるのです。

◉ ポインタのポインタから値を得る

ポインタのポインタは、「*」記号を利用することでアドレスがある値をさかのぼって取り出すことができます。たとえば、この文を見てください。

```
fmt.Printf("q  value:%d, address:%p\n", **q, *q)
```

*qで、qのアドレスにある値が得られますね。これは、pの値になります。pは、nのアドレスが入っていましたね。そして**qでは、qのアドレスにある値（p）のアドレスにある値（n）が取り出されます。

こんな具合に「ポインタのポインタ」「ポインタのポインタのポインタ」……というように、いくらでもポインタを取り出していくことができます。そして*を追加することで、大本のアドレスにある値を取り出すこともできるのですね。

ポインタを引数に使う

ポインタを使うと、値があるアドレスをやり取りできます。そしてそのポインタが示す場所の値を操作することもできます。

「そんな面倒なことをしなくても、値を直接操作すればいいだけじゃないか」と思うかもしれません。が、ポインタを利用することで、値を直接操作するときにはできないことができるようになるのです。

これは、実際の利用例を見たほうがわかりやすいでしょう。main関数を以下のように修正してください（change1, change2関数も追記すること）。

◉リスト3-4

```
func main() {
        n := 123
        fmt.Printf("value:%d.\n", n)
        change1(n)
        fmt.Printf("value:%d.\n", n)
        change2(&n)
        fmt.Printf("value:%d.\n", n)
}
```

```
func change1(n int) {
        n *= 2
}
func change2(n *int) {
        *n *= 2
}
```

❖図3-5：change1を実行してもnの値は変わらないが、change2を実行するとnの値が2倍になっている。

ここでは、まず変数nを用意し、change1とchange2を呼び出し、その後で変数nの値を出力しています。

change1、change2ともに引数に変数n（とそのポインタ）を渡しています。戻り値などはなく、ただ関数の処理を実行しているだけです。が、出力結果を見ると、change1の実行後に変数nの変化はありませんが、change2の実行後はnの値が2倍に増えているのがわかります。

change2を見ると、このようになっていますね。

```
func change2(n *int) {
        *n *= 2
}
```

int型変数ではなく、**「int型変数のポインタ」**を渡しているのがわかります。そして、ポインタにある値を2倍に書き換えているのですね。このchange2を呼び出している文はこうなっていました。

```
change2(&n)
```

これにより、変数nのポインタが引数に渡され、そのポインタにある値が2倍に書き換えられました。ポインタを渡すことで、元の変数nの値を関数change2内で書き換えることができるようになったのです。

◉ 値渡しと参照渡し

これは、よく考えると非常に面白い現象です。たとえば、change1では、変数nを引数に渡しており、関数の中で渡された引数の値を2倍に変更しています。が、変数nを出力すると値は全く変わっていません。これはなぜでしょう?

その理由は、change1(n)と関数を呼び出した際、change1の引数にnの値がコピーされて代入されていたからです。つまり、change1関数の引数に用意されているnは、main関数で宣言した変数nそのものではないのです。ただ、元の変数nの値を引数のnにコピーしているに過ぎません。そしてコピーされた引数の変数は、関数の‖部分を抜ければ消えてしまいます。つまり、change1内で行なった操作は、関数外には全く影響を与えないのです。

これに対し、change2は、変数nがコピーされるのではなく、nのポインタが引数に渡されています。これも、change2の引数nには値のコピーが代入されるだけですが、代入されるのは(nの値のコピーではなく)nのポインタ(nがある場所を示すアドレス)です。そして、*n *= 2とすることで、そのアドレスにある値が2倍に変更されます。アドレスを渡すことで、そのアドレスにある値(変数nの値)を書き換えることができるのです。

change1のように、値がそのまま関数に渡されるやり方を**「値渡し」**といいます。これに対し、change2のようにポインタを使って値のあるアドレスを渡すやり方を**「参照渡し(あるいは「ポインタ渡し」)」**といいます。

値渡しは、引数に渡した変数の**「値のコピー」**が関数内で扱われます。が、参照渡しは、引数に渡した変数そのものが操作できるようになるのです。

ポインタでスライスを操作する

この**「参照渡し」**による処理が威力を発揮するのは、intなどのシンプルな値ではなく、もっと複雑な値を扱う場合でしょう。たとえば、スライスを引数に指定して扱う場合、スライスのポインタを渡すようにすると、渡したスライスを直接操作することができます。

では、実際に例を挙げておきましょう。

◉リスト3-5

```go
func main() {
        ar := []int{10, 20, 30}
        fmt.Println(ar)
        initial(&ar)
        fmt.Println(ar)
}


func initial(ar *[]int) {
```

```
        for i := 0; i < len(*ar); i++ {
                (*ar)[i] = 0
        }
}
```

●図3-6：実行すると、スライス ar の内容がすべてゼロに変わる。

　これを実行すると、用意したスライスarの内容がすべてゼロに変わります。最初にarを作成したあと、initial(&ar)を呼び出していますね。ここでは、arのポインタを引数に指定しています。そしてこのinitial関数は以下のようになっています。

```
func initial(ar *[]int) {
        for i := 0; i < len(*ar); i++ {
                (*ar)[i] = 0
        }
}
```

　forを使い、*arの中のすべての要素をゼロに変更しています。繰り返し部分を見ると、(*ar)[i] = 0と実行していますね。(*ar)でarのポインタにあるスライスが得られます。その[i]の要素をゼロに変更しています。注意したいのは、*ar[i]ではエラーになる、という点です。これでは**「ar[i]のポインタにある値」**を取り出そうとしているように解釈されてしまいます。(*ar)[i]とすることで、arのポインタにあるスライスの[i]を指定できます。

Section 3-2 構造体

構造体とは？

ここまで、**「複雑な値」**としては、配列やスライスなどが登場しました。これらは多数の値をまとめて扱うことができました。

が、複雑な値とはいえ、これらはしっかりとした形が決まっています。配列やスライスには、同じ種類の値しか収めることができません。全く異なる値を一緒に保管することはできないのです。また保管できるのは値だけであり、関数のような**「処理」**を用意しておくこともできません。

が、**「さまざまな型の値」「値と処理」**をひとまとめにした値が用意できると、非常に柔軟なプログラム作成が行えるようになります。各種の値と処理をまとめることができると、**「特定の用途に必要なものをすべて一つにまとめる」**ということができるようになります。

この考え方によりGoに用意されたのが**「構造体」**です。構造体は、さまざまな値や処理を一つに止めて扱える特殊な値です。構造体自身の中に変数や関数を用意することができ、作成した構造体の中にある値を取り出したり、関数を呼び出して処理を実行したりできます。

◉図3-7：構造体は、さまざまな種類の値や関数（処理）などをひとまとめにして扱うことのできる特殊な値だ。

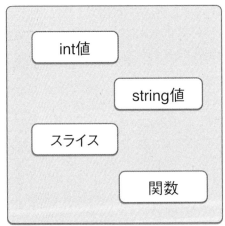

構造体

int値

string値

スライス

関数

◉ 構造体の定義

では、構造体がどのように使われるか、その基本から説明していきましょう。構造体のもっともシンプルな形は**「複数の値をひとまとめにした値」**です。いくつかの値をまとめて扱いたいような場合に構造体が用いられます。

この構造体は、以下のような形で定義されます。

```
struct {
        ……変数宣言……
}
```

structのあとの‖内に、保管しておきたい変数の宣言を必要なだけ記述します。これで構造体の定義ができます。

この構造体定義は、いろいろな使い方がされます。もっとも簡単なのは、変数にそのまま構造体の定義を型として指定し、利用するというものでしょう。

```
var 変数 struct{……}
```

こんな具合に記述すると、その変数を指定した定義の構造体の値として宣言できます。あとは、構造体の中にある変数に値を設定して利用するだけです。構造体の値は、こんな具合に利用します。

```
構造体.変数
```

構造体が設定された変数名のあとにドットを付け、そのまま内部の変数名を記述します。たとえば、helloという変数に構造体が設定され、その中にnameという変数があったとするなら、hello.nameと記述することでhello内のnameにアクセスすることができます。

◉ 構造体を使ってみる

では、実際に簡単な構造体を作って利用してみましょう。以下にサンプルを挙げておきます。main関数を修正し、mydataという構造体を追記してください。

◉リスト3-6

```
var mydata struct {
        Name string
        Data []int
}
```

```
func main() {
        mydata.Name = "Taro"
        mydata.Data = []int{10, 20, 30}
        fmt.Println(mydata)
}
```

◎図3-8：実行すると、NameとDataを持ったmydata構造体が作成され表示される。

```
問題 ①    出力  デバッグ コンソール    ターミナル        1: cmd        ∨    +  □  🗑  ∧  ×

{ []}

D:\tuyan\Desktop>go run hello.go
{Taro [10 20 30]}

D:\tuyan\Desktop>▌
                        行 5、列 1 (148 個選択)   タブのサイズ: 2   UTF-8   CRLF   Go  🔲 🔔
```

これを実行すると、mydataに構造体が設定され、その内容が表示されます。ここではmainの前にmydataという変数が用意されていますね。そしてmainでは、mydata.Nameとmydata.Dataにそれぞれ値が代入されています。これを出力すると、以下のように表示されるでしょう。

```
{Taro [10 20 30]}
```

Taroと[10 20 30]というスライスがひとまとめになっているのがわかります。こんな具合に、全く型の異なる値を一つにまとめて扱えるのが構造体の最大の利点です。

typeで型として定義する

このvar mydata struct {……}といったやり方は、気軽に構造体を使えるという点ではいいのですが、複数の構造体を用意しようとするとちょっと面倒になってきますね。が、構造体というのは、文字通り**「構造を持ったデータ」**を多数扱うようなときに用いられます。たとえば、先ほどのmydataは、**「学生の名前と主要教科の点数」**をひとまとめにしたものをイメージしました。ということは、クラスの生徒全員について同じ構造の値を用意する必要があるでしょう。そんなとき、1人1人のデータ用変数にstruct 〜と記述していくのはあまりに面倒です。

こういうときは、構造体を**「型」**として定義して利用するのです。これは割と簡単です。先ほどのmydataの書き方を少し修正するだけでいいのです。

```
type 型名 struct {……内容……}
```

こんな具合に**「type 型名」**という形で構造体を定義します。こうすると、指定した型名で構

造体を収める変数を用意することができます。そしてこの型の構造体は、以下のようにして作成
できるようになります。

```
型名 { ……値の指定……}
```

型名のあとに‖をつけ、その中に各変数の値を用意していけばいいのです。関数の呼び出し
に似ていますね。ただ引数()の代わりに‖で値を指定すればいいだけです。

Column typeはどんな型でも使える

この「type」による型の定義は、構造体だけで使えるわけではありません。その他の一
般的な型なども、typeで独自の型として定義することができます。たとえば、int型を独自の
型名として再定義したければ、

```
type newint int
```

このようにすれば、新しいnewintという型を作ることができます。こうした「独自に新し
い型を作る」利点については後ほど説明します。

◉ Mydata型構造体を利用する

では、実際に構造体を型として定義して利用してみましょう。ここではMydataという型の構
造体を定義し、これを利用してみることにします。

●リスト3-7

```go
// Mydata is structure.
type Mydata struct {
        Name string
        Data []int
}

func main() {
        taro := Mydata{"Taro", []int{10, 20, 30},}
        hanako := Mydata{
                Name: "Hanako",
                Data: []int{90, 80, 70},
        }
        fmt.Println(taro)
        fmt.Println(hanako)
}
```

○図3-9：実行すると、Taro と Hanako という2人の Mydata が作成され表示される。

ここでは、Mydata構造体を最初に定義していますね。中にはNameとDataという変数が用意されています。形としては、先ほどのmydata構造体と同じです。

このMydataを利用しているのが、main関数の文です。ここでは二つのMydata構造体を作成しています。

```
taro := Mydata{"Taro", []int{10, 20, 30},}
```

一つ目は、‖内にNameとDataの値をカンマで区切って記述しているだけです。関数の呼び出しと同じような感じですね。これでMydata構造体が変数taroに作成されます。

```
hanako := Mydata{
        Name: "Hanako",
        Data: []int{90, 80, 70},
}
```

二つ目は、‖部分の書き方が少し違っています。Name:"Hanako"というように、Mydataに用意されている変数名と値を記述しています。これは、マップの作成とほぼ同じ感覚で考えればいいでしょう。

どちらの書き方でも同じように構造体を作成することができます。用意する値の数が少なくわかりやすい場合は前者の値だけを並べる書き方のほうが簡単です。変数の数が多くなったり、同じような値がいくつも用意されているような場合は、名前を指定したほうが間違いなく構造体を作成できるでしょう。

Column コメントは必要？

今回のサンプルでは、Mydata構造体定義の前に// Mydata is structure.といったコメントが付いていました。「コメントなんてどうでもいいだろう」と思うかもしれません。が、このコメントは実は重要です。これがないと、Visual Studio CodeのエディタでMydata定義の部分に「exported type Mydata should have comment or be unexported」という警告が表示されます。

Goでは、外部から利用可能な型や関数などを定義する場合、必ずその内容を示すコメントを用意する必要があります。「外部から利用可能」なものは、Mydataのように「**大文字で始まる名前**」のものでしたね。こうしたものを定義する際は、コメントが必須なのです。

構造体の名前を「mydata」のように小文字にすると、この警告は消え、コメントを付けなくても問題なく使えるようになります。ただし、その場合は外部から利用することはできません。

構造体と参照渡し

構造体を扱う場合、注意したいのが「**構造体を引数とする関数**」などを作成し利用する場合です。それは、「**普通に構造体を引数で渡すと、構造体がどんどんコピーされていってしまう**」という点です。

構造体が小さなものであれば大きな問題にはならないでしょう。が、巨大なデータを保持する構造体であった場合、関数の引数に指定して呼び出すたびに巨大データがコピーされることになります（関数の引数は値渡しだということを思い出してください）。

こうしたことを考えると、構造体を引数に使う関数では、構造体を参照渡しにするべきでしょう。参照渡しにすれば、引数で渡された値を操作することで元の構造体を直接操作できるという利点もあります。

では、実際に構造体を引数に指定する例を見てみましょう。まずは、普通に値渡しをするサンプルを挙げておきます。

◎リスト3-8

```go
// Mydata is structure.
type Mydata struct {
        Name string
        Data []int
}

func main() {
        taro := Mydata{
                "Taro",
                []int{10, 20, 30},
        }
        fmt.Println(taro)
        taro = rev(taro)
        fmt.Println(taro)
```

```
}

func rev(md Mydata) Mydata {
        od := md.Data
        nd := []int{}
        for i := len(od) - 1; i >= 0; i-- {
                nd = append(nd, od[i])
        }
        md.Data = nd
        return md
}
```

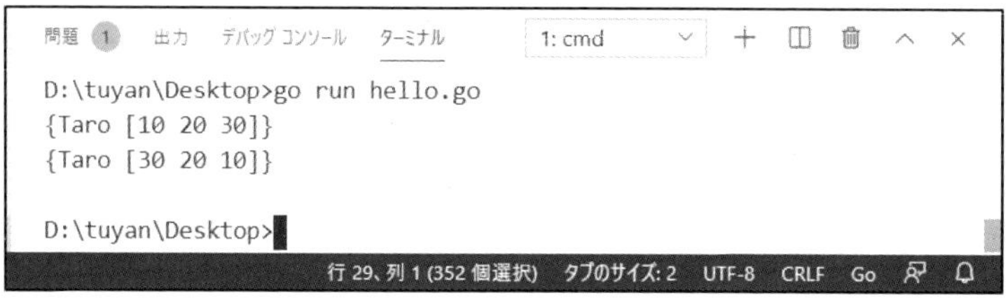

◎図3-10：Mydataを作成したあと、Dataを逆順にしている。

ここでは、revというMydataを引数に渡す関数を用意してあります。これは、渡された
Mydataの Dataのスライスを逆順にして返すものです。引数で渡されたMydataの Dataを取り
出して操作し、再びMydataに値を設定して、完成したMydataそのものをreturnで返します。
main関数での呼び出し部分を見ると、

```
taro = rev(taro)
```

このようになっていますね。revの引数でMydataを渡し、その結果をまた変数taroに代入し
直しています。これは、元のtaroにあったMydataとは別のものであることはわかりますか。rev
を呼び出した際にtaroはコピーされ、そのコピーされたMydataを操作してreturnしているわけ
ですね。Mydataがコピーされるということは、当然、Mydata内のNameやDataのスライスもコ
ピーされているわけです。

では、revを参照渡しに修正してみましょう。

◎リスト3-9

```
// Mydata は略
func main() {
        taro := Mydata{
                "Taro",
```

```
            []int{10, 20, 30},
        }
        fmt.Println(taro)
        rev(&taro)
        fmt.Println(taro)
}

func rev(md *Mydata) {
        od := (*md).Data
        nd := []int{}
        for i := len(od) - 1; i >= 0; i-- {
                nd = append(nd, od[i])
        }
        md.Data = nd
}
```

　全く同じことをしていますが、今回のrev呼び出しを見てみると、このようになっていることが
わかります。

```
rev(&taro)
```

　revの戻り値は、ありません。ただtaroのポインタを引数にして呼び出しているだけです。戻
り値を受け取らないのにちゃんとtaroのDataが逆並びになっているということは、taroの値は
コピーされず、オリジナルの値がそのままrevで操作されていることがわかるでしょう。

　元の値を直接操作するため、何か致命的な間違いをしてしまうとデータの復旧ができず致
命的な問題を引き起こす可能性もあります。参照渡しは万能というわけではないのです。が、
余計な構造体のコピーを作ることなく操作できる、ということが利点となるケースも多々あるで
しょう。

newとmake

　構造体など複雑な値を扱うようになると、その値を作成したり初期化したりするにはどうす
るかを考える必要が生じてきます。ここまでは、‖をつけて必要な値を用意して値を作成してき
ました。

　この他に、Goには「**new**」という関数も用意されています。newは、指定されたタイプの値
を生成するためのものです。これは、以下のように利用します。

```
変数 := new( 型 )
```

これで、指定された型の値が生成されます。型には、Goの基本型だけでなく、もちろんtypeで定義された構造体なども指定できます。

このnewは、値を生成し、そのポインタを返します。値そのものを返すわけではないことに注意してください。ですから、int型などのように（ポインタを使わず）値そのものを利用するのが基本となるものでは使うことはあまりないでしょう。構造体のようにポインタでやり取りすることが多いもので利用する関数と考えてください。

newにより構造体の値を作成することはできますが、しかし構造体内に用意されている変数などは初期化されません。これは、作成後値を代入するなどの作業を行なう必要があるでしょう。

◉ make について

このnewと似たようなものに「**make**」という関数もあるので、ここで説明しておきましょう。makeは、値を作成し、その初期化を行なう関数です。これは、使える値の種類が決まっています。「**配列・スライス**」「**マップ**」「**チャンネル**」といった値のみmakeを使うことができます（チャンネルというのはまだ登場していませんが、これは非同期処理のところで説明する予定です）。

このmakeは、値を作成するというより「**初期化する**」という点を重要視しています。たとえば配列やマップなどは、指定されたサイズで値を作成し、すべての要素の値を初期化します。ですから、たとえば「**1万個の要素がある配列**」を作るような巨大な値でも、makeを使えばすべての要素が初期化された状態で値を用意することができます。

このmakeは、以下のように使います。

```
変数 = make( 型 , 個数 )
```

第1引数に型を指定し、第2引数に値の個数を指定します。これは配列やマップの要素の数と考えていいでしょう。なお、スライスでは長さと容量を第2、3引数として個別に指定することもできます。

◉ new で構造体を作成する

では、実際にnewを使って構造体を作って利用してみましょう。先ほどのMydata構造体をそのまま使います。main関数を以下のように書き換えてください。

◉リスト3-10
```
func main() {
        taro := new(Mydata)
        fmt.Println(taro)
```

```
        taro.Name = "Taro"
        taro.Data = make([]int, 5, 5)
        fmt.Println(taro)
}
```

○図3-11：実行すると、newでMydataを作成した直後と値を代入語が表示される。

これを実行すると、newでMydataを作成し、それからNameとDataの値を代入しています。new直後と値の代入後はそれぞれ以下のように出力されているでしょう。

```
&{ []}
&{Taro [0 0 0 0 0]}
```

　　まず、どちらも冒頭に&がついていることから、変数taroがポインタであることがわかります。newした直後は、NameにもDataにも全く値が用意されていません。代入後には、それぞれの値が表示されることがわかります。

　　また、Dataへの値代入は、make([]int, 5, 5)というようにmakeを使っていますね。これにより、[0 0 0 0 0]と値が用意されているのがわかります。makeにより、5要素のスライスが初期化されているのがわかりますね。

メソッドを使う

　　ここまでの構造体は、すべて「値」だけでした。が、構造体は値だけでなく、処理を追加することもできます。これは、typeの内部ではなく、別途関数を用意します。関数を定義する際、その関数が組み込まれる型を指定することで、定義した構造体の型に関数を追加できます。

```
func （ 割り当てる型の指定 ） 関数名（引数 ） 戻り値 {……}
```

　　このように、funcと関数名の間に()を用意し、この関数を組み込むほうの指定を記述します。型の指定は、たとえば(md Mydata)というように変数と型をセットで記述します。この()による型の指定を「レシーバ」といいます。

　　このように、型に組み込まれる関数のことを「メソッド」といいます。メソッドのシグニチャ

は、関数と非常に似ています。違いは、レシーバの指定を用意しているか否かだけ、と考えていいでしょう。

◉ メソッドを利用する

では、実際にメソッドを追加し、それを利用してみましょう。Mydataにメソッドを追加して、それを値から呼び出して利用してみます。Mydataとmain関数を以下のように修正してください（PrintDataメソッドの追記も忘れないように）。

◎リスト3-11

```go
// Mydata is structure.
type Mydata struct {
        Name string
        Data []int
}


// PrintData is println all data.
func (md Mydata) PrintData() {
        fmt.Println("*** Mydata ***")
        fmt.Println("Name: ", md.Name)
        fmt.Println("Data: ", md.Data)
        fmt.Println("*** end ***")
}


func main() {
        taro := Mydata{
                "Hanako", []int{98, 76, 54, 32, 10},
        }
        taro.PrintData()
}
```

◎図3-12：Mydataを作成し、PrintDataメソッドで内容を出力する。

　ここではサンプルのMydata値を作成し、そのPrintDataメソッドを呼び出して内容を出力しています。実行すると、以下のような内容が書き出されるのがわかるでしょう。

```
*** Mydata ***
Name:  Hanako
Data:  [98 76 54 32 10]
*** end ***
```

　これが、PrintDataによる出力です。ここではMydata構造体の定義のあとに以下のような形でPrintDataメソッドが宣言されています。

```
func (md Mydata) PrintData() {……
```

　(md Mydata)が、レシーバの指定です。このmdに、Mydataの値が渡されます。Mydataにある変数などを利用する際は、この変数を使います。PrintDataメソッドを見ると、こんな具合に値を出力していますね。

```
fmt.Println("Name: ", md.Name)
fmt.Println("Data: ", md.Data)
```

　md.Nameやmd.DataというようにしてMydata内のNameやDataの値を取り出しています。レシーバは、ただ割り当てる型を指定するだけでなく、こんな具合に割り当てる型内にある変数や他のメソッドを利用するのに使われるのですね。

既存の型を拡張する

　このメソッドは、型を機能拡張する役割を果たします。これは構造体だけでなく、独自に定義した型でも使うことができます。
　今まで構造体はこのように作成してきました。

```
type 名前 struct {……}
```

　これは、typeを使って「**struct型**」をベースとする新しい型を定義しているものと考えることができます。ということは、struct以外の型であっても、typeで新しい型を定義することができるのでは？　という疑問が浮かぶことでしょう。
　これは、その通りで構造体以外のものもtypeで新しい型として定義することができるのです。

```
type 名前 型名
```

このように、名前のあとにベースとなる型名を指定することで、その型を更に拡張した新しい型を定義することができます。

○リスト3-12

```go
// "hello"と"strconv"をimportする

type intp int

func (num intp) IsPrime() bool {
        n := int(num)
        for i := 2; i <= (n / 2); i++ {
                if n%i == 0 {
                        return false
                }
        }
        return true
}

func (num intp) PrimeFactor() []int {
        ar := []int{}
        x := int(num)
        n := 2
        for x > n {
                if x%n == 0 {
                        x /= n
                        ar = append(ar, n)
                } else {
                        if n == 2 {
                                n++
                        } else {
                                n += 2
                        }
                }
        }
        ar = append(ar, x)
        return ar
}

func main() {
        s := hello.Input("type a number")
```

```
n, _ := strconv.Atoi(s)
x := intp(n)
fmt.Printf("%d [%t].\n", x, x.IsPrime())
fmt.Println(x.PrimeFactor())
x *= 2
x++
fmt.Printf("%d [%t].\n", x, x.IsPrime())
fmt.Println(x.PrimeFactor())
}
```

◎図3-13：整数を入力すると、素数かどうかチェックし、素因数分解した内容を出力する。それから数字を2倍し1を足して再度チェックする。

今回はhelloパッケージのInput関数を使っています。プログラムを実行すると、整数を入力するようにいってくるので、数字を入力します。するとその数字が素数かどうかをチェックし、更に素因数分解した結果を出力します。そして入力数を2倍し1を足してまた素数と素因数分解を行ないます。

ここでは、intpという新しい型を定義しています。この文ですね。

```
type intp int
```

intpは、int型をベースに定義されています。いわば、intのエイリアス（別名）型ですね。これだけなら、単に**「intをintpという名前の型でも使えるようにした」**というだけでしかありません。

が、このintpにメソッドを追加することで、機能が拡張されます。

```
func (num intp) IsPrime() bool {……}
func (num intp) PrimeFactor() []int {……}
```

IsPrimeは、そのintp値が素数かどうかをチェックしboolで返します。PrimeFactorはintp値を素因数分解し、その素因数をint型スライスにして返します。ここでの入力された整数値の出力を見るとこんな具合に実行されていますね。

```
fmt.Printf("%d [%t].\n", x, x.IsPrime())
fmt.Println(x.PrimeFactor())
```

xとx.IsPrime、x.PrimeFactorといったメソッドを呼び出して結果を出力しているのがわかります。xは、こんな具合に内部にメソッドを持ちそれを呼び出してさまざまな処理ができるように拡張されたわけです。

が、機能拡張されても、inptはあくまで**「int型のエイリアス」**です。したがって、int値と同様に扱うことができます。ここでは出力後、値を2倍し1足しています。

```
x *= 2
x++
```

見ればわかるように、普通に代入演算子で演算をしたり、++ステートメントで加算したりしています。xは、int型の値と同じ感覚で扱えることがわかります。そして、int型と同じでありながら、拡張されたメソッドを呼び出して複雑な処理を行なわせることもできるのです。

ポインタによるレシーバ

メソッドではレシーバを使って特定の型にメソッドを追加します。この型は、一般的な値渡しでレシーバの値が渡されます。が、もし構造体のような複雑な値にメソッドを追加するのであれば、レシーバにポインタを使いたい、と思う人は多いでしょう。

レシーバにポインタは使えるのか？ これは、もちろん使えます。またポインタによるレシーバは、実際に利用してみるといろいろと便利な点もあるのです。

これは、実際に使ってみないとよくわからないでしょう。先ほどのintp型をポインタによるレシーバを使ったメソッドで拡張してみましょう。

● リスト3-13

```
type intp int
func (num intp) IsPrime() bool {……略……}
func (num intp) PrimeFactor() []int {……略……}

func (num *intp) doPrime() {
        pf := num.PrimeFactor()
        *num = intp(pf[len(pf)-1])
}

func main() {
        s := hello.Input("type a number")
```

```
    n, _ := strconv.Atoi(s)
    x := intp(n)
    fmt.Printf("%d [%t].\n", x, x.IsPrime())
    fmt.Println(x.PrimeFactor())
    x.doPrime()
    fmt.Printf("%d [%t].\n", x, x.IsPrime())
    fmt.Println(x.PrimeFactor())
    x++
    fmt.Printf("%d [%t].\n", x, x.IsPrime())
    fmt.Println(x.PrimeFactor())
}
```

◉図3-14：整数を入力すると素数判定と素因数を表示する。そして一番大きな素数に変更し、更に1加算する。

これを実行すると、入力した数字の素数判定と素因数を表示したあと、もっとも大きさ素数に値を変更し、また素数判定と素因数を表示します。更に1を足して同様の処理をします。

たとえば、「**1234**」と入力した場合どうなるか見てみましょう。

```
type a number: 1234
1234 [false].
[2 617]
617 [true].
[617]
618 [false].
[2 3 103]
```

こうなりました。入力値は[2 617]と素因数分解され、そのまま617に値が変更されています。そして処理したあと、1を足して618をまた処理しているのがわかります。

ここでは、doPrimeというメソッドを用意しています。これは、その値に含まれるもっとも大きな素数に値を変更するものです。この定義を見てみましょう。

```
func (num *intp) doPrime() {
        pf := num.PrimeFactor()
        *num = intp(pf[len(pf)-1])
}
```

レシーバは、*intpが指定されています。これにより、intpのポインタがnumに渡されることになります。このdoPrimeでは、num.PrimeFactorで素因数分解したスライスを取得し、*num = intp(pf[len(pf)-1])でその最後の値をnumの値に設定しています。これでレシーバのintpの値自身が変更されました。こんな具合に、ポインタをレシーバにすることで、その値自身が操作できるようになります。

また、これは見落としがちですが、ポインタであるnumのメソッドをnum.PrimeFactorで呼び出している点も注目してください。numはポインタですから、本来ならば(*num).PrimeFactorと指定して呼び出さなければならないはずです。が、ポインタからのメソッド呼び出しは、このようにポインタから直接呼び出せるようになっているのです。細かい点ですが、これは非常に便利ですね。

Section 3-3 インターフェイス

メソッド定義を義務化する

構造体について一通り理解したところで、**「構造体には値（変数）と処理（メソッド）が用意できる」**ということはだいぶ理解できたことでしょう。が、この二つは、かなり扱いに違いがあることも感じられたのではないでしょうか。

変数は、構造体を定義する際に必ずその内部に用意します。いわば**「構造体を定義するとは、そこに必要な変数を用意することだ」**といってよいでしょう。が、これに対しメソッドは、構造体を定義したあとで追加していきます。つまり**「メソッドは、構造体に追加するオプションのようなもの?」**と感じたことでしょう。

構造体に用意される変数については、structの||部分を見れば確実に把握できます。が、メソッドについては、**「その構造体に〇〇というメソッドがあるか」**は、コードを全部見ていかないとわかりません。ひょっとしたら必要なメソッドが定義されていなかった、なんてこともあり得るでしょう。

こうなると、**「その構造体に必要なメソッドが必ず用意されていること」**を保証するような仕組みが欲しくなってきますね。それが、**「インターフェイス」**と呼ばれるものです。

インターフェイスは、構造体に付加するメソッドをまとめたものです。これは以下のように作成します。

```
type 名前 interface {
        メソッドA
        メソッドB
        ……必要なだけ用意……
}
```

インターフェイスは、typeとして作成します。名前のあとに**「interface」**とつけることで、インターフェイスになります。この||内には、メソッドのシグネーチャを記述します（||の実装部分は不要です）。

◉ インターフェイスの実装

こうして定義されたインターフェイスは、構造体にメソッドを追加することで実装されます。たとえば、AbcとXyzというメソッドを持ったインターフェイスAがあった場合、構造体BにAbcとXyzのメソッドを追加すれば、**「B構造体はAインターフェイスを実装している」**と判断されます。メソッドは、名前だけでなく引数や戻り値などまで完全に同じ形で実装する必要があります。

こうしてインターフェイスが実装された構造体は、インターフェイスを型として変数を作成し扱うことができるようになります。たとえばAインターフェイスを実装したB構造体があったならば、それはB構造体の型としても、Aインターフェイスの型としても扱えるようになるのです。

⊕図3-15：構造体にインターフェイスのメソッドをすべて追加すると、そのインターフェイスが実装されたと判断される。

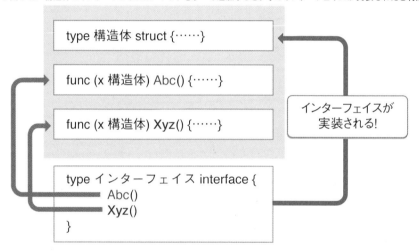

インターフェイスを利用する

これは、実際に使ってみないと今ひとつ働きがわからないかもしれません。では、先に作成したMydataのメソッドを**「Data」**というインターフェイスとしてまとめ、これを実装させる形で利用してみましょう。

今回はいろいろな要素が登場するので全ソースコードを掲載しておきます。hello.goを以下のように書き換えてください。

●リスト3-14

```go
package main

import (
    "fmt"
)

// Data is interface.
type Data interface {
        Initial(name string, data []int)
        PrintData()
}

// Mydata is Struct.
type Mydata struct {
        Name string
        Data []int
}

// Initial is init method.
func (md *Mydata) Initial(name string, data []int) {
        md.Name = name
        md.Data = data
}

// PrintData is println all data.
func (md *Mydata) PrintData() {
        fmt.Println("Name: ", md.Name)
        fmt.Println("Data: ", md.Data)
}

func main() {
        var ob Mydata = Mydata{}
        ob.Initial("Sachiko", []int{55, 66, 77})
        ob.PrintData()
}
```

◎図3-16：実行するとMydataを作成しその内容を表示する。

　ここでは、Mydataを作成し、その内容を表示しています。main関数では、Mydataを作成
し、Initialで値を定義してPrintDataで内容を出力する、ということを行なっています。この
mainの処理自体は特に真新しいものはありません。

　ここでは、以下のような形でインターフェイスを定義しています。

```
type Data interface {
        Initial(name string, data []int)
        PrintData()
}
```

　InitialとPrintDataの二つのメソッドを持っていますね。この二つを持つ構造体は、自動的に
Dataインターフェイスを実装しているとみなされ、その値はData型として利用することも可能に
なるわけです。ここでは、以下のようにメソッドを定義してあります。

```
func (md *Mydata) Initial(name string, data []int) {……}
func (md *Mydata) PrintData() {……}
```

　これで、Mydataは、Dataインターフェイスとして認識されるようになります。見た目は何も変
わりませんが、Mydataは、Mydataであると同時にDataでもある、ということになるのです。

Mydata を Data として扱う

　では、実際にMydataをData型として扱ってみましょう。main関数を以下のように書き換えて
みてください。

◎リスト3-15

```
func main() {
        var ob Data = new(Mydata)
        ob.Initial("Sachiko", []int{55, 66, 77})
        ob.PrintData()
}
```

やっていることは先ほどと同じで、Mydataの値を作成し、Initialで初期化し、PrintDataで出力するだけです。同じですが、実行の仕方がちょっと変わっていますね。

```
var ob Data = new(Mydata)
```

このようにMydataの値をData型変数に代入しています。Mydata{}ではなく、newの引数にMydataを指定している点が先ほどとは違っていますね。

new関数は、これ自体は特定の型の値を作成するものではありません。代入する変数の型に合わせて値は扱われます。var ob Dataと変数が定義されているため、そこにnewで代入した値はData型の値と判断され、そう扱われるようになるのです。

これは、以下の文ではできません。

```
var ob Data = Mydata{}
```

これは、エラーになります。これは「**Mydataの値をData型変数に代入しようとしている**」と判断されるためです。

では、Dataの値を作成し代入すれば？　そう思ったかもしれませんが、これはできません。

```
var ob Data = Data()
var ob Data = Data{}
```

いずれもエラーになります。Dataはインターフェイスであり、一般的な構造体などとは違うものです。インターフェイスは、直接値を作成することはできないのです。だからこそ、newを使ってMydataを作成し、それをDataと推論させて変数に代入していたのですね。

◉ Mydata固有の機能について

インターフェイスを利用する場合、もちろん「**インターフェイス以外の機能**」も用意することができます。この場合、インターフェイス以外の機能の利用はどのようになるのでしょうか。ちょっと確認してみましょう。

ここでは、Mydata構造体に「**Check**」というメソッドを追加し、それを利用してみます。

◉リスト3-16
```
// Check is method.
func (md *Mydata) Check() {
        fmt.Printf("Check! [%s]", md.Name)
}
```

```go
func main() {
        var ob Mydata = Mydata{}
        ob.Initial("Sachiko", []int{55, 66, 77})
        ob.Check()
}
```

◎図3-17：Checkが問題なく実行される。

ここではMydata値を作成し、Initialで値を設定してからCheckを呼び出しています。**「Check! [Sachiko]」**と表示がされていますね？ これがCheckによる出力です。当たり前ですが、Mydataの値からCheckを呼び出せば、問題なく動きます。

では、これがData型として取り出した場合はどうなるでしょうか。

◎リスト3-17

```go
func main() {
        var ob Data = new(Mydata)
        ob.Initial("Sachiko", []int{55, 66, 77})
        ob.Check()
}
```

◎図3-18：実行すると、「ob.Check undefined」というエラーになる。

これを実行しようとすると、**「ob.Check undefined」**というエラーが表示され実行できないのがわかります。Checkメソッドが見つからないのです。ここでは、以下のように値を作成していますね。

```
var ob Data = new(Mydata)
```

　obの型はData型ですが、newで作成しているのはMydataです。実質、obに代入されている値はMydataのはずです。ならば、MydataにあるCheckも用意されているように思えます。が、obがData型である以上、（実際に代入されているのがMydataだとしても）Data型にはCheckは見つからないとしてエラーになるのです。

　つまり、「**実際に何が入っているか**」よりも、「**その型は何か**」によって、そこに用意されているメソッドを認識している、と考えるべきでしょう。「**インターフェイス型として変数を用意する場合は、その値はインターフェイスに用意された機能しか使えない**」ということをよく頭に入れてください。

異なる構造体をインターフェイスでまとめる

　このインターフェイスの利点は、一つ構造体を作っただけではよくわからないでしょう。複数の構造体でインターフェイスを実装したとき、それらをインターフェイスによってまとめて扱えるようになるという利点が浮かび上がってきます。

　これも実例を見ながら説明しましょう。ここではDataインターフェイスを実装したMydataとYourdataという二つの構造体を用意します。そして、これらをスライスでひとまとめにして扱えるようにします。これも全ソースコードを掲載しておきましょう。hello.goを以下のように書き換えてください。

◎リスト3-18

```go
package main

import (
    "fmt"
    "strings"
    "strconv"
)

// Data is interface for Mydata.
type Data interface {
        SetValue(vals map[string]string)
        PrintData()
}

// Mydata is structure.
type Mydata struct {
```

```
        Name string
        Data []int
}

// SetValue is Mydata method.
func (md *Mydata) SetValue(vals map[string]string) {
        md.Name = vals["name"]
        valt := strings.Split(vals["data"], " ")
        vali := []int{}
        for _, i := range valt {
                n, _ := strconv.Atoi(i)
                vali = append(vali, n)
        }
        md.Data = vali
}

// PrintData is Mydata method.
func (md *Mydata) PrintData() {
        fmt.Println("Name: ", md.Name)
        fmt.Println("Data: ", md.Data)
}

// Yourdata is structure.
type Yourdata struct {
        Name string
        Mail string
        Age  int
}

// SetValue is Yourdata method.
func (md *Yourdata) SetValue(vals map[string]string) {
        md.Name = vals["name"]
        md.Mail = vals["mail"]
        n, _ := strconv.Atoi(vals["age"])
        md.Age = n
}

// PrintData is Yourdata method.
func (md *Yourdata) PrintData() {
        fmt.Printf("I'm %s. (%d).\n", md.Name, md.Age)
        fmt.Printf("mail: %s.\n", md.Mail)
```

```
}

func main() {
        ob := [2]Data{}
        ob[0] = new(Mydata)
        ob[0].SetValue(map[string]string{
                "name": "Sachiko",
                "data": "55, 66, 77",
        })
        ob[1] = new(Yourdata)
        ob[1].SetValue(map[string]string{
                "name": "Mami",
                "mail": "mami@mume.mo",
                "age":  "34",
        })
        for _, d := range ob {
                d.PrintData()
                fmt.Println()
        }
}
```

○図3-19：Data配列にMydataとYourdataを保管し、繰り返しで処理する。

　ここでは、main関数でobというData配列を用意し、その中にMydataとYourdataの値を
Data型として保管しています。そしてforを使い、配列の全要素についてPrintDataで内容を出
力しています。

　ここではDataインターフェイスを以下のような形で定義しておきました。

```
type Data interface {
        SetValue(vals map[string]string)
        PrintData()
}
```

　SetValueでは、stringのマップを引数に渡すようになっています。MydataとYourdataでは、保持するデータ（変数）の内容が異なっています。それらを共通して設定できるようにするため、**「とりあえず全部テキストの配列にまとめて渡す」**という形にしてあります。MydataではNameとData、YourdataではName、Mail、Ageといった値を保管するようになっています。これらを同じ形式のメソッドで渡せるようにするため、stringマップを利用する形にしました。実際にSetValueしている部分を見るとこうなっていますね。

```
ob[0].SetValue(map[string]string{
        "name": "Sachiko",
        "data": "55, 66, 77",
})
ob[1].SetValue(map[string]string{
        "name": "Mami",
        "mail": "mami@mume.mo",
        "age":  "34",
})
```

　MydataとYourdataで用意される配列の内容が異なっています。このようにして必要な値を渡すようにしてあったわけです。やや強引なやり方ですが、同じインターフェイスを実装する場合、メソッドの引数や戻り値まで完全に一致していなければいけない、という点を理解してください。

　あとは、繰り返しを使いPrintDataで内容を出力しています。同じPrintDataでも、出力される表示は全く違うことがわかるでしょう。異なる構造体であっても、このように**「同じインターフェイス」**の値としてまとめることで、同じ型の値のように扱えるのです。

nilレシーバについて

　構造体やインターフェイスを利用するようになると、それらに設定されているメソッドは、レシーバの構造体の中にある変数やメソッドなどを利用して処理が行なえる、ということがわかってきます。これは、**「レシーバに構造体が渡される」**という前提に処理を作成しています。

　では、レシーバがnilだった場合はどうなるのでしょうか。**「そんなこと、あるはずない」**と思うかもしれませんが、実はあります。**「変数は宣言されて用意されているが、値が代入されていない」**という場合、nilとなります。値の代入がされてなかったり、あるいは値の生成に失敗した場合など、変数がnilとなることはあります。

　構造体型の変数がnilの状態でメソッドを呼び出すと、そのメソッドのレシーバはnilとなります。重要なのは、**「レシーバがnilでもメソッド自体は実行できる」**という点です。つまり、nil

の構造体にあるメソッドを呼び出した場合、**「nilだからエラーになりプログラムが強制終了する」**わけではありません。**「レシーバがnilの状態でメソッド自体は実行される」**のです。

ということは、レシーバがnilであることをチェックする処理を用意することで、**「nilのメソッドを実行する」**ということが問題なく行なえるようになるわけです。これは、実際に確かめてみるとよくわかります。

リスト3-18で作成したMydataで、(md *Mydata) PrintDataメソッドを修正し、nilレシーバでの表示に対応させてみましょう。その上で、main関数を修正してMydataを操作してみます。

◎リスト3-19

```go
// PrintData is println all data.
func (md *Mydata) PrintData() {
        if md != nil {
                fmt.Println("Name: ", md.Name)
                fmt.Println("Data: ", md.Data)
        } else {
                fmt.Println("**This is Nil value.**")
        }
}


func main() {
        var ob *Mydata
        ob.PrintData()
        ob = &Mydata{}
        ob.SetValue(map[string]string{
                "name": "Jiro",
                "data": "123 456 789",
        })
        ob.PrintData()
}
```

◎図3-20：実行すると、obがnilの場合とMydataが代入された場合のそれぞれの状態を出力する。

157

ここでは、Mydataポインタ型の変数obを用意しています。そして、何も代入しない状態でPrintDataを呼び出し、それからMydataポインタを代入してからSetValueで値を設定したあと、再びPrintDataを呼び出します。これで以下のように出力がされます。

```
**This is Nil value.**
Name:  Jiro
Data:  [123 456 789]
```

1行目が、nilレシーバでのPrintDataの出力です。obには全く値など代入されていないのに処理は問題なく実行されていることがわかるでしょう。そして2～3行目が値を代入後の表示になります。

PrintDataメソッドを見ると、このような形になっていることがわかります。

```
func (md *Mydata) PrintData() {
      if md != nil {
            ……レシーバがnilではないときの処理……
      } else {
            ……レシーバがnilのときの処理……
      }
}
```

レシーバがnilかどうかをチェックし、その結果に応じて処理を用意していることがわかるでしょう。このようにすることで、メソッドをnilレシーバに対応した形にできるのです。

空のインターフェイス型について

インターフェイスはメソッドをまとめるものですが、この‖内に定義するメソッドは、いくつでも構いません。ということは、**「ゼロ個」**でも構わないわけです。つまり、このような形ですね。

```
type 名前 interface {}
```

このように、空のインターフェイス型というのがGoでは作成可能です。こんなもの作っても意味ないじゃないか、と思うかもしれませんが、そうではありません。空のインターフェイス型は、実は意外にも強力な武器となるのです。これは、**「どんな値も保管できる型」**として機能するのです。

たとえば、こんな型を定義したとしましょう。

```
type General interface{}
```

このGeneralは、どのような値も保管することができます。何を入れてもエラーにならないのです。たとえば、このように処理を記述したとしましょう。

```
var v General
v = 123
v = 0.01
v = "Hello"
v = true
```

これは、全くエラーになりません。どんな値も変数vには代入できるようになります。これが**「空のインターフェイス型」**の威力です。これを利用すれば、どんな種類の値も保管できる変数を用意し利用できるようになるのです。

◉ General型を利用する

では、実際に空のインターフェイス型Generalを使ったサンプルを作成してみましょう。General型の値を保持する構造体とメソッド定義のインターフェイスを用意し、さまざまな値を保管し利用してみます。今回もhello.goの全ソースコードを掲載しておきましょう。

◉リスト3-20

```go
package main

import (
    "fmt"
)

// General is all type data.
type General interface{}

// GData is holding General value.
type GData interface {
        Set(nm string, g General)
        Print()
}

// GDataImpl is structure.
type GDataImpl struct {
        Name string
        Data General
```

```go
}

// Set is GDataImpl method.
func (gd *GDataImpl) Set(nm string, g General) {
        gd.Name = nm
        gd.Data = g
}

// Print is GDataImpl method.
func (gd *GDataImpl) Print() {
        fmt.Printf("<<%s>> ", gd.Name)
        fmt.Println(gd.Data)
}

func main() {
        var data = []GDataImpl{}
        data = append(data, GDataImpl{"Taro", 123})
        data = append(data, GDataImpl{"Hanako", "hello!"})
        data = append(data, GDataImpl{"Sachiko", []int{123, 456, 789}})
        for _, ob := range data {
                ob.Print()
        }
}
```

◉図3-21：実行すると、GDataImplに整数、テキスト、整数配列といった値を設定して表示する。

ここでは、Generalの値を保持するGDataインターフェイスと、これのメソッドを実装した
GDataImpl構造体を用意しました。GDataImpl構造体は以下のようになっています。

```go
type GDataImpl struct {
        Name string
        Data General
}
```

Nameはstringですが、DataはGeneral型です。Generalは空のインターフェイス型ですから、どんな値でも保管できることになります。

main関数では、dataスライスに三つのGDataImplを追加しています。その部分を見るとこのようになっていますね。

```
data = append(data, GDataImpl{"Taro", 123})
data = append(data, GDataImpl{"Hanako", "hello!"})
data = append(data, GDataImpl{"Sachiko", []int{123, 456, 789}})
```

いずれも同じGDataImplでありながら、第2引数の値はint値、string値、intスライスとまるで違っています。どんな値であってもGeneralには代入できることがよくわかります。

型アサーションを使う

空のインターフェイス型は、どんな値でも保管でき大変便利ですが、実際の利用の際は、これをそのまま保管して利用するには問題があるでしょう。実装するメソッドによっては、値を整数として演算するかもしれませんし、文字列としてテキスト処理をするかもしれません。そうなると**「何でもOK」**では困ります。空のインターフェイス型の値を具体的な型に落とし込み利用する必要があるでしょう。

このような場合に役立つのが**「型アサーション」**と呼ばれる機能です。これはインターフェイス型の元の型を特定して値を取り出すのに使われます。

```
変数 := 値 .( 型 )
```

インターフェイス型の値のあとに()をつけ、元の値の型を指定します。たとえばインターフェイス型の変数xからint型の値として取得したいなら、x.(int)と記述すればいいわけですね。

この型アサーションは、あくまで**「元の型に戻す」**ためのものです。ですから、元の型とは異なる型として取り出そうとしてはいけません。そのような操作を行なうと実行時にエラーとなりプログラムは終了してしまいます。

◉ General型を使った複数の構造体を使う

では、実際の利用例を見てみましょう。先のサンプルで使ったGeneral型という空のインターフェイス型と、メソッドを定義したGDataインターフェイスを用意し、GDataを実装する二つの異なる構造体を作って利用してみます。

●リスト3-21

```go
// General is all type data.
type General interface{}

// GData is holding General value.
type GData interface {
        Set(nm string, g General) GData
        Print()
}

// NData is structure.
type NData struct {
        Name string
        Data int
}

// Set is NData method.
func (nd *NData) Set(nm string, g General) GData {
        nd.Name = nm
        nd.Data = g.(int)
        return nd
}

// Print is NData method.
func (nd *NData) Print() {
        fmt.Printf("<<%s>> value: %d\n", nd.Name, nd.Data)
}

// SData is structure.
type SData struct {
        Name string
        Data string
}

// Set is SData method.
func (sd *SData) Set(nm string, g General) GData {
        sd.Name = nm
        sd.Data = g.(string)
        return sd
}
```

```go
// Print is SData method.
func (sd *SData) Print() {
        fmt.Printf("* %s [%s] *\n", sd.Name, sd.Data)


}


func main() {
        var data = []GData{}
        data = append(data, new(NData).Set("Taro", 123))
        data = append(data, new(SData).Set("Jiro", "hello!"))
        data = append(data, new(NData).Set("Hanako", 98700))
        data = append(data, new(SData).Set("Sachiko", "happy?"))
        for _, ob := range data {
                ob.Print()
        }
}
```

◉図3-22：GDataインターフェイスを実装するNDataとSDataの値を作成して配列にまとめ、その内容を出力する。

ここでは、GDataというインターフェイスを用意し、これを実装するNDataとSDataという二つの構造体を定義しています。この二つはいずれもNameとDataという値を持っていますが、NDataのDataはint型であるのに対し、SDataのそれはstring型になっています。

これらには値を設定するSetメソッドを用意しています。NDataとSDataのSetを見比べてみましょう。

✚NDataのSetメソッド

```go
func (nd *NData) Set(nm string, g General) GData {
        nd.Name = nm
        nd.Data = g.(int)
        return nd
}
```

✚SDataのSetメソッド

```go
func (sd *SData) Set(nm string, g General) GData {
        sd.Name = nm
        sd.Data = g.(string)
        return sd
}
```

　　いずれもGDataのメソッドを実装するものですから、引数も戻り値も全く同じです。が、渡された引数をDataに設定する段階で、型アソシエーションを使っています。これにより、Generalの値をint型やstring型としてDataに設定するようになっているのですね。

　　実際にこれらの値を作成しobスライスに追加している文を見てみましょう。

```go
data = append(data, new(NData).Set("Taro", 123))
data = append(data, new(SData).Set("Jiro", "hello!"))
```

　　Setメソッドの引数が異なっているのがわかります。どちらもGeneral型なのに、片方はint値を、もう片方はstring値を指定しているのですね。こんな具合に、空のインターフェイス型をうまく活用することで、保持する値の異なる構造体を同一のインターフェイスとして扱えるようになります。

reflect.TypeOfによる型の判定

　　ただし、サンプルのソースコードを見ればわかるようにNDataとSDataのSetの引数はGeneral型ですから、**「General型が何で、NDataとSDataでは実際にはどういう値を使うべきか」** がわかっていないと、全く違った型の値を指定してトラブルになってしまう危険もあります。

　　SetメソッドでGeneralの値を設定する際には、渡された引数がどういう型の値かをチェックした上で処理するようにすべきでしょう。これには、reflectパッケージにある **「TypeOf」** という関数が役に立ちます。

```go
変数 := reflect.TypeOf( 値 )
```

　　このTypeOfは、引数の値がどういう型かを調べるのに使います。戻り値はType型の値になります。通常は、ここから更に **「Kind」** というメソッドを呼び出して使います。

```go
変数 := reflect.TypeOf( 値 ).Kind()
```

これで、Kind型の値が得られます。このKind型は、値の型を表すものです。reflectパッケージに主要な型のKind値が用意されているため、これらと比較することでTypeOfで指定した値の型が何かをチェックすることができます。

◉ Set で General の型チェックをする

実際に型のチェックを行なってみましょう。先ほどのリスト3-21で作成した二つのSetメソッドを以下のように差し替えてください。

◎リスト3-22

```go
// "reflect"をimportに追加する

// Set is NData method.
func (nd *NData) Set(nm string, g General) GData {
        nd.Name = nm
        if reflect.TypeOf(g).Kind() == reflect.Int {
                nd.Data = g.(int)
        }
        return nd
}

// Set is SData method.
func (sd *SData) Set(nm string, g General) GData {
        sd.Name = nm
        if reflect.TypeOf(g).Kind() == reflect.String {
                sd.Data = g.(string)
        }
        return sd
}
```

そして、main関数を修正し、わざとGeneral型で渡す引数の値を間違えて使ってみることにしましょう。

◎リスト3-23

```go
func main() {
        var data = []GData{}
        data = append(data, new(NData).Set("Taro", 123))
        data = append(data, new(SData).Set("Jiro", "hello!"))
        data = append(data, new(NData).Set("Hanako", "98700"))
        data = append(data, new(SData).Set("Sachiko", []string{"happy?"}))
```

```
        for _, ob := range data {
                ob.Print()
        }
}
```

❂図3-23：NDataとSDataのSetでわざと間違った値をGeneralに指定してみる。問題なくすべての処理が実行されることがわかる。

ここでは、NDataとSDataをそれぞれ二つずつ計四つ作成しています。が、前半の二つは正常にSetをしていますが、後半の二つはわざと間違った値をGeneralに指定しています。

が、実行すると何ら問題なくプログラムが実行されていきます。Generalの値が間違った型のものであってもエラーにならないことがわかります。

◉ Kindで型をチェック

では、SetメソッドでGeneral型の引数を処理している部分を見てみましょう。例として、NData用のSetにある処理を調べると、このようになっていました。

```
if reflect.TypeOf(g).Kind() == reflect.Int {
        nd.Data = g.(int)
}
```

reflect.TypeOf(g).Kind()で引数gのKind型を調べ、それがreflect.Intであるかどうかをチェックしています。gの値がint型のものならば、この条件はtrueとなり、nd.Data = g.(int)が実行されます。int型でなければ条件がfalseとなり値の代入が行なわれません。

refrectには、基本的な型のKind値が一通り用意されています。これらは、refrect.Stringというように型名の最初を大文字にした名前になっています。Kindとreflectの定数を比較する方法は、型チェックの基本として覚えておくとよいでしょう。

配列をreflect.TypeOfでチェックするには？

reflect.TypeOf.Kindで型のチェックを行なうのは比較的簡単です。が、それはint型やstring型といった基本的な型の場合です。配列の場合はどうすればいいのでしょうか。

reflectには、配列やスライス、マップといった型を示す「**Array**」「**Slice**」「**Map**」といった定数がちゃんと用意されています。が、これらは「**配列かどうか**」はチェックできますが、それが何の配列かは確認できません。int型の配列かstring型の配列かはわからないのです。

では、配列の型まで正確にチェックするにはどうすればいいのか。これは、以下のようなメソッドを使います。

✚ 配列のTypeを得る

```
reflect.ArrayOf(《Type》)
```

✚ スライスのTypeを得る

```
reflect.SliceOf(《Type》)
```

✚ マップのTypeを得る

```
reflect.MapOf(《Type》)
```

これらは、引数にTypeを指定します。Typeは、reflect.TypeOfで得られる、あのType値です。たとえば「**int型の配列**」のTypeなら、reflect.ArrayOf(reflect.TypeOf(値))というようにして得ることができるわけです。

こうして得た配列のTypeを、空のインターフェイス型の値のTypeと比較すれば、配列の型も正しくチェックできるようになります。

◉ Setでスライスを引数に渡す

では、実際に試してみましょう。NDataとSDataを修正し、Dataにそれぞれint型スライスとstring型スライスを保管するようにします。そして、それぞれのSetを修正し、General値にスライスを渡すようにしてみましょう。

◐ リスト3-24

```
// NData is structure.
type NData struct {
        Name string
        Data []int
}
```

```
// Set is NData method.
func (nd *NData) Set(nm string, g General) GData {
        nd.Name = nm
        if reflect.TypeOf(g) == reflect.SliceOf(reflect.TypeOf(0)) {
                nd.Data = g.([]int)
        }
        return nd
}

// SData is structure.
type SData struct {
        Name string
        Data []string
}

// Set is SData method.
func (sd *SData) Set(nm string, g General) GData {
        sd.Name = nm
        if reflect.TypeOf(g) == reflect.SliceOf(reflect.TypeOf("")) {
                sd.Data = g.([]string)
        }
        return sd
}
```

こうなりました。それぞれのGeneral値がスライスの型かどうかをチェックしている部分を見てみると、こうなっていますね。

✚int型スライスかチェック

```
if reflect.TypeOf(g) == reflect.SliceOf(reflect.TypeOf(0)) {……
```

✚string型スライスかチェック

```
if reflect.TypeOf(g) == reflect.SliceOf(reflect.TypeOf("")) {……
```

reflect.TypeOf(g)の値をreflect.SliceOfと比較しています。引数には、それぞれreflect.TypeOf(0)やreflect.TypeOf("")といったものを指定していますね。これで、int型やstring型のTypeを指定したわけです。

これで、スライスをDataに保管できるようになりました。main関数を書き換えて実際に利用してみましょう。

● リスト3-25

```go
func main() {
    var data = []GData{}
    data = append(data, new(NData).Set("Taro", []int{1, 2, 3}))
    data = append(data, new(SData).Set("Jiro", []string{"hello", "bye"}))
    data = append(data, new(NData).Set("Hanako", 98700))
    data = append(data, new(SData).Set("Sachiko", "happy?"))
    for _, ob := range data {
        ob.Print()
    }
}
```

● 図3-24：NData と SData でスライスを渡し出力する。

　ちゃんとint型スライスやstring型スライスを引数に指定すると値を設定できるようになりました。それ以外の型の値は無視するようになっています。スライスでもちゃんと空インターフェイス型の型チェックが行なえることがわかりますね。

　同様にして、配列やマップも型のチェックを正確に行なうことができます。これで、空インターフェイス型と型アサーションを使った汎用的な構造体もより柔軟に設計できるようになったことでしょう。

Section
3-4 並行処理

並行処理とは？

Goのプログラムの処理は、基本的に**「最初にあるものから順に実行していく」**というものです（**「逐次処理」**といいます）。これは、Goに限らずプログラミング言語では当たり前のことですが、しかし場合によっては、この**「当たり前」**がネックになることもあります。

たとえば、非常に時間のかかる処理を実行するようなとき、その処理が完了するまで次に進むことができません。が、皆さんがPCやスマホで使っている多くのアプリは、何かの処理を実行中でも別の作業を行なえるようになっているはずです。たとえばWebブラウザは、アクセスしたページの読み込みが完了しなくとも他の操作を行なうことができます。こんな具合に、同時にいくつもの処理が行なえるような仕組みを多くのプログラムでは持っています。

Goにも、この種の仕組みを基本的な文法として持っています。それが**「Goルーチン」**です。

◉ Goルーチンについて

Goルーチンは、メイン処理と並行して実行できるルーチン（関数）のことです。これは、特殊な関数というわけではありません。Goでは、関数を呼び出し実行させるとき、それをGoルーチンとして実行できるかを決定できます。Goルーチンとして実行すると、それはメイン処理から切り離され、メイン処理と並行して実行されるようになるのです。

このGoルーチンの呼び出しは非常に簡単です。

```
go 関数()
```

このように、関数を呼び出す際、その前に**「go」**をつけるだけで、その関数をGoルーチンとして並行処理することができるのです。**「簡単に、さまざまな処理を並行して呼び出せる」**というのは、Goという言語の大きな特徴の一つといえるでしょう。

◎図3-25：通常の逐次処理と並行処理の違い。並行処理は同時に複数の処理を実行する。

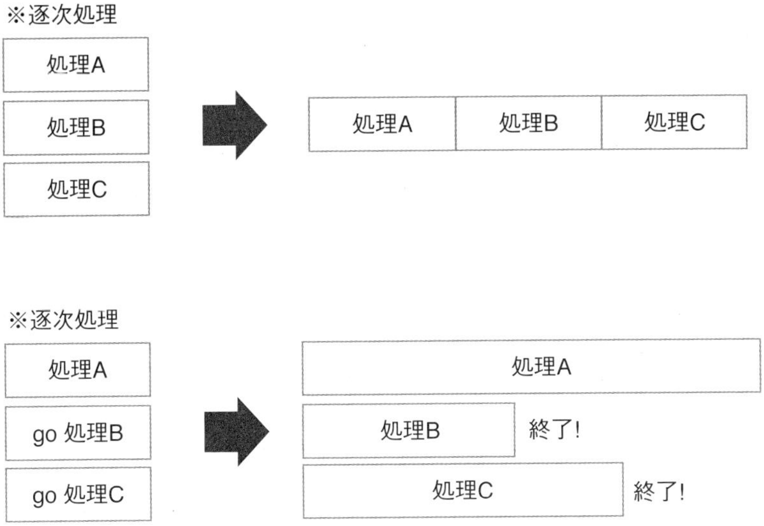

※逐次処理

| 処理A |
| 処理B |
| 処理C |

➡

| 処理A | 処理B | 処理C |

※逐次処理

| 処理A |
| go 処理B |
| go 処理C |

➡

処理A		
処理B	終了!	
処理C		終了!

Column 並行処理と非同期処理

「**Goは文法レベルで並行処理を実現している**」というのは、Goの大きな特徴の一つです。が、「**そんなの、他の言語でも普通にできるんじゃない?**」と思ったかもしれません。たとえば、Webなどで多くの人に馴染みのあるJavaScriptは、タイマー機能やAjaxといった機能で同時に複数の処理が行なえるように見えますね。

が、実はこれは「**並行処理**」ではありません。「**非同期処理**」なのです。同期せずに処理を実行できるということであり、実際に実行している処理は常に一つだけです。順番に処理を実行しているところに「**これをやって!**」と処理を割り込ませているだけなのです。

Goルーチンは、メインで実行される処理 (スレッドといいます) とは別に、独立したスレッドで処理を実行します。非同期処理とは根本的に異なるものなのです。

Goルーチンを使ってみる

では、実際にGoルーチンによる並行処理を使ってみることにしましょう。ごく単純な関数helloを用意し、これをメイン処理とGoルーチンで呼び出してみます。以下にhello.goの全ソースコードを挙げておきます。

● リスト3-26

```go
package main

import (
    "fmt"
    "time"
)

func hello(s string, n int) {
    for i := 1; i <= 10; i++ {
        fmt.Printf("<%d %s>", i, s)
        time.Sleep(time.Duration(n) * time.Millisecond)
    }
}

func main() {
    go hello("hello", 50)
    hello("bye!", 100)
}
```

● 図3-26：実行するとhelloとbyeがそれぞれ別スレッドで実行される。

これを実行すると、hello関数をメインスレッドとGoルーチンの別スレッドでそれぞれ実行していきます。hello関数は、引数で指定されたメッセージを10回出力するものです。出力した回数も含めて書き出すので、そのメッセージが何回目のものかがわかります。

出力されるメッセージを見ると、こんな具合になっていますね。

```
<1 bye!><1 hello><2 hello><2 bye!><3 hello><4 hello>……
```

bye!メッセージが1回出力されると、その後にhelloメッセージが2回続き、またbye!メッセージが……というように、「**bye!が1回、helloが2回**」を繰り返していくのがわかります。

hello関数では、メッセージとともに整数値が渡されていますね。これは、メッセージを出力する間隔を指定するものです。hello("hello", 50)ならば、"hello"というメッセージを50ミリ秒

（0.05秒）間隔で出力することになります。つまりここでは、"hello"を50ミリ秒間隔、"bye!"を100ミリ秒間隔というように2倍の差をつけて出力していたのです。それで、"bye!"が1回、"hello"が2回、という形で繰り返されていたのですね。

⦿ time.Sleepについて

このhello関数では、複数スレッドが交互に呼び出せるように処理を一定時間停止させています。これにはtimeパッケージの**「Sleep」**という関数を呼び出しています。これは、以下のように実行します。

```
time.Sleep(《Duration》)
```

引数には、時間の間隔を表すのに使うtimeパッケージのDurationという値を使います。通常は、Duration値にtimeパッケージ内の時間単位を示す定数をかけたものが設定されます。

ここでは、以下のように文が書かれていました。

```
time.Sleep(time.Duration(n) * time.Millisecond)
```

time.Millisecondは、ミリ秒単位を示す定数です。これで、nミリ秒だけ処理を停止させていたわけです。

なお、このSleepの引数は、変数などを使わず整数リテラルで固定した時間だけ停止する場合は、Durationの代わりに整数値を直接使えます。たとえば100ミリ秒だけ停止するのであれば、

```
time.Sleep(100 * time.Millisecond)
```

このようにすればいいわけです。Duration関数を使う必要はなく、ただ整数リテラルと単位の定数をかけるだけでOKです。

共有メモリの利用

複数のスレッドで同時に複数の処理を並行して実行する場合、実行中のスレッド間で必要な情報をやり取りする必要が生ずることもあります。これにはいくつかの方法が考えられます。

もっとも簡単な方法が**「共有メモリ」**を利用するものでしょう。これは、Goルーチンのスレッドで実行される関数がある場所の変数を共有できるという性質を利用したものです。

たとえば、ある関数の中で、その関数の外側にある変数を利用しているとしましょう。その関数をGoルーチンで実行した場合、そこで使われる変数は、その変数を利用した時点で代入されている値になります。ということは、スレッド外（あるいは別スレッド）でその変数の値を操作

すると、Goルーチンで実行中のスレッド内ではその変更された値がそのまま用いられることになります。

◉ 変数をスレッド間で共有する

では、実際に共有メモリを使って、異なるスレッドの間で値をやり取りしてみましょう。main関数を修正してください。

◉リスト3-27

```go
// "strconv"をimportに追加

func main() {
        msg := "start"
        prmsg := func(nm string, n int) {
                fmt.Println(nm, msg)
                time.Sleep(time.Duration(n) * time.Millisecond)
        }
        hello := func(n int) {
                const nm string = "hello"
                for i := 0; i < 10; i++ {
                        msg += " h" + strconv.Itoa(i)
                        prmsg(nm, n)
                }
        }
        main := func(n int) {
                const nm string = "*main"
                for i := 0; i < 5; i++ {
                        msg += " m" + strconv.Itoa(i)
                        prmsg(nm, 100)
                }
        }
        go hello(60)
        main(100)
}
```

◎図3-27：mainとhelloの関数間で変数msgを共有し出力する。

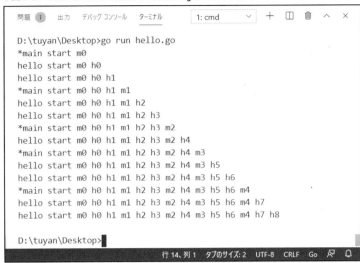

ここでは、prmsgという関数を用意し、ここで変数nmとmsgを出力し、一定時間待つ、ということを行なっています。そして、helloとmainという関数を用意し、その中でforを利用してprmsgを一定回数呼び出しています。helloとmainでは、それぞれmsgにhまたはmの記号と繰り返し回数を示す整数を付け足すようにしてあります。

これを実行すると、hello関数をGoルーチンのスレッドで、mainをメインスレッドでそれぞれ実行します。両者のスレッドでprmsgが呼び出されるたび、msgに値が追加され出力されていきます。実行結果を見ると、以下のようになるでしょう。

```
*main start m0
hello start m0 h0
hello start m0 h0 h1
*main start m0 h0 h1 m1
hello start m0 h0 h1 m1 h2
hello start m0 h0 h1 m1 h2 h3
*main start m0 h0 h1 m1 h2 h3 m2
hello start m0 h0 h1 m1 h2 h3 m2 h4
*main start m0 h0 h1 m1 h2 h3 m2 h4 m3
hello start m0 h0 h1 m1 h2 h3 m2 h4 m3 h5
hello start m0 h0 h1 m1 h2 h3 m2 h4 m3 h5 h6
*main start m0 h0 h1 m1 h2 h3 m2 h4 m3 h5 h6 m4
hello start m0 h0 h1 m1 h2 h3 m2 h4 m3 h5 h6 m4 h7
hello start m0 h0 h1 m1 h2 h3 m2 h4 m3 h5 h6 m4 h7 h8
```

　実行状況によってmainとhelloの出力順は若干変化しますが、だいたい上記のようになっているでしょう。冒頭が「*main」となっているのがメインスレッド、「hello」がGoルーチンによるスレッドでの出力になります。呼び出し間隔がそれぞれmainで100ミリ秒、helloで60ミリ秒となっているため、交互にではなく、helloのほうが呼び出し回数が多くなっています。

　名前のあとの「start ……」以降がmsgの内容です。スレッドでprmsgが呼ばれる際にmsg変数にhまたはmと呼び出し回数を追加しているため、値を見ればどのスレッドがどういう順番で呼び出していったかがわかります。

　それぞれのスレッドでmsgに値を追加しており、それらは両スレッドでリアルタイムに値を共有していることがわかるでしょう。このmsgの値は、それぞれのスレッドで呼び出している関数（helloとmain）が置かれているmain関数内にあり、これらの関数から利用できるようになっています。関数をmain外で定義していると、main内にある変数に直接アクセスすることができません。変数を共有するには**「スレッドで実行する関数をどこに配置するか」**をよく考える必要があるでしょう。

　また、共有メモリを利用する場合、その変数はmain関数内のどこからでも書き換えられるため、予想外の変更がされてトラブルを引き起こすような場合も考えられます。値の操作をどこでどう行なうかを正確に把握しておかなければいけません。

Column　どうしてh9はないの？

　サンプルで出力された内容を見て、**「あれ？ h8までで表示が終わっているぞ？ 10回繰り返しているんだからh9まで表示されるはずじゃないか？」**と思った人。これは非常に鋭い指摘です。

　サンプルでは、hello関数内でprmsgを10回呼び出しています。ですからmsgにはh0〜h9までの値が追加されるはずです。が、h9はありません。これはなぜでしょうか。

　その理由は、**「その前にメインスレッドが終了しているから」**です。Goルーチンによっていくつものスレッドが実行されますが、それらはすべて**「メインスレッドが実行中である」**間です。メインスレッドが終了すると、それ以外のすべてのスレッドは（処理中であったとしても）すべて消えてしまいます。メインスレッドが終了したあとも、残るスレッドが実行し続けるわけではないのです。

チャンネルによる値の送受

もう一つの情報共有のための手段が**「チャンネル」**と呼ばれるものです。チャンネルは、あるスレッドから別のスレッドへと値を送受するための仕組みです。

チャンネルは、スレッドどうしを結ぶ通路のような役割を果たします。あるチャンネルを複数のGoルーチンに渡した場合、そのチャンネルを通して値を追加したり取り出したりすることができるようになります。

◎図3-28：スレッドは値を送受する通路のようなもの。あるスレッドから値を追加すると、別のスレッドでその値を取り出せる。

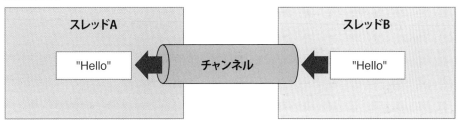

◉ チャンネルの利用

チャンネルは、chan型の値として作成されます。これはmake関数を使って以下のように作成をします。

```
変数 := make(chan 型)
```

引数には**「chan 型」**というように、chanと保管する型を指定します。チャンネルは、配列やマップなどと同様に**「どういう型の値を保管するか」**を指定する必要があります。チャンネルは、どんな値でもやり取りできるわけではなく、**「このチャンネルはこの型の値を扱う」**と決まっています。

作成したチャンネルは、Goルーチンで実行する関数に引数などを使って渡します。そして、そのチャンネルに値を追加したり、そこから値を取り出したりします。これには**「<-」**という特殊な演算子を使います。

➕値を取り出す

```
変数 := <-チャンネル
```

✚ 値を追加する

```
チャンネル <- 値
```

<-は、値が送られる向きを示しています。たとえばチャンネルcがあったとき、<-cとすれば
チャンネルcから値を取り出し、c<-とすればその後の値をチャンネルcに追加します。

◉ チャンネルで値を渡す

では、簡単なチャンネルの利用例を見てみましょう。ここでは計算を行なう関数を用意し、そ
の結果をチャンネル経由で渡すようにします。

◎ リスト3-28

```go
// importから"strconv"を削除しておく

func total(n int, c chan int) {
    t := 0
    for i := 1; i <= n; i++ {
        t += i
    }
    c <- t
}

func main() {
    c := make(chan int)
    go total(100, c)
    fmt.Println("total:", <-c)
}
```

◎ 図3-29：実行するとtotalで合計を計算し、その結果をチャンネルで送ってくる。

ここでは、totalという関数を用意しました。これは整数値とチャンネルを引数に持っており、
渡された整数値までの合計を計算し、チャンネルに追加します。

main関数では、make(chan int)で整数型のチャンネルを作成し、これを引数に指定してgo

totalを実行します。そして、<-cでチャンネルから値を取り出して表示しています。totalでc <- t として追加した値がmainの<-cで取り出されていることがわかるでしょう。

◎ チャンネルは値を受け取るまで待つ

　ここで注目してほしいのは、go totalのあと、fmt.Println("total:", <-c)で結果を出力する文が常に問題なく実行されている、という点です。そんなの当たり前と思うでしょうが、しかしよく思い出してください。並行処理は、実行したらそのあとにある処理もそのまま実行するという点を。ここではgo totalを実行してtotalを別スレッドで実行したら、そのままメインスレッドの処理も進められ、次のfmt.Printlnも実行されます。totalは繰り返しで何度も演算をしていますから、普通に考えるならtotalの結果が得られるよりもfmt.Printlnのほうが先に実行されるはずです。

　が、実際にはそうはなりません。fmt.Printlnは、常にtotalの実行後に出力されるのです。なぜか？　それは**「チャンネルから値を取得する場合、その値が送られてくるまで処理を待つ」**からです。

　あるスレッドAから値を追加し、他のスレッドBでチャンネルから値を取得するとします。このとき、スレッドB側で値を取得するときにまだ値が取り出せないと、スレッドAで値が追加されるまでそこで処理を停止し、値が送られてくるのを待ち続けるのです。

　先のサンプルでは、total側でまだ処理中だった場合には、メインスレッド側のPrintlnでチャンネルcから値が取り出せないため、そこで処理を停止します。そしてtotal側でチャンネルcに値が追加されると、Printlnの<-cで値が取り出せるようになり、処理を実行してメインスレッドを終了する、というわけです。したがって、どんなにtotalで処理に時間がかかろうと常にチャンネルcの値が出力されるようになるのです。

チャンネルへの複数値の追加

　このチャンネルは、単純に一つの値を保管するわけではなく、複数の値を保管することができます。これは、FIFO（First In First Out、先入れ先出し）となっており、追加したものから順に値が取り出されるようになっています。

　では、実際に複数の値を追加するとどのようになるのか試してみましょう。先ほどのサンプルのmain関数を以下のように書き換えてみます。

⊕ リスト3-29

```
func main() {
    c := make(chan int)
    go total(1000, c)
```

```
    go total(100, c)
    go total(10, c)
    x, y, z := <-c, <-c, <-c

    fmt.Println(x, y, z)
}
```

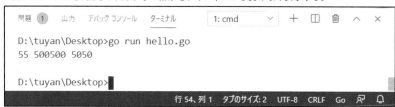

◎図3-30：totalを3回呼び出し、その結果をチャンネルから受け取り表示する。

ここではgo totalを3回呼び出しています。そしてチャンネルからの値を以下のように取り出しています。

```
x, y, z := <-c, <-c, <-c
```

これで、チャンネルcから三つの値を変数x, y, zに取り出すことになります。<-cを呼び出すごとにチャンネルから値が取り出されますから、このように<-c, <-c, <-cとすれば、3回実行したtotalの各結果がすべて取り出せるというわけです。

◎取り出される値の順序に注意！

ただし、取り出される値は、場合によっては予想する形ではないかもしれません。皆さんの環境では、結果はどのように表示されたでしょうか。

```
500500 5050 55
```

このように表示された人は、「**totalを実行した順に結果が得られた**」と思うことでしょう。が、中にはこんな具合に値が得られた人もいるはずです。

```
55 5050 500500
```

あるいは、次のような値になったかもしれません。

```
55 500500 5050
```

　なぜ、このように値が得られるのか。それは、値の追加が**「実行したスレッドにかかる時間が」**によるためです。totalでは、繰り返しによる計算を行ない、最後にc <- tで値を追加しています。したがって、繰り返し演算で時間がかからないものから順にc <- tが実行され、スレッドが終了します。1000までの合計よりも100までの合計のほうが圧倒的に繰り返し回数が少なく、早く終わりますから、たとえtotal(1000, c)よりtotal(10, c)のほうが後で実行されたとしても、先に値が追加されるのはtotal(10, c)になる可能性が高いわけです。

　もちろん、スレッドの実行にかかる時間は純粋に繰り返し回数だけで決まるわけではありませんから、環境などによって変わります。注意したいのは、**「必ずGoルーチンを呼び出した順に値が追加されるわけではない」**ということです。

mainからチャンネルに値が送れない？

　先のサンプルでは、Goルーチンで実行したtotalからメインスレッドへと値を渡していました。では、メインスレッドからGoルーチンに値を渡したいときはどうすればいいのでしょう。

　おそらく、大抵の人が思い浮かぶやり方は、main関数でチャンネルを作成したあと、それに値を追加してからGoルーチンを実行する、といったものでしょう。

　実際に先ほどのtotalの呼び出しを修正して、mainでチャンネルに値を設定してからtotalを呼び出してみましょう。

⭘リスト3-30

```go
func total(c chan int) {
        n := <-c
        fmt.Println("n = ", n)
        t := 0
        for i := 1; i <= n; i++ {
                t += i
        }
        fmt.Println("total:", t)
}

func main() {
        c := make(chan int)
        c <- 100
        go total(c)
        time.Sleep(100 * time.Millisecond)
}
```

◎図3-31：実行すると、fatal error が発生する。

これで、main側からチャンネルcを通してtotalに合計する整数値を渡せるようになりました。が、実際にこれを実行してみましょう。すると、fatal errorとエラーが発生しプログラムは強制終了してしまいます。Goルーチンがデッドロックして動作しなくなっているのです。

◉ チャンネルは双方で準備できてから使う

なぜ、こんなことになってしまうのか。それは、main側でc < 100というようにチャンネルに値を設定したからです。この時点では、チャンネルに値を設定することはできないのです。

チャンネルは、複数のスレッド間で値をやり取りするためのものです。これが正常に動作するためには、値を送る側と受け取る側の双方向で値の準備が整っていなければいけません。つまり、Goルーチンによるスレッドを実行したあとでないとチャンネルは使えないのです。

では、修正してみましょう。main関数を以下のように書き換えてください。

◎リスト3-31

```
func main() {
        c := make(chan int)
        go total(c)
        c <- 100
        time.Sleep(100 * time.Millisecond)
}
```

◎図3-32：実行すると、今度は問題なく動く。

今度は、問題なく実行できます。今回は、まずgo totalを実行してから、c <- 100を実行しています。こうすれば問題なく動くのです。

「**でも、先にgo totalを実行したら、total側で値を取り出すときにまだ値が用意できていないのでは?**」と思った人。そうかもしれませんね。でも、思い出してください。チャンネルは、値がまだ用意されていない場合は、送られてくるまで処理を待つ、ということを。ですから、toral側で値が得られないためにエラーになることはないのです。

スレッド間のチャンネルやり取り

ここまでは、メインスレッドとGoルーチンのスレッドで値を送受していました。が、チャンネルは、Goルーチンのスレッドどうしの間でも値のやり取りは行なえます。これも試してみましょう。

ここでは、二つの関数をそれぞれGoルーチンのスレッドで実行し、両者の間でメッセージをやり取りしてみます。

◎リスト3-32

```go
// "strconv"をimportに追加

func prmsg(n int, s string) {
    fmt.Println(s)
    time.Sleep(time.Duration(n) * time.Millisecond)
}

func first(n int, c chan string) {
    const nm string = "first-"
    for i := 0; i < 10; i++ {
        s := nm + strconv.Itoa(i)
        prmsg(n, s)
        c <- s
    }
}
```

```go
func second(n int, c chan string) {
        for i := 0; i < 10; i++ {
                prmsg(n, "second:["+<-c+"]")
        }
}

func main() {
        c := make(chan string)
        go first(10, c)
        second(10, c)
        fmt.Println()
}
```

◉図3-33：firstとsecondの間でメッセージをやり取りする。

```
問題 ①   出力   デバッグ コンソール   ターミナル        1: cmd        ＋ ▯ 🗑 ∧ ✕

D:\tuyan\Desktop>go run hello.go
first-0
first-1
second:[first-0]
second:[first-1]
first-2
second:[first-2]
first-3
second:[first-3]
first-4
first-5
second:[first-4]
second:[first-5]
first-6
first-7
second:[first-6]
first-8
second:[first-7]
second:[first-8]
first-9
second:[first-9]

D:\tuyan\Desktop>█

行 10、列 1   タブのサイズ: 2   UTF-8   CRLF   Go   🏳 🔔
```

　　先に共有メモリを使って、二つのスレッドでメッセージを共有することを試してみました。これは、そのチャンネル版といったところです。ここでは、メッセージを出力するfirstとsecondという二つの関数を用意し、これらをそれぞれGoルーチンとして実行しています。main関数を見てください。

```
c := make(chan string)
go first(10, c)
second(10, c)
```

　チャンネルcを作成し、firstとsecondの両方に同じチャンネルcを渡しています。このように、複数のスレッド間でチャンネルを利用する場合は、同じチャンネルを使うということを忘れないでください。

　あとは、これまでのチャンネル利用と全く同じです。first側では繰り返し内でc <- sと実行して値を追加し、second側ではprmsg(n, "second:["+<-c+"]")というようにチャンネルcから取得した値を使ってprmsgを呼び出し表示しています。複数のGoルーチンでチャンネルを共用すれば、何らもんだなく値を扱えるのです。

双方向でやり取りするには？

　ここまでのサンプルを見て、何か気づいたことはないでしょうか。チャンネルの使い方で非常に重要なポイント、それは**「チャンネルは一方通行である」**という点です。

　サンプルはすべて、片方のスレッドでチャンネルに値を追加し、他方のスレッドでチャンネルから値を取り出す、というものでした。二つのスレッド間で相互に値をやり取りするものはありませんでした。それは、チャンネルでは双方向に値をやり取りできないからです。

　しかし、相互に値をやり取りしたいことはあります。そんな場合にチャンネルが使えないのでは困りますね。そこで、実際にチャンネルで双方向にやり取りをするサンプルを作ってみましょう。

○ リスト3-33
```
func total(cs chan int, cr chan int) {
        n := <-cs
        fmt.Println("n = ", n)
        t := 0
        for i := 1; i <= n; i++ {
                t += i
        }
        cr <- t
}

func main() {
        cs := make(chan int)
        cr := make(chan int)
        go total(cs, cr)
        cs <- 100
```

```
        fmt.Println("total:", <-cr)
}
```

◆図3-34：チャンネルを使ってmainからtotalに数値を渡し、その結果をtotalからmainに返して表示する。

ここでは、mainからtotalにチャンネルを使って整数値を渡し、それを元に演算を行なっています。そして結果が出たら、その値をtotalからmainへとチャンネルで渡して結果を表示しています。

totalをGoルーチンで実行しているところを見ると、このようになっているのがわかるでしょう。

```
cs := make(chan int)
cr := make(chan int)
go total(cs, cr)
```

二つのチャンネルを作成し、それらを引数に指定して実行しています。total側では、チャンネルcsから値を取り出し、演算の結果をチャンネルcrに追加しています。main側では、チャンネルcsに値を追加し、チャンネルcrから取り出した値を表示しています。つまり、csを「main→total」、crを「main←total」というようにして、二つのチャンネルで双方向に値を送受していたというわけです。

双方向でやり取りする場合、「どちらのチャンネルがどちら向きに値を送るのか」をしっかりと把握しておく必要があります。が、この点さえきちんと押さえておけば、簡単にスレッド間のやり取りが行なえるのです。

selectによるチャンネル管理

スレッドをいくつも作成して実行するようになると、それに合わせてチャンネルも複数作成していくことになります。いくつものチャンネルで、必要に応じて値を送信したり受信したりするようになると、それらをいかに管理するかを考えなければいけません。

このようなときに用いられるのが「select」という構文です。これは、switch構文に非常に似た形をしています。

```
select {
case 文:
        ……実行する処理……
case 文:
        ……実行する処理……

……必要なだけcaseを用意……

default:
        ……すべて当てはまらない場合の処理……
}
```

　caseを使って必要なだけ分岐を作ります。switchとの違いは、caseに指定する内容です。switchは、値をチェックして分岐をしますが、selectではcaseにチャンネル操作の文を用意します。基本的には**「<-チャンネル」**という形でチャンネルから値を取り出す文を記述しておきます。

　このselectに進むと、caseに用意されたチャンネル操作の文をチェックし、それが正常に行なわれるcaseに進みます。**「<-チャンネル」**と値が用意されていれば、チャンネルから値が取り出せたcaseに進むわけです。もし、複数のチャンネルで値が取り出せる場合は、その中からランダムにcaseが選ばれます。またすべてのチャンネルで準備が整わない場合はdefaultが実行されます。このdefaultはオプションなので、不要ならば省略可能です。

　このselectを使い、チャンネルごとにcaseを用意しておけば、チャンネルに値を追加するとそのチャンネルの処理が実行されるようになります。

●図3-35：selectを使うと、複数のチャンネルで値を操作したものを調べて処理を実行できる。

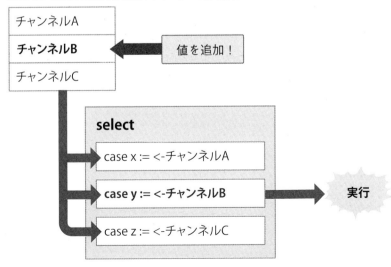

◉ チャンネルごとに処理を行なう

では、実際に複数のチャンネルを用意して、selectで管理をしてみましょう。ここでは、count という関数を用意し、これをmain関数内からGoルーチンで複数個を同時に実行させてみます。

● リスト3-34

```go
// importから"strconv"を削除しておく

func count(n int, s int, c chan int) {
    for i := 1; i <= n; i++ {
        c <- i
        time.Sleep(time.Duration(s) * time.Millisecond)
    }

}

func main() {
    n1, n2, n3 := 3, 5, 10
    m1, m2, m3 := 100, 75, 50
    c1 := make(chan int)
    go count(n1, m1, c1)
    c2 := make(chan int)
    go count(n2, m2, c2)
    c3 := make(chan int)
    go count(n3, m3, c3)

    for i := 0; i < n1+n2+n3; i++ {
        select {
        case re := <-c1:
            fmt.Println("*  first ", re)
        case re := <-c2:
            fmt.Println("** second", re)
        case re := <-c3:
            fmt.Println("***third ", re)
        }
    }
    fmt.Println("*** finish. ***")
}
```

◉図3-36：実行すると三つのスレッドで値が出力されていく。

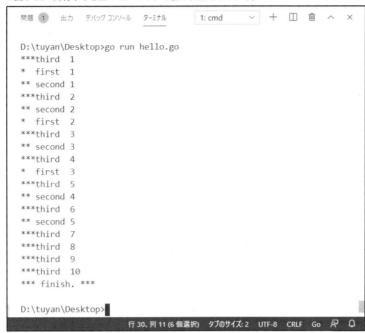

countは、回数とインターバルとチャンネルを引数に持ちます。これでカウントする回数と呼び出す間隔を指定すると、その間隔で数字をカウントしていきます。

ここでは三つのスレッドでcountを実行しています。そしてそれぞれのスレッドに渡したチャンネルをselectでチェックして処理を行なっています。selectは、以下のような形で書かれています。

```
select {
case re := <-c1:
        ……ch1に値が送られた場合の処理……
case re := <-c2:
        ……ch2に値が送られた場合の処理……
case re := <-c3:
        ……ch3に値が送られた場合の処理……
}
```

これで、チャンネルに値を送ると、そのチャンネルのcaseにジャンプし、送られた値を変数reに取り出して処理を実行します。チャンネルの数が増えてもcaseの分岐が増えるだけですから対応はそう難しくはありません。多数のチャンネルを扱う場合のもっとも基本的な処理方法として覚えておきましょう。

スレッドの排他処理について

複数のスレッドを動かすようになると、スレッドどうしの協調が必要となる場面が出てきます。もっとも起こりがちなのが、**「共有メモリで複数スレッドが同時にアクセスする」**という事態です。あるスレッドがある変数にアクセスをしているときに別のスレッドがその変数を書き換えるなどしたらトラブルの原因となるでしょう。

こうした問題を防ぐには、**「この部分は、他のスレッドがアクセスできないようにして実行する」**といった処理が必要です。いわゆる排他処理と呼ばれるものです。あるスレッドが共有メモリの変数を利用しているとき、その利用が終わるまで他のスレッドが変数にアクセスできないようにすればいいのです。

これを行なうために用意されているのが、syncパッケージの**「Mutex」**という構造体です。これには、他のスレッドのアクセスをロックするための以下のようなメソッドが用意されています。

✚他スレッドをロックする

《Mutex》.Lock()

✚ロックを解除する

《Mutex》.Unlock()

複数のスレッドで同一のMutexを保持しておき、必要に応じてLockでロックし、処理が終わったらロック解除するようにしておけば、他スレッドが不用意にアクセスしてきてトラブルを引き起こすことはなくなります。

◉ スレッドのロックを試す

では、実際にスレッドのロックを使ってみましょう。ここでは、メッセージとMutexをまとめた構造体SrDataを用意し、これを二つのスレッドで共有して動かしてみることにします。

○リスト3-35

```go
// "sync"と"strconv"をimportに追加

// SrData is structure.
type SrData struct {
        msg string
        mux sync.Mutex
}
```

```go
func main() {
        sd := SrData{msg: "Start"}
        prmsg := func(nm string, n int) {
                fmt.Println(nm, sd.msg)
                time.Sleep(time.Duration(n) * time.Millisecond)
        }

        main := func(n int) {
                const nm string = "*main"
                sd.mux.Lock() //☆
                for i := 0; i < 5; i++ {
                        sd.msg += " m" + strconv.Itoa(i)
                        prmsg(nm, 100)
                }
                sd.mux.Unlock() //☆
        }

        hello := func(n int) {
                const nm string = "hello"
                sd.mux.Lock() //☆
                for i := 0; i < 5; i++ {
                        sd.msg += " h" + strconv.Itoa(i)
                        prmsg(nm, n)
                }
                sd.mux.Unlock() //☆
        }

        go main(100)
        go hello(50)
        time.Sleep(5 * time.Second)
}
```

●図3-37：排他処理を行なうと、hがすべて完了してからmが実行されているのがわかる。

これを実行すると、以下のようにメッセージが出力されることがわかるでしょう。

```
hello Start h0
hello Start h0 h1
hello Start h0 h1 h2
hello Start h0 h1 h2 h3
hello Start h0 h1 h2 h3 h4
*main Start h0 h1 h2 h3 h4 m0
*main Start h0 h1 h2 h3 h4 m0 m1
*main Start h0 h1 h2 h3 h4 m0 m1 m2
*main Start h0 h1 h2 h3 h4 m0 m1 m2 m3
*main Start h0 h1 h2 h3 h4 m0 m1 m2 m3 m4
```

　最初にhelloスレッドの処理がすべて実行され、それからmainスレッドの処理がまとめて実行されます。

　動作を確認したら、マークの文をすべてコメントアウトして実行してみましょう。「hello Start h0 m0 h1 h2」「*main Start h0 m0 h1 h2 m1」というように、mainとhelloの各関数がGoルーチンのスレッドで変数に値を追加します。

⦿図3-38：排他処理をしていない状態。hとmの両スレッドが呼び出されているのがわかる。

```
問題 2   出力   デバッグ コンソール   ターミナル        1: cmd        ∨   +   ⯐   🗑   ∧   ✕

D:\tuyan\Desktop>go run hello.go
hello Start h0
*main Start h0 m0
hello Start h0 m0 h1
hello Start h0 m0 h1 h2
*main Start h0 m0 h1 h2 m1
hello Start h0 m0 h1 h2 m1 h3
hello Start h0 m0 h1 h2 m1 h3 h4
*main Start h0 m0 h1 h2 m1 h3 h4 m2
*main Start h0 m0 h1 h2 m1 h3 h4 m2 m3
*main Start h0 m0 h1 h2 m1 h3 h4 m2 m3 m4


D:\tuyan\Desktop>

行 52, 列 13   タブのサイズ: 2   UTF-8   CRLF   Go   ⏸   ⏻
```

　　ここでは、以下のようにSrData構造体を作成しています。

```
type SrData struct {
        msg string
        mux sync.Mutex
}
```

　　値を共有するstring変数と、Mutexを保管していますね。そしてmain関数では、以下のように構造体の値を用意しています。

```
sd := SrData{msg: "Start"}
```

　　ここでは、msgのみ値を初期化しており、Mutexには値を代入していないのに注目してください。Mutexは初期状態のままで、新たに値などを設定する必要はありません。
　　実行している処理を見ると、繰り返し処理の前後でスレッドをロックしていることがわかります。

```
sd.mux.Lock() //☆
for i := 0; i < 5; i++ {
        sd.msg += " m" + strconv.Itoa(i)
        prmsg(nm, 100)
}
sd.mux.Unlock() //☆
```

　　最初にスレッドをロックしてからforで繰り返し処理を実行していますね。そして繰り返しを抜けてからアンロックしています。これにより、繰り返しの部分を実行している間、他スレッドがsd

にアクセスできなくなるため、もう一方の処理がアンロックされるまで待ち続けることになりま
す。その結果、各スレッドの処理がまとめて実行されるようになっていたのです。

　スレッドをロックすると、アンロックされるまでの間、他スレッドはペンディング状態となりま
す。サンプルのように、別スレッドで実行している処理をすべてロックしてしまうと、結局並行処
理ではなく**「複数のスレッドが順に実行される」**という逐次処理になってしまいます。せっか
くの並行処理の利点が失われてしまいますから、ロックは**「この処理だけは外部からアクセ
スされては困る」**という必要最低限の範囲に絞って行なうようにしましょう。

Chapter 4

Fyne による GUI
アプリケーション開発

Go は、GUI アプリケーション開発に
弱いといわれています。
が、最近になって、非常に使いやすい
GUI パッケージが使えるようになってきました。
ここでは「Fyne」というパッケージを使って、
GUI アプリケーションの作成を行なってみましょう。

Section 4-1 Fyne の基本をマスターする

Fyneとは？

Goの基本的な文法が一通りわかったところで、**「何か使えるプログラムを作成してみたい」** と思う人も多いことでしょう。基本文法とコマンドベースでの入力出力がわかれば、ちょっとしたプログラムは作れます。が、**「すべてコマンドベース」** で動かすということを考えると、なかなか本気でプログラムを作る気になれない人も多いのではないでしょうか。コマンドベースでは、使い方を理解した人間（おそらくプログラムを書いた本人）ぐらいしか使えません。

これがGUIベースのアプリになると、だいぶ印象は変わります。簡単なプログラムであっても、GUIベースならばそれなりに使ってみる気になりますね。一通りGoの基本がわかったところで、**「GUIベースのプログラム作成」** について考えることにしましょう。

Goには、標準でGUIパッケージは用意されていません。ですから、GUIを利用するためには、別途パッケージを探してインストールする必要があります。GoのGUIパッケージは、オープンソースのものだけ何種類も出ています。それらの中から、もっとも注目されている **「Fyne」** というパッケージを利用してみることにしましょう。

Fyneは、オープンソースのパッケージで、以下のアドレスでWebサイトが公開されています。ここでFyneの最新情報が公開されています。

https://fyne.io/

⊕図4-1：FyneのWebサイト。

196

Fyneをインストールする

Fyneのインストールは、Goコマンドを使って行ないます。コマンドプロンプトまたはターミナルなどを起動してください。そして以下のようにコマンドを実行します。

```
go get fyne.io/fyne
```

●図4-2：go get で Fyne をインストールする。

これでインストールは完了です。見た目には何も変化がないので**「本当にインストールできたのか？」**と不安になりますが、問題なくインストールできています。

◉「go: missing Git command.」エラーについて

go getを実行すると、**「go: missing Git command.」**といったエラーメッセージが現れてインストールができない人もいることでしょう。2020年12月現在、FyneはGitを利用して配布されており、Go言語のgo getコマンド内部でGitを利用する必要があります。これは以下のアドレスより入手できます。

https://git-scm.com/downloads

Windowsの場合、ここからGitのインストーラをダウンロードできます。そのままインストーラを起動し、インストールを行ないましょう。

macOSの場合、開発環境のXcodeをインストールしてあれば、その際にGitもインストールされています。別途作業は必要ありません。

◉gccについて

また、Fyneはマルチプラットフォームに対応しており、内部でOpenGLなどのプログラムを利用して動いている関係でgcc（GNU Compiler Collection、各種言語のコンパイラ）が必要

　になります。このgccも、インストールされていない場合は別途用意する必要があります。
　　Windowsの場合、TDM-GCCを利用するのが一番簡単でしょう。これは以下のアドレスで公開されています。ここからTDM-GCC Installerをダウンロードしてインストールしてください。

https://jmeubank.github.io/tdm-gcc/download/

　　macOSの場合、XcodeのDevToolsをインストールすればgccも利用可能になります。ターミナルを起動し、以下のコマンドを実行してください。

```
xcode-select --install
```

Fyneを使ってみる

　　では、早速Fyneを使って見ることにしましょう。FyneのGUI作成は、独特です。実際にサンプルを作って、そのソースコードのスタイルを理解していくことにしましょう。
　　ここまで使ってきたGoのファイル (hello.go) をここでも再利用しましょう。このファイルの内容を以下のように修正してください。

○リスト4-1

```
package main

import (
        "fyne.io/fyne/app"
        "fyne.io/fyne/widget"
)

func main() {
        a := app.New()

        w := a.NewWindow("Hello")
        w.SetContent(
                widget.NewLabel("Hello Fyne!"),
        )

        w.ShowAndRun()
}
```

◎図4-3：実行すると「Hello Fyne!」と表示された小さなウインドウが現れる。

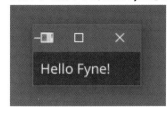

　修正したらgo runコマンドで実行してみましょう。画面に**「Hello Fyne!」**と表示された小さなウインドウが現れます。これが、Fyneを使って作られたウインドウです。ドラッグしてウインドウサイズを変更したり、タイトルバーをドラッグして移動したりと、一般的なウインドウの働きはすべて持っていることがわかるでしょう。

　クローズボックスをクリックすればプログラムは終了します。

Column　ライトモード？ ダークモード？

　本書掲載の図では、黒字に白い文字のウインドウを掲載しています。が、**「白地に黒い文字で表示された」**という人もいることでしょう。これは、テーマによる違いです。Fyneではテーマによってライトモードとダークモードのいずれかに表示を切り替えられるようになっています。

　後ほど、**「テーマについて」**のところでテーマの設定について説明しますので、今のところはデフォルトで表示されるまま利用してください。

◉ Fyne のパッケージについて

　Fyneのパッケージは、fyne.ioにまとめられています。ここでは、その中でももっとも重要な二つのパッケージをインポートしています。

fyne.io/fyne/app	アプリケーションに関するパッケージです。
fyne.io/fyne/widget	ウインドウに配置する**「ウィジェット」**と呼ばれるGUI部品のパッケージです。

　Fyneでアプリを作成する場合は、最低でもこの二つをインポートしておく必要があります。appは、アプリケーションとウインドウを作成するのに使い、widgetはそのウインドウ内に配置する部品を作成するのに使います。

GUI作成の基本手順

では、どのようにしてGUIを作成していくのか、サンプルのソースコードを見ながらその基本的な手順を見ていきましょう。

✚アプリケーションの作成

```
a := app.New()
```

最初に、appパッケージのNew関数で新しいアプリケーションを作成します。このNewは、fyne.Appという値を作成するものです。このfyne.Appは、アプリケーションの機能を定義したインターフェイスで、ここにあるメソッドを呼び出すことでアプリケーションを操作します（実際にNewで作成されるのは、fyne.Appインターフェイスを実装した構造体の値です）。

✚ウインドウの作成

```
w := a.NewWindow("Hello")
```

Appにある「**NewWindow**」メソッドを呼び出して新しいウインドウを作成します。これは、Windowというインターフェイスを返すメソッドです。このWindow内にウインドウに関する機能がまとめられています。引数にはウインドウのタイトルを指定します（これも実際に得られるのはWindowインターフェイスを実装した構造体の値です）。

✚表示コンテンツの設定

```
w.SetContent(……)
```

NewWindowで作成されたウインドウは、何も表示されていません。このウインドウに表示するコンテンツを設定するのが「**SetContent**」メソッドです。これは通常、引数にウィジェットと呼ばれる部品を指定します。これにより、そのウィジェットがウインドウに組み込まれ表示されるようになります。

✚ラベルの作成

```
widget.NewLabel("Hello Fyne!"),
```

今回は、ウインドウに表示するコンテンツに「**ラベル**」を作成しています。ラベルは、テキストを表示するGUI部品で、「**Label**」という構造体として用意されています。これはwidgetパッケージにある「**NewLabel**」関数で作成します。引数には表示するテキストを指定します。

✚ウインドウを表示し実行する

```
w.ShowAndRun()
```

ウインドウが作成できたら、これを画面に表示し、アプリケーションを実行します。そのためのメソッドが、Windowsの「**ShowAndRun**」メソッドです。これでアプリケーションが実行されます。

この他、ウインドウの表示を行なう「**Show**」、アプリケーションを実行する「**Run**」といったメソッドも用意されており、ShowAndRunは両者をまとめて実行するものといえます。

◉ アプリケーション作成の流れ

以上が、アプリケーションを作成し実行するまでの必要最小限の処理になります。整理すると、Fyneのアプリケーションは以下のように作成し実行します。

1. app の New で App を作成する。
2. NewWindow で Window を作成する。
3. Window の SetContent で表示するウィジェットを組み込む。
4. Window の ShowAndRun でウインドウを表示し実行する。

今回はNewLabelでラベル（Label）をコンテンツに設定していますが、その他にも多数のウィジェットがFyneには用意されています。

複数部品を並べる

WindowのSetContentは、表示するウィジェットを組み込むものです。が、ここで注意しておきたいのは「**SetContentで組み込めるのは一つのウィジェットだけ**」という点です。

では、複数のウィジェットをウインドウ内に配置したい場合はどうすればいいのでしょうか。これは、「**コンテナ**」を使います。コンテナは、複数のウィジェットを自身の中に組み込んで配置するウィジェットです。これ自体は何も表示しない、無色透明なウィジェットです。複数のウィジェットをレイアウトするためのウィジェットなのです。

ここでは、もっとも使い方がシンプルな「**VBox**」と「**HBox**」を使ってみましょう。これらはwidgetパッケージの以下の関数で作成をします。

✚VBox

```
widget.NewVBox( ウィジェット1, ウィジェット2, ……)
```

✚HBox

```
widget.NewHBox( ウィジェット1, ウィジェット2, ……)
```

複数のウィジェットを一列に並べて配置するものです。VBoxは縦に一列、HBoxは横一列に並べます。引数には組み込むウィジェットを順に用意します。大きさなどは調整する必要はありません。組み込まれたウィジェットに応じて自動的に調整されます。

◉ 複数Labelを並べて表示

では、実際にVBox/HBoxを使って複数のウィジェットを表示してみましょう。先ほどのサンプルコードからmain関数を以下のように書き換えてください。

◎ リスト4-2

```go
func main() {
        a := app.New()

        w := a.NewWindow("Hello")
        w.SetContent(
                widget.NewVBox(
                        widget.NewLabel("Hello Fyne!"),
                        widget.NewLabel("This is sample application!"),
                ),
        )

        w.ShowAndRun()
}
```

◎ 図4-4：実行すると二つのLabelを縦に並べて表示する。

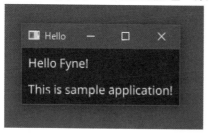

実行すると、「**Hello Fyne!**」「**This is sample application!**」という二つのテキストが縦に並んで表示されます。これは二つのLabelをVBoxで縦に並べているのです。ソースコード

を見ると、w.SetContentの引数にwidget.NewVBoxが用意されているのがわかります。そして
その引数に二つのwidget.NewLabelが記述されています。このように、ウィジェットをすべて
VBoxの引数にまとめて組み込むことで、いくつでもウインドウ内に表示できるようになります。

　基本的な使い方がわかったところで、HBoxの表示も確認してみましょう。widget.
NewVBoxの部分をwidget.NewHBoxに書き換えて実行してみてください。

●図4-5：HBoxにするとLabelを横に並べて表示する。

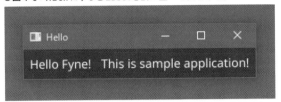

プッシュボタンを使う

　ウィジェットの組み込み方の基本がわかったところで、ラベル以外の部品も使ってみましょ
う。ラベルの次に利用するのは、ボタンです。マウスでクリックして操作する、いわゆる「プッ
シュボタン」と呼ばれるものですね。

　これは、Buttonという構造体として用意されています。これはwidgetのNewButtonという関
数で以下のように作成します。

```
変数 := widget.NewButton( テキスト , 関数 )
```

　第1引数には、ボタンに表示するテキストをstring値で用意します。第2引数には、ボタンをク
リックした際に実行する処理を関数として用意しておきます。これは引数や戻り値などない、シ
ンプルな関数です。そこに処理を記述すれば、ボタンクリック時に実行されます。

◉ ボタンクリックでカウントする

　では、簡単なサンプルを作ってみましょう。例によってmain関数を書き換えて実行してくださ
い。

●リスト4-3
```
// "strconv"をimportに追加

func main() {
```

```
        c := 0
        a := app.New()
        w := a.NewWindow("Hello")
        l := widget.NewLabel("Hello Fyne!")
        w.SetContent(
                widget.NewVBox(
                        l,
                        widget.NewButton("Click me!", func() {
                                c++
                                l.SetText("count: " + strconv.Itoa(c))
                        }),
                ),
        )

        w.ShowAndRun()
}
```

◉図4-6：ボタンをクリックすると数字をカウントしていく。

ここではラベルとボタンだけのシンプルなウインドウが表示されます。ボタンをクリックすると、「**count: 1**」というようにラベルに表示がされます。クリックするたびに「**count: 2**」「**count: 3**」……という具合に数字がカウントされていきます。

◉ Labelのテキストを操作する

ここではAppとWindowを用意したところで、表示するLabelをあらかじめ変数に代入しておきます。

```
l := widget.NewLabel("Hello Fyne!")
```

そして、VBoxにLabelとButtonを組み込みます。Buttonを作成するNewButtonでは、第2引数に以下のような関数を用意してあります。

```
func() {
        c++
        l.SetText("count: " + strconv.Itoa(c))
}
```

　　Labelの「**SetText**」というメソッドを使っていますね。これが、Labelに表示されたテキストを変更するためのものです。これはLabelに限らず、たとえばButtonでもSetTextで表示されているテキストを変更することができます。

　　では、テキストを取り出すには？　これは、「**Text**」という値を使います。たとえば、こんな具合ですね。

```
変数 = l.Text
```

　　これで、ラベル（l変数のLabel）に表示されているテキストを得ることができます。Buttonの表示テキストも同様にTextで取り出せます。SetTextとセットで覚えておきましょう。

エントリーで入力する

　　次は、入力のウィジェットを使ってみましょう。もっとも基本となる入力は、1行だけのテキストフィールドです。これは、Fyneでは「**エントリー**」と呼ばれます。このエントリーは「**Entry**」という構造体として用意されています。これはwidgetのNewEntry関数を使って作成します。

```
変数 := widget.NewEntry()
```

　　引数はありません。ただNewEntryを呼び出すだけでEntryが作成できます。
　　エントリーに入力されたテキストは、「**Text**」で取り出すことができます。またエントリーに表示されているテキストを変更するには「**SetText**」を使います。このあたりは、LabelやButtonと全く同じです。

◉ 数字を入力し演算する

　　では、簡単な利用例を見てみましょう。エントリーから数字を入力し、ボタンクリックで演算するサンプルを考えてみます。

◑ リスト4-4

```
func main() {
        a := app.New()
```

```go
    w := a.NewWindow("Hello")
    l := widget.NewLabel("Hello Fyne!")
    e := widget.NewEntry()
    e.SetText("0")
    w.SetContent(
        widget.NewVBox(
            l, e,
            widget.NewButton("Click me!", func() {
                n, _ := strconv.Atoi(e.Text)
                l.SetText("Total: " + strconv.Itoa(total(n)))
            }),
        ),
    )
    w.ShowAndRun()
}

func total(n int) int {
    t := 0
    for i := 1; i <= n; i++ {
        t += i
    }
    return t
}
```

◎図4-7：整数を入力しボタンを押すと、その数までの合計を表示する。

　整数をエントリーに入力し、ボタンをクリックすると、1からその数までの合計を計算して表示します。ごく単純なものですが、値の入力の扱い方はこれでわかるでしょう。

　ここでは、ウインドウのコンテンツ追加の前に、あらかじめラベルとエントリーを作成しておきます。

```
l := widget.NewLabel("Hello Fyne!")
e := widget.NewEntry()
e.SetText("0")
```

　エントリーは、作成後、SetTextでゼロを表示させておきました。そしてNewVBoxの引数としてNewButtonでボタンを作成し、そのクリック時の処理を設定する関数内で計算結果の表示を行なっています。

```
widget.NewButton("Click me!", func() {
    n, _ := strconv.Atoi(e.Text)
    l.SetText("Total: " + strconv.Itoa(total(n)))
}),
```

　e.Textで入力されたテキストを取り出しstrconv.Atoiで整数に変換します。そして、total関数で合計を計算したものを再度strconv.Itoaでテキストに変換し、SetTextで表示します。**「取り出したテキストを必要な型に変換して処理し、またテキストに戻して表示」**という流れがわかれば、そう難しいものではありませんね。

テーマについて

　これで、ラベル、エントリー、ボタンといったGUIのもっとも基本となる部品が使えるようになりました。本格的なGUI部品の使い方に進む前に、もう一つ**「テーマ」**について触れておきましょう。

　ここまで作成したサンプルを見ると、すべて**「黒に近いダークグレーの背景に白いテキスト」**で表示されていたことがわかるでしょう。これは、FyneのGUIが標準で**「ダークテーマ」**に設定されているためです。

　Fyneでは、GUIの表示スタイルに関する**「テーマ」**の情報がアプリケーションに用意されています。これを設定することで、テーマを変更できるのです。これは、アプリケーションの設定を行なう**「Settings」**というインターフェイス（実際にはこれを実装した構造体）を使います。このSettingsは、fyne.Appの**「Settings」**メソッドで取得します。

```
変数 := 《fyne.App》.Settings()
```

　これで取得したSettingsから**「SetTheme」**でテーマの設定を行ないます。これは以下のように呼び出します。

```
《Settings》.SetTheme(《Theme》)
```

引数には、テーマの情報を管理するThemeインターフェイス（実際はこれを実装した構造体）を指定します。これは、fyne.io/fyne/themeパッケージに用意されている関数を使って取得します。とりあえず、以下の二つの関数を覚えておけばいいでしょう。

DarkTheme	ダークテーマを返す
LightTheme	ライトテーマを返す

どちらも引数はありません。これで得られたThemeをSetThemeの引数に設定すればいいわけです。

◉ ライトテーマに変更する

では、実際にテーマを変更してみましょう。先ほどのmain関数を修正してみましょう。

◐ リスト4-5

```
// importから"strconv"を削除
// importに"fyne.io/fyne/theme"を追加

func main() {
        a := app.New()
        w := a.NewWindow("Hello")
        l := widget.NewLabel("Hello Fyne!")
        e := widget.NewEntry()
        e.SetText("0")
        w.SetContent(
                widget.NewVBox(
                        l, e,
                        widget.NewButton("Click me!", nil),
                ),
        )
        a.Settings().SetTheme(theme.LightTheme()) //☆
        w.ShowAndRun()
}
```

◎図4-8：ライトテーマで表示したところ。

　ボタンのクリック処理は省略してあります。ここではマークの文でテーマの設定を行なっています。SetThemeの引数にtheme.LightThemeを指定することでライトテーマに変更をしているのがわかるでしょう。使い方がわかったら、今度はtheme.DarkThemeに変更してダークテーマで表示されることを確認しておきましょう。

　テーマの変更は、この一文だけで行なえます。非常に簡単に設定できますからここで覚えておきましょう。

Section
4-2

主なウィジェットを利用する

チェックボックス（Check）

Fyneには、ラベル、エントリー、ボタンといったもの以外にも多くのウィジェットが用意されています。それらの基本的な使い方について説明していきましょう。まずは、「**Check**」からです。

Checkは、チェックボックスのウィジェットです。これはwidgetパッケージの「**NewCheck**」関数で作成します。

```
変数 := widget.NewCheck( ラベル , 関数 )
```

NewCheckは、引数を二つ持ちます。第1引数は、チェックボックスのラベル（チェックの横に表示されるテキスト）をstring値で指定します。第2引数は、チェック状態が変更された際に呼び出される関数を指定します。この関数は以下のような形になります。

```
func(b bool) {……処理……}
```

引数には、変更されたチェック状態を示すbool値が渡されます。この値を元に必要な処理を行なえばいいわけです。

◉ チェックボックスを利用する

では、実際のCheck利用例を挙げておきましょう。チェックボックスを表示し、ON/OFF状態を表示するサンプルを作成してみます。

◉リスト4-6

```
// importから"fyne.io/fyne/theme"を削除

func main() {
        a := app.New()
```

```
        w := a.NewWindow("Hello")
        l := widget.NewLabel("Hello Fyne!")
        c := widget.NewCheck("Check!", func(f bool) {
                if f {
                        l.SetText("CHECKED!!")
                } else {
                        l.SetText("not checked.")
                }
        })
        c.SetChecked(true)
        w.SetContent(
                widget.NewVBox(
                        l, c,
                ),
        )
        w.ShowAndRun()
}
```

⊕図4-9：チェックボックスをON/OFFするとラベルの表示が変わる。

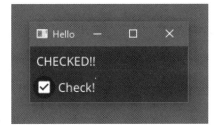

　　実行すると、チェックボックスが一つ用意されたウインドウが表示されます。このチェック
ボックスをクリックしてON/OFFすると、上のラベルにチェックの状態をメッセージで表示しま
す。
　　ここでは、以下のようにしてCheckを作成しています。

```
c := widget.NewCheck("Check!", func(f bool) {……})
```

　　第2引数の関数で、チェックON/OFF時の操作を用意しています。ここでは、チェック状態
に応じてラベルのテキストをSetTextで設定しています。

```
func(f bool) {
        if f {
```

```
                l.SetText("CHECKED!!")
        } else {
                l.SetText("not checked.")
        }
})
```

引数のfをチェックし、その値に応じてSetTextしています。チェック状態による処理は非常に単純ですね。

◉ チェック状態の変更

ここでは、Check作成後にチェック状態の変更を行なっています。この文ですね。

```
c.SetChecked(true)
```

チェック状態の変更は、「**SetChecked**」で行なえます。また現在のチェック状態を調べるには「**Checked**」の値を調べます。

✚ チェック状態を変更する

```
《Check》.SetChecked(《bool》)
```

✚ チェック状態を調べる

```
変数 :=《Check》.Checked
```

Checkedは関数ではなく、Checkに用意されている変数ですからただ値を取り出すだけです。得られる値はbool値になります。

このSetCheckedで値を変更すると、それに合わせてラベルの表示テキストも変わることがわかるでしょう。NewCheckの引数に指定された関数の処理は、Checkをクリックしたときだけでなく、チェック状態が変更された際には常に呼び出されるようになります。ですから、SetCheckedで変更した場合もこの処理が実行され表示が更新されるのです。

ラジオボタン（Radio）

続いて、ラジオボタンです。ラジオボタンは、複数の項目からクリックした項目一つだけが選択されるというGUIですね。これは「**Radio**」というウィジェットとして用意されています。これは「**NewRadio**」関数で作成できます。

```
変数 := widget.NewRadio(《[]string》, 関数 )
```

Radioで注意しておきたいのは、これは**「一つ一つのラジオボタン」**のウィジェットではない、という点です。Radioは、表示される複数のラジオボタンをまとめて扱うウィジェットです。第1引数には、ラジオボタンに表示するラベルをstring配列にまとめたものを用意します。この値を元に、一つ一つの値をラジオボタンのラベルに設定して複数個のラジオボタンを並べて表示します。

第2引数は、ラジオボタンの状態が変更された際に呼び出される処理を用意します。これは以下のように定義します。

```
func(s string) {……処理……}
```

引数には、選択された項目のラベルがstring値で渡されます。これを元に、選択されたラジオボタンの処理を作成します。

◉ ラジオボタンを利用する

では、実際にラジオボタンの利用例を挙げておきましょう。複数個のラジオボタンを表示し、選択した項目を表示するサンプルを作成してみます。

○リスト4-7

```go
func main() {
        a := app.New()
        w := a.NewWindow("Hello")
        l := widget.NewLabel("Hello Fyne!")
        r := widget.NewRadio(
                []string{"One", "Two", "Three"},
                func(s string) {
                        if s == "" {
                                l.SetText("not selected.")
                        } else {
                                l.SetText("selected: " + s)
                        }
                })
        r.SetSelected("One")
        w.SetContent(
                widget.NewVBox(
                        l, r,
                ),
        )
```

```
        w.ShowAndRun()
}
```

1
2
3
5
6

◎図4-10：ラジオボタンをクリックして選択するとその項目名がラベルに表示される。

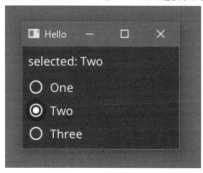

　実行すると、「**One**」「**Two**」「**Three**」という3項目のラジオボタンが表示されます。これらをクリックして選択すると、上のラベルに「**selected: ○○**」と選択した項目が表示されます。

　ここではNewRadioを以下のように作成していますね。

```
r := widget.NewRadio(
        []string{"One", "Two", "Three"},
        func(s string) {
                ……略……
        })
```

　第1引数にstring配列を用意し、第2引数に選択状態変更時の処理を用意してあります。この関数では、以下のように処理を用意しています。

```
func(s string) {
        if s == "" {
                l.SetText("not selected.")
        } else {
                l.SetText("selected: " + s)
        }
}
```

　引数のstring値が空の文字列かどうかをチェックし、そうでないならばSetTextで選択されたテキストを表示しています。

　では、「**空の文字列**」が渡されるというのはどういう場合でしょうか？ 実際に試してみる

とわかりますが、Radioによるラジオボタンでは、選択状態になっている項目を再度クリックすると選択がOFFになり、どれも選択されない状態になります。このように**「どれも選択されていない」**場合、引数には空の文字列が引数に渡されるのです。このif s == "" という条件分岐は、**「何も選択されていない場合」**をチェックしていたというわけです。

◉ 選択状態の設定

Radioの作成後、ここではr.SetSelected("One")として選択状態を変更しています。Radioの選択状態は、以下のように利用できます。

➕選択された項目を変更する

```
《Radio》.SetSelected(《string》)
```

➕選択された項目を調べる

```
変数 :=《Radio》.Selected
```

基本的な使い方はCheckのSetChecked/Checkedとだいたい同じですね。ただ、選択状態の値がstring値である、という点が違うだけです。

スライダー（Slider）

数字をアナログ的に入力するのに用いられるのが**「スライダー」**です。バーの部分にあるノブを左右にスライドすることで**「だいたいこのぐらい」**という感覚で値を入力することができます。

このスライダーは**「Slider」**という構造体として用意されています。これは、**「NewSlider」**関数を使って作成します。

```
変数 := widget.NewSlider( 最小値 , 最大値 )
```

引数には、二つのfloat64値を指定します。これで、スライダーの最小値と最大値が指定されます。NewSliderには、スライダーの操作に関する処理などは引数に用意されていません。

設定されている値は、**「Value」**で得ることができます。ただし値の設定に関するメソッドなどは現時点では用意されていないようです。

◉ スライダーを利用する

では、実際にスライダーを利用する例を挙げておきましょう。スライダーで操作をし、ボタンをクリックして現在の値を表示する、というものです。

⊕ リスト4-8

```
// importに"strconv"を追加

func main() {
        a := app.New()
        w := a.NewWindow("Hello")
        l := widget.NewLabel("Hello Fyne!")
        s := widget.NewSlider(0.0, 100.)
        b := widget.NewButton("Check", func() {
                l.SetText("value: " + strconv.Itoa(int(s.Value)))
        })
        w.SetContent(
                widget.NewVBox(
                        l, s, b,
                ),
        )
        w.ShowAndRun()
}
```

⊕ 図4-11：スライダーを操作し、ボタンをクリックすると現在の値が表示される。

ここでは、スライダーを作成してウインドウのコンテンツに組み込んでいます。またボタンのクリック処理部分でスライダーの現在の値を取り出し表示する処理を行なっています。スライダーは、基本的に操作した際のイベント処理が標準で用意されていないので、このように外部から値を取り出して利用する、といった使い方をします。

選択リスト（Select）

複数の項目から一つを選ぶGUIは、ラジオボタンだけでなく他にもあります。それが**「選択リスト」**です。これは、**「Select」**というウィジェットとして用意されています。このSelectは、以下の**「NewSelect」**関数で作成をします。

```
変数 := widget.NewSelect(《string配列》, 関数 )
```

引数は二つあります。一つ目は、リストに表示する項目をstring配列としてまとめたものです。二つ目は、選択状態が変更された際の処理を行なう関数で、これは以下のように定義します。

```
func(s string) {……処理……}
```

引数には、選択された項目のテキストが渡されるので、これを元に必要な処理を行なえばいいでしょう。

◉ 選択リストを利用する

では、実際にSelectを使った例を挙げておきましょう。以下のようにmain関数を修正してください。

● リスト4-9

```
// importから"strconv"を削除

func main() {
    a := app.New()
    w := a.NewWindow("Hello")
    l := widget.NewLabel("Hello Fyne!")
    sl := widget.NewSelect([]string{
        "Eins", "Twei", "Drei",
    }, func(s string) {
        l.SetText("selected: " + s)
    })
    w.SetContent(
        widget.NewVBox(
            l, sl,
        ),
    )
    w.ShowAndRun()
```

```
}
```

◎図4-12：Selectの項目をクリックすると、リストがポップアップして現れる。ここで項目を選ぶとそれが選択される。

　ウインドウに組み込まれたSelectには、最初に「**(Select one)**」と表示されているでしょう。これが、どれも選択されていない状態の初期状態です。これをクリックすると、ウインドウ内にリストがポップアップして現れます（うまく全項目が表示されない場合はウインドウサイズを大きくしましょう）。ここから項目をクリックして選ぶと、その項目がラベルに表示されます。

　ここでは、以下のようにSelectを作成しています。

```
sl := widget.NewSelect([]string{
        "Eins", "Twei", "Drei",
}, func(s string) {……})
```

　　　string配列と関数を引数に用意するだけですね。関数は、以下のような形で選択した項目をラベルに表示しています。

```
func(s string) {
        l.SetText("selected: " + s)
}
```

　　　既に同じような形でウィジェットの組み込みを行ってきましたから、改めて説明することもないでしょう。NewSelectの引数や関数の処理など、ラジオボタン（Radio）とほぼ同じと考えていいでしょう。

⦿ 選択状態の操作

ここでは使っていませんが、Selectには選択状態に関するメソッドと変数として以下のものが用意されています。

✚選択された項目を変更する

《Select》.SetSelected(《string》)

✚選択された項目を調べる

変数 :=《Select》.Selected

ラジオボタンのRadioとこのあたりも全く同じです。Selectedで得られる値はstringになります。

プログレスバー（ProgressBar）

GUIの中には、「**ユーザーが操作できない部品**」というのもあります。その代表が、プログレスバーでしょう。時間がかかる処理の進行具合をバーの長さで表すものですね。

これは「**ProgressBar**」というウィジェットとして用意されています。これは以下のようにして値を作成します。

変数:= widget.NewProgressBar()

引数はありません。ただ関数を呼び出すだけで作成できます。作成されたProgressBarは、0〜1の範囲でバーを表示します。バーの長さは「**SetValue**」で設定します。

《PrograssBar》.SetValue(《float64》)

ゼロに設定すると、バーの長さゼロで「**0%**」と表示されます。1に設定すると左端から右端までバーが伸び「**100%**」と表示されます。その間で設定すると、値に応じてバーの長さとパーセンテージが表示されます。

では、プログレスバーに現在設定されている値を調べるには？ これは、実はありません。ですから、プログレスバーの値を保管する変数などを用意しておき、これを元に表示を更新すればいいでしょう。

⊙ プログレスバーを使う

では、プログレスバーの利用例を挙げておきましょう。今回はボタンクリックでバーの長さを変えていくサンプルを作成しておきます。

⊕ リスト4-10

```go
func main() {
        v := 0.
        a := app.New()
        w := a.NewWindow("Hello")
        l := widget.NewLabel("Hello Fyne!")
        p := widget.NewProgressBar()
        b := widget.NewButton("Up!", func() {
                v += 0.1
                if v > 1.0 {
                        v = 0.
                }
                p.SetValue(v)
        })
        w.SetContent(
                widget.NewVBox(
                        l, p, b,
                ),
        )
        w.ShowAndRun()
}
```

⊕図4-13：ボタンをクリックすると10%ずつバーが伸びていく。

ウインドウにはプログレスバーとボタンが表示されます。ボタンをクリックすると、10%ずつバーが伸びていきます。100%になったら再び0%に戻り、また10%ずつ増えていきます。

ここでは、ボタンのクリック処理を行なう関数に以下のようなものを用意しています。

```
func() {
        v += 0.1
        if v > 1.0 {
                v = 0.
        }
        p.SetValue(v)
}
```

変数vが、プログレスバーに表示する値を保持するためのものです。値を調整し、SetValue
でプログレスバーに表示をします。プログレスバーは、SetValue以外はほとんど使うことのない
ものですから、使い方に困ることはないでしょう。

Section 4-3 ウインドウ表示を考える

フォーム（Form）

　基本的な GUI のウィジェットについては、一通り使い方を説明しました。が、**「GUIが表示できれば画面表示は完璧」**というわけではありません。作成する GUI をうまく配置して使いやすくレイアウトする必要があります。ウィジェットの次は、こうした**「表示を整える」**ための機能について説明していきましょう。

　まずは**「フォーム」**についてです。

　フォームは、Web の世界ではおなじみのものですね。入力フィールドやチェックボックス、ラジオボタンといった入力のための GUI をひとまとめにして入力情報を送信し処理するものです。

　Fyne におけるフォームは、それ自体が何かの GUI というわけではありません。さまざまな GUI の部品をきれいにレイアウトして整理するのに使われるものです。

　このフォームの GUI を簡単に作成するために用意されているのが**「フォーム（Form）」**という構造体です。これは、以下のように作成します。

```
変数 := widget.NewForm(《FormItem》,《FormItem》, ……)
```

　引数には、**「FormItem」**という構造体の値を必要なだけ用意します。この FormItem というものが、フォームに表示する一つ一つの入力項目となります。これ自体は入力用のウィジェットというわけではなくて、ウィジェットをフォーム用にまとめるためのものです。この FormItem に必要なウィジェットを組み込んで値を作成します。

```
変数 := widget.NewFormItem( ラベル , ウィジェット )
```

　第1引数には、項目に設定するラベルを string 値で指定します。第2引数に、その項目に表示するウィジェットを指定します。こうして作成した FormItem を必要なだけ NewForm の引数に並べてフォームを作るのです。

◉ フォームを利用する

では、実際にフォームを利用したサンプルを見てみましょう。ここでは二つのエントリーをフォームにまとめたものを用意し、ボタンクリックで処理を実行します。

◉リスト4-11

```go
func main() {
        a := app.New()
        w := a.NewWindow("Hello")
        l := widget.NewLabel("Hello Fyne!")
        ne := widget.NewEntry()
        pe := widget.NewPasswordEntry()
        w.SetContent(
                widget.NewVBox(
                        l,
                        widget.NewForm(
                                widget.NewFormItem("Name", ne),
                                widget.NewFormItem("Pass", pe),
                        ),
                        widget.NewButton("OK", func() {
                                l.SetText(ne.Text + " & " + pe.Text)
                        }),
                ),
        )
        w.ShowAndRun()
}
```

◉図4-14：NameとPassに値を入力しボタンを押すと、その内容がラベルに表示される。

ウインドウには、ラベルの下に「**Name**」「**Pass**」という二つの入力フィールドが、その下に
ボタンが表示されます。フィールドにテキストを入力しボタンをクリックすると、入力内容がラベ
ルに表示されます。

◉ PasswordEntry について

ここでは、まずラベルと二つのエントリーを作成し変数に代入しています。エントリーの作成
は以下のように行なっています。

```
ne := widget.NewEntry()
pe := widget.NewPasswordEntry()
```

NewEntry は、Entry を作成するものですが、その後の「**NewPasswordEntry**」というの
は、「**PasswordEntry**」というウィジェットを作成するものです。これは、パスワード入力用
にカスタマイズされた Entry と考えていいでしょう。テキストを入力すると、入力した文字はすべ
てアスタリスク(*)で表示されます。それ以外の点は、基本的に Entry と同じです。

◉ Form と FormItem の組み込み

そして VBox 内でフォーム(Form)を作成しているのか以下の部分です。内部に二つの
FormItem を用意しています。

```
widget.NewForm(
        widget.NewFormItem("Name", ne),
        widget.NewFormItem("Pass", pe),
),
```

NewForm の引数に、NewFormItem が二つ書かれていますね。これらの引数には、ラベル
として表示するテキストと、あらかじめ用意しておいた Entry, PasswordEntry をそれぞれ指定
します。これで、各ラベルに指定のエントリーが表示されたフォームが完成です。

その下のボタン(Button)は、フォームの一部として組み込んではいません。Fyne における
フォームは、あくまで「**デザイン**」のためのものです。Web などでは、フォームにまとめた GUI
の値をサーバーに送信するという役割がありますが、Fyne では、フォームに組み込んだウィ
ジェットは他のウィジェットと全く同様に使えますから、デザイン的なもの以外にフォームにまと
める必要性はあまり考えることはないでしょう。

グループ（Group）

GUIを何らかの形でひとまとめにして表示したい場合に用いられるのが**「グループ」**です。たとえば、関連するいくつかのチェックボックスを**「これはひとまとめにして設定するものですよ」**ということがわかるように表示したいことはあるでしょう。このようなときに使われるのがグループです。

これは**「Group」**という構造体として用意されています。これはNewGroupという関数で作成をします。

```
変数 := widget.NewGroup( ラベル , ウィジェット1, ウィジェット2, ……)
```

第1引数には、グループに表示するラベルをstring値で指定します。それ以降、グループに組み込むウィジェットを必要なだけ追加していきます。グループは、追加したウィジェットを縦に整列して表示をします。

◉ グループを利用する

ではグループの利用例を挙げておきましょう。二つのチェックボックスをグループでまとめて表示させます。

⊕ リスト4-12

```
func main() {
    a  := app.New()
    w  := a.NewWindow("Hello")
    l := widget.NewLabel("Hello Fyne!")
    ck1 := widget.NewCheck("check 1", nil)
    ck2 := widget.NewCheck("check 2", nil)
    w.SetContent(
        widget.NewVBox(
            l,
            widget.NewGroup("Group",
                ck1, ck2,
            ),
            widget.NewButton("OK", func() {
                re := "result: "
                if ck1.Checked {
                    re += "Check-1 "
                }
                if ck2.Checked {
```

```
                                re += "Check-2"
                        }
                        l.SetText(re)
                }),
        ),
    )
    w.ShowAndRun()
}
```

○図4-15：チェックボックスをON/OFFし、ボタンをクリックすると結果が表示される。

　ここでは、ウインドウ内に「**Group**」とラベルがつけられたグループが表示されます。その中に二つのチェックボックスが組み込まれています。チェックをON/OFFしてボタンをクリックすると、ONになっているチェック名がラベルに表示されます。グループの作成は以下のように行なっていますね。

```
widget.NewGroup("Group",
    ck1, ck2,
),
```

　グループ名のあとに、組み込むウィジェットを並べるだけです。非常にシンプルでわかりやすいですね。グループは、このように「**ラベルを付けていくつかのウィジェットをひとまとめにする**」というだけのシンプルなコンテナなので、特に機能のようなものはありません。

タブコンテナ（TabContainer）

　　多数の表示項目がある場合、それらを用途などに応じて整理し、切り替え表示できるようにすることがあります。いわゆる**「タブパネル」**と呼ばれるものですね。タブをクリックすることで、表示を切り替えるもので、PCではおなじみのGUIです。

　　これは**「タブコンテナ (TabCantainer)」**と呼ばれるウィジェットとして用意されています。これは以下のように作成します。

```
変数 := widget.NewTabContainer(《TabItem》,《TabItem》, ……)
```

　　タブコンテナには、**「タブアイテム (TabItem)」**という値を引数に用意します。これは、各タブの表示を管理するものです。これは以下のように作成します。

```
変数 := widget.NewTabItem( ラベル , ウィジェット )
```

　　第1引数にタブのラベルを指定します。これは、タブ部分に表示される名前となるものです。第2引数に、そのタブで表示されるコンテンツとなるウィジェットを用意します。コンテンツは一つしか用意できないので、複数のウィジェットを組み合わせる場合はVBoxなどを使うとよいでしょう。

◉ タブコンテナを利用する

　　では、タブコンテナの利用例を挙げておきましょう。ここでは二つのタブを表示するサンプルを作成します。

◎リスト4-13

```go
func main() {
    a := app.New()
    w := a.NewWindow("Hello")
    w.SetContent(
        widget.NewVBox(
            widget.NewTabContainer(
                widget.NewTabItem("First",
                    widget.NewLabel("This is First tab item."),
                ),
                widget.NewTabItem("Second",
                    widget.NewLabel("This is Second tab item."),
                ),
            ),
```

```
            ),
        )
        w.ShowAndRun()
}
```

⊕図4-16：「First」「Second」の二つのタブで切り替え表示する。

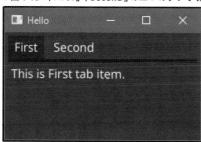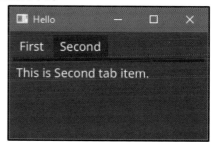

　　ここでは「**First**」「**Second**」という二つのタブを用意しました。これらをクリックすると、その下の表示が切り替わります。

　　このタブコンテナは、単に「**タブで表示を切り替える**」というだけのものであり、細かくタブを制御するような機能は用意されていません。組み込み方さえわかれば誰でも利用できるようになるでしょう。

コンテナとレイアウト

　　ここで利用したフォームやグループ、タブコンテナといったものは、複数のウィジェットを自身の中に組み込んで表示するものです。このように、自身の中に他の要素を組み込んで利用するウィジェットを「**コンテナ**」と呼ばれます。VBoxもコンテナですね。

　　こうしたコンテナは、それぞれ「**どのように内部のウィジェットを配置するか**」が決まっています。VBoxやHBoxは、ウィジェットを縦横一列に並べて表示しますし、フォームは組み込んだフォームアイテムを縦に並べて表示しました。

　　こうしたコンテナの他に、「**どのようにレイアウトするか**」という情報と、実際に組み込むウィジェットを切り離して設定するコンテナというものも存在します。fyne.io/fyne/layoutというパッケージにある「**ContainerWithLayout**」という構造体で、以下のように作成します。

```
変数 := fyne.NewContainerWithLayout(《Layout》, ウィジェット, ……)
```

　　第1引数には、レイアウトの設定を行なうLayoutインターフェイスの値を指定します。Fyneには、このLayoutインターフェイスを実装したレイアウトのための構造体が複数用意されており、

それらの値を用意します。

そして第2引数には、コンテナに組み込むウィジェットを必要なだけ用意します。第1引数に指定するLayoutの種類によって用意するウィジェット数などは決まります。

こうして作成されたContainerWithLayoutは、そのままウィジェットとしてWindowのSetContentやその他のコンテナ内に組み込んで利用することができます。

ボーダーレイアウト（BorderLayout）

では、ContainerWithLayoutで使えるLayoutにはどのようなものがあるのでしょうか。ここで主なものについて使い方を説明していきましょう。

最初に登場するのは「ボーダーレイアウト（**BorderLayout**）」です。これは、コンテナの上下左右にウィジェットを配置するLayoutです。これは、以下のように作成をします。

```
変数 := fyne.NewBorderLayout( 上 , 下 , 左 , 右 )
```

引数には、コンテナの上下左右に配置するウィジェットを四つ指定します。NewContainerWithLayoutの引数には、このBorderLayoutと組み込んでいる四つのウィジェットを最低限用意します。更にウィジェットを追加すると、それはBorderLayoutの中央に表示されます。

◉ BorderLayoutを利用する

では、実際にBorderLayoutでレイアウトを行なってみましょう。これはfyne.io/fyne/layoutパッケージに用意されているので、importでこのパッケージをインポートしておくのを忘れないでください。

◉リスト4-14

```
// importに"fyne.io/fyne"と"fyne.io/fyne/layout"を追加

func main() {
    a := app.New()
    w := a.NewWindow("Hello")
    bt := widget.NewButton("Top", nil)
    bb := widget.NewButton("Bottom", nil)
    bl := widget.NewButton("Left", nil)
    br := widget.NewButton("Right", nil)
    w.SetContent(
            fyne.NewContainerWithLayout(
```

```
                    layout.NewBorderLayout(
                            bt, bb, bl, br,
                    ),
                    bt, bb, bl, br,
                    widget.NewLabel("Center."),
            ),
    )
    w.ShowAndRun()
}
```

◎図4-17：ウインドウ内の上下左右にボタンが表示される。中央にはラベルのテキストがある。

　これを実行すると、ウインドウの上下左右に「**Top**」「**Bottom**」「**Left**」「**Right**」とボタンが表示されます。中央にはラベルによるテキストが表示されています。

　ここでは、以下のような形でContainerWithLayoutを作成しています。

```
fyne.NewContainerWithLayout(
    layout.NewBorderLayout(
            bt, bb, bl, br,
    ),
    bt, bb, bl, br,
    widget.NewLabel("Center."),
),
```

　第1引数には、NewBorderLayoutでBorderLayoutを作成しています。引数には、bt, bb, bl, br,とあらかじめ用意しておいたButtonを上下左右それぞれに割り当てています。そして第2引数以降には、bt, bb, bl, br,の四つのButtonと、中央に表示するラベルをNewLabelで用意しています。このNewContainerWithLayoutの第2引数以降のウィジェット類は、どういう順番で並

べておいても構いません。ウィジェットの配置はBorderLayoutによって行なわれるので、必要なものが引数として用意さえしてあればいいのです。

グリッドレイアウト（GridLayout）

縦または横に並べる数を指定し、折り返しながらウィジェットを並べていくのがグリッドレイアウトです。たとえば「**3列**」と指定をしたら、最初の三つが横一列に並び、次の4〜6個目がその下に、7〜9個目が更にその下に……という具合に、決まった数ごとに折り返して並べていきます。

これは、並べる方向によっていくつかのレイアウトが用意されています。

✚列数を指定して並べる

```
変数 := fyne.NewGridLayout( 列数 )
変数 := fyne.NewGridLayoutWithColumns( 列数 )
```

✚行数を指定して並べる

```
変数 := fyne.NewGridLayoutWithRows( 行数 )
```

NewGridLayoutが基本のGridLayoutといっていいでしょう。そしてNewGridLayoutWithColumnsとNewGridLayoutWithRowsは、それぞれ列数と行数を指定して横方向または縦方向に整列させていくレイアウトになります。NewGridLayout自体がNewGridLayoutWithColumnsと実際の表示は同じになるので、実質二つと考えてもいいでしょう。

◉ GridLayoutを利用する

では、実際にGridlayoutを使ってみましょう。ここでは10個のButtonを作成して、これをGridLayoutで並べてみます。

◉リスト4-15

```
func main() {
    a := app.New()
    w := a.NewWindow("Hello")
    w.SetContent(
        fyne.NewContainerWithLayout(
            layout.NewGridLayout(3),
            widget.NewButton("One", nil),
            widget.NewButton("Two", nil),
```

```
                    widget.NewButton("Three", nil),
                    widget.NewButton("Four", nil),
                    layout.NewSpacer(),
                    widget.NewButton("Five", nil),
                    widget.NewButton("Six", nil),
                    layout.NewSpacer(),
                    widget.NewButton("Seven", nil),
                    widget.NewButton("Eight", nil),
                    widget.NewButton("Nine", nil),
                    widget.NewButton("Ten", nil),
            ),
    )
    w.ShowAndRun()
}
```

◉図4-18：10個のButtonと二つのSpacerを横3個ずつ並べたもの。

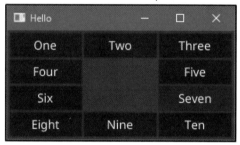

　ここでは、10個のButtonを3列にして並べました。最初の「**One**」「**Two**」「**Three**」が一番上に横一列に並ぶと、その下に「**Four**」「**スペース**」「**Five**」の三つが並び……という具合に、3個ずつ横一列に並んだものが縦に順番に配置されているのがわかるでしょう。

◉ Spacer について

　ここでは、Buttonが配置されていない区画が二つあります。この何もない区画は「**スペーサー（Spacer）**」というもので作成しています。Spacerは、その名の通りスペースをとるための何も表示しないウィジェットです。これは以下のように作成します。

```
変数 := layout.NewSpacer()
```

　引数などはありません。作成したものをそのまま配置すれば、そこは何も表示されなくなります。GridLayoutで配置を調整するのに用いられます。

◉ NewGridLayoutWithRows を使ってみる

ここでは横方向にButtonを並べましたが、GridLayoutを変更すれば縦に並べることもできるようになります。NewContainerWithLayoutの第1引数を以下のように修正してみましょう。

```
layout.NewGridLayout(3),
```

```
layout.NewGridLayoutWithRows(3),
```

こうすると、縦方向に並ぶようになります。WithColumnsとWithRowsの違いがよくわかりますね。

◉図4-19：GridLayoutWithRows にLayoutを変更するとこうなる。

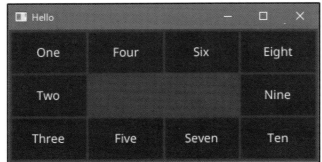

NewFixedGridLayout について

この他にもう一つ、GridLayoutはあります。それは「**FixedGridLayout**」というもので、以下のように作成をします。

```
変数 := layout.NewFixedGridLayout(《Size》)
```

引数には、fyneパッケージの「**Size**」という値を使います。これは大きさを示す値としてFyneに用意されている構造体で、以下のように作成します。

```
変数 := fyne.NewSize( 横幅 , 高さ )
```

このFixedGridLayoutは、配置したウィジェットの縦横サイズを一律に設定し、ウインドウ

のサイズに応じて表示されるようにしたものです。これは、実際に試してみるとよくわかるでしょう。NewContainerWithLayoutの第1引数を以下のように書き換えてみてください。

```
layout.NewFixedGridLayout(fyne.NewSize(100, 100)),
```

●図4-20：100×100の大きさでウィジェットを配置する。ウインドウサイズが変わると1列に並ぶウィジェット数も増減する。

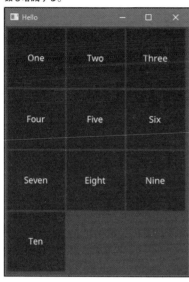
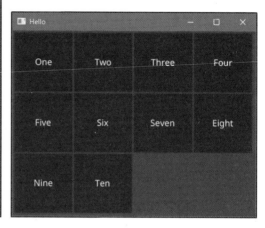

また、スペース調整用にlayout.NewSpacer()を二つ記述していましたが、ウィジェットの並びをわかりやすくするため、これらもカットしておきましょう。

実行すると、おそらくウインドウ内に正方形のウィジェットが縦にズラッと並んだ状態で表示されるはずです。このウインドウの横幅を広げていくと、横に2個ずつ、更に3個ずつ……という具合にウインドウの横幅に応じて並べられるウィジェットの数が変化していきます。多数の部品をフレキシブルに並べたい場合に役立つレイアウトでしょう。

スクロールコンテナ（ScrollContainer）

ウィジェット類が増えてくると、すべてをウインドウ内に表示しきれなくなってきます。このようなときは、ウィジェットを並べておいてスクロール表示できるようにしておくと便利です。そのためのコンテナが「**スクロールコンテナ（ScrollContainer）**」です。

スクロールコンテナは、内部に組み込んでいるウィジェットがコンテナの領域に表示しきれない場合、自動的にスクロールバーを表示し、マウスドラッグでスクロールできるようにしてくれ

ます。これは以下のように作成します。

```
変数 := widget.NewScrollContainer( ウィジェット )
```

引数には表示するウィジェットを指定します。これは一つしか組み込めないので、コンテナを利用して多数のものを並べて組み込むようにします。

◉ スクロールコンテナを利用する

では、実際の利用例を挙げておきましょう。ここではButtonを縦に並べてみます。main関数を以下のように修正してください。

○リスト4-16

```
// importから"fyne.io/fyne"と"fyne.io/fyne/layout"を削除

func main() {
        a := app.New()
        w := a.NewWindow("Hello")
        w.SetContent(
                widget.NewScrollContainer(
                        widget.NewVBox(
                                widget.NewButton("One", nil),
                                widget.NewButton("Two", nil),
                                widget.NewButton("Three", nil),
                                widget.NewButton("Four", nil),
                                widget.NewButton("Five", nil),
                                widget.NewButton("Six", nil),
                                widget.NewButton("Seven", nil),
                                widget.NewButton("Eight", nil),
                                widget.NewButton("Nine", nil),
                                widget.NewButton("Ten", nil),
                        ),
                ),
        )
        w.ShowAndRun()
}
```

◎図4-21：右端のスクロールバー部分を上下にドラッグすると表示がスクロールする。

ここでは10個のButtonをVBoxで縦に並べています。ウインドウが全Buttonを表示しきれないと右端にスクロールバーが現れ、これを上下に動かして表示をスクロールします。

◉ テーマとウインドウサイズを調整する

ダークテーマ表示されている場合、そのままではスクロールバーが見えづらいので、ライトテーマにして表示しましょう。また、最初からウインドウの大きさを適当なものに調整しておくようにしましょう。main関数を以下のように修正してください。

◎リスト4-17

```
// importに"fyne.io/fyne"と"fyne.io/fyne/theme"を追加

func main() {
        a := app.New()
        w := a.NewWindow("Hello")
        w.SetContent(
                ……略……
        )
        a.Settings().SetTheme(theme.LightTheme()) //☆
        w.Resize(fyne.NewSize(200, 200)) //☆
        w.ShowAndRun()
}
```

◎図4-22：テーマとウインドウサイズを調整したところ。

これで、実行時にウインドウの表示エリアが200×200ドットで表示されるようになります。またライトテーマにしたことでスクロールバーなどもだいぶ見やすくなったでしょう。

ここでは、ウインドウの大きさを以下のように設定しています。

```
w.Resize(fyne.NewSize(200, 200))
```

Resizeがサイズを設定するメソッドです。引数には、Size構造体を指定します。これは、先ほどNewFixedGridLayoutで使いましたが、縦横の大きさを示すのに使うものです。ここではNewSize(200, 200)として縦横200ドットの大きさにしてあります。

これでだいぶウインドウ内のウィジェット類のレイアウトを作れるようになりました。特にLayoutを使ったレイアウトは、慣れないとどうウィジェットが並べられるのかイメージしにくいかもしれません。実際にLayoutを使ってさまざまなウィジェットを並べて、同表示されるか試してみてください。

より本格的なアプリを目指して

Section
4-4

ツールバーについて

　ウィジェットとレイアウトについて一通り理解し、基本的なGUIは作れるようになりました。ここでは、更に**「本格的なアプリケーションで必要となる機能」**について考えていくことにしましょう。

　まずは、**「ツールバー」**についてです。

◉ ツールバー（Toolbar）

　ツールバーは、ウインドウの上部や下部に表示される、アイコンが並んだバーのことです。これは、いくつかの部品を組み合わせて作成していきます。ツールバー自体は、**「Toolbar」**という構造体として用意されています。これは以下のように作成します。

```
変数 := widget.NewToolbar(《ToolbarItem》,《ToolbarItem》, ……)
```

　引数には、ツールバーに表示する項目のデータを必要なだけ用意します。ここで指定した項目が、ツールバーの左端から順に表示されます。

◉ ツールバー項目（ToolbarItem）

　これは**「ToolbarItem」**というインターフェイスとして用意されています。このToolbarItemを実装した構造体はいくつか用意されており、基本は**「ToolbarAction」**というものになります。

```
変数 := widget.NewToolbarAction(《Resource》, 関数 )
```

　第1引数には、ツールバーに表示するアイコンのリソースを設定します。第2引数には、この項目をクリックしたときの処理を関数で用意します。この関数は、引数や戻り値を持たない、シンプルな形のものになります。

◉ リソース (Resource)

　　　　NewToolbarActionの第1引数には、アイコンのリソースを指定します。これは、fyneパッケージの「**Resource**」というインターフェイスを実装した構造体を使います。これは、自分でファイルを読み込んで作ることもできますが、Fyneには既に主なアイコン類が用意されているので、それを利用するのがよいでしょう。

　　　　このアイコンリソースは、themeパッケージに用意されている関数で取り出せます。

◉ ツールバーを実装する

　　　　では、実際にアプリケーションのウィンドウにツールバーを実装してみましょう。main関数を書き換えてください。

● リスト4-18

```go
// importに"fyne.io/fyne/layout" を追加

func main() {
        a := app.New()
        w := a.NewWindow("Hello")
        l := widget.NewLabel("This is Sample widget.")
        tb := widget.NewToolbar(
                widget.NewToolbarAction(theme.HomeIcon(), func() {
                        l.SetText("Select Home Icon!")
                }),
                widget.NewToolbarAction(theme.InfoIcon(), func() {
                        l.SetText("Select Infomation Icon!")
                }),
        )
        w.SetContent(
                fyne.NewContainerWithLayout(
                        layout.NewBorderLayout(
                                nil, tb, nil, nil,
                        ),
                        l,
                        tb,
                ),
        )
        w.Resize(fyne.NewSize(300, 200))
        w.ShowAndRun()
}
```

●図4-23：ウインドウ下部にツールバーが表示される。アイコンをクリックするとラベルにメッセージが表示される。

ここではウインドウの下部に二つのアイコンを持ったツールバーが表示されます。これらのアイコンをクリックすると、メッセージがラベルに表示されます。

◉ ツールバーの作成と組み込み

ここでは、あらかじめToolbarを作成して変数に代入しておき、これをウインドウ内にレイアウトして組み込んでいます。Toolbarの作成部分は以下のようになっています。

```
tb := widget.NewToolbar(
        widget.NewToolbarAction(theme.HomeIcon(), func() {……略……}),
        widget.NewToolbarAction(theme.InfoIcon(), func() {……略……}),
)
```

widget.NewToolbarの引数内にwidget.NewToolbarActionが二つ用意されていますね。これらの第1引数には、theme.HomeIcon()とtheme.InfoIcon()というものが指定されています。これらはそれぞれホームのアイコンとインフォメーションのアイコンリソースを返します。こうしたアイコンリソースを返すメソッドを使うことで、ToolbarItemが作成できます。

作成されたToolbarは、ウインドウの下部に組み込みます。ツールバーも、ウインドウ内に配置する一般のウィジェットと全く同じものとして扱われます。ウインドウの下部に表示させるため、BorderLayoutを利用しています。

```
fyne.NewContainerWithLayout(
        layout.NewBorderLayout(
                nil, tb, nil, nil,
        ),
        l,
        tb,
),
```

ここではNewBorderLayoutの第2引数（下に配置するウィジェット）にToolbarが代入されている変数tbを指定しています。それ以外はすべてnilです。こうすることで、ウインドウの下部にツールバーが配置されます。ツールバーの配置は、このようにBorderLayoutを使うのが基本と考えておきましょう。

メニューの作成

ツールバーがウインドウ下部に表示されるものなら、ウインドウの上部に表示されるのが「**メニューバー**」でしょう。

このメニューバーも、ツールバーと同様、いくもの構造体を組み合わせて作成します。基本的な作り方をここで整理しておきましょう。

◉ メインメニュー（MainMenu）

メニューバーは、「**メインメニュー（MainMenu)**」という構造体として用意します。これはfyneパッケージにある「**NewMainMenu**」という関数を使って以下のように作成します。

```
変数 := fyne.NewMainMenu(《Menu》,《Menu》, ……)
```

引数には、メニューバーに表示する各メニューのデータを必要なだけ用意します。これは、「**Menu**」という構造体を使います。この引数のMenuが、そのままメニューバーの左から順に表示されます。

◉ メニュー（Menu）

メニューを管理する「**Menu**」構造体は、fyneパッケージに用意されており、「**NewMenu**」という関数を使って作成します。

```
変数 := fyne.NewMenu( ラベル ,《MenuItem》,《MenuItem》, ……)
```

第1引数には、メニューのラベル（メニューバーに表示されるテキスト）として表示するstring値を指定します。第2引数以降に、このメニューに追加するメニュー項目のデータを用意していきます。これは、「**MenuItem**」という構造体を使います。

◉ メニュー項目（MenuItem）

メニューの項目を扱う「**MenuItem**」は、fyneパッケージにある「**NewMenuItem**」とい

う関数を使って作成します。

```
変数 := fyne.NewMenuItem( ラベル , 関数 )
```

第1引数には、メニュー項目として表示するテキストをstring値で指定します。第2引数には、そのメニューを選んだときの処理を関数にして用意します。この関数は、引数戻り値のないシンプルな形で定義します。

◉ MainMenu の組み込み

メニューバーは、ツールバーのように**「ウインドウ内にウィジェットを組み込めば表示される」**といったものではありません。これはWindow構造体に用意されている**「SetMainMenu」**メソッドを使ってウインドウに組み込む必要があります。

```
《Window》.SetMainMenu(《MainMenu》)
```

これで、引数に指定したMainMenuがそのウインドウに表示されるようになります。メニューバーは、このようにウインドウごとに設定されます。

◉ メニューバーを利用する

では、実際にメニューバーを使った例を挙げておきましょう。ここでは**「File」**というメニューが一つあるだけの簡単なメニューを作成してみます。

◉ リスト4-19

```
// importから"fyne.io/fyne/theme"と"fyne.io/fyne/layout"を削除

func main() {
        a := app.New()
        w := a.NewWindow("Hello")
        l := widget.NewLabel("Hello Fyne!")

        mm := fyne.NewMainMenu(
                fyne.NewMenu("File",
                        fyne.NewMenuItem("New", func() {
                                l.SetText("select 'New' menu item.")
                        }),
                        fyne.NewMenuItem("Quit", func() {
                                a.Quit()
```

```
                            }),
                ),
        )
        w.SetMainMenu(mm)
        w.SetContent(
                widget.NewVBox(
                        l,
                        widget.NewButton("ok", nil),
                ),
        )
        w.Resize(fyne.NewSize(300, 200))
        w.ShowAndRun()
}
```

◎図4-24：ウインドウ上部にメニューバーが表示される。「Quit」を選ぶと終了する。

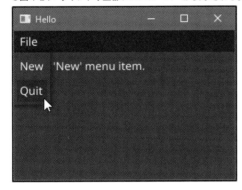

　実行するとウインドウに「**File**」というメニューが表示されます。この中の「**New**」を選ぶと、ラベルにメッセージが表示されます。また「**Quit**」を選ぶとプログラムが終了します。

　ここでのメニューの作成と組み込み部分を見てみましょう。

```
mm := fyne.NewMainMenu(
        fyne.NewMenu("File",
                fyne.NewMenuItem("New", func() {……略……}),
                fyne.NewMenuItem("Quit", func() {……略……}),
        ),
)
w.SetMainMenu(mm)
```

　NewMainMenu関数の引数にNewMenuがあり、その引数に二つのNewMenuItemがあります。こんな具合に、関数の引数に関数があり、その関数の引数にまた関数があり……というよ

うにして記述していくことで、メニューバーを構造的に作成していくことができるわけですね。

なお、ここでは「**Quit**」メニューでアプリケーションを終了するようにしていますが、これは以下のように実行しています。

```
《App》.Quit()
```

App構造体にある「**Quit**」メソッドを呼び出すと、アプリケーションを終了することができます。これは覚えておくとよいでしょう。

アラートの表示

アプリケーションでは、処理の実行結果などを表示したりするのに「**アラート**」が利用されます。これはメッセージなどを表示する小さなウインドウですね。入力については一通りのGUIを使えるようになりましたが、結果の表示などのためには、アラートのようなGUIの使い方を覚えておく必要があるでしょう。

アラートは、dialogというパッケージに用意されている関数を使って呼び出します。関数はいくつかありますが、もっともシンプルなのは「**ShowInformation**」でしょう。これは以下のように利用します。

```
dialog.ShowInformation( タイトル , メッセージ ,《Window》)
```

第1引数にアラートのタイトル、第2引数に表示するメッセージを指定します。第3引数には、アラートを表示するウインドウを指定します。

では、実際の利用例を見てみましょう。

● リスト4-20

```
// importに以下の3文を追加
// "fyne.io/fyne/dialog", "fyne.io/fyne/layout", "fyne.io/fyne/theme"
func main() {
    a := app.New()
    w := a.NewWindow("Hello")
    l := widget.NewLabel("Hello Fyne!")
    b := widget.NewButton("Click", func() {
        dialog.ShowInformation("Alert",
            "This is sample alert!", w)
    })
    w.SetContent(
        fyne.NewContainerWithLayout(
            layout.NewBorderLayout(
```

```
                    nil, b, nil, nil,
              ),
                    l, b,
          ),
      )
      a.Settings().SetTheme(theme.LightTheme()) //☆
      w.Resize(fyne.NewSize(350, 250))
      w.ShowAndRun()
}
```

◎図4-25：ボタンをクリックするとアラートを表示する。ダークテーマとライトテーマの表示。

　実行すると、ボタンが下部に表示されたウインドウが現れます。これをクリックするとアラートが表示されます。そのままではライトテーマで表示されますので、マークのLightThemeをDarkThemeに変更してダークテーマにした場合も表示を確認しておくとよいでしょう。

　ここではボタンをクリックすると以下のようにしてアラートを表示しています。

```
dialog.ShowInformation("Alert", "This is sample alert!", w)
```

　これだけでアラートがウインドウ内に表示されます。非常に簡単ですからここで覚えておきましょう。

「YES」「NO」を選択するアラート

　ShowInformationによるアラートは、単にメッセージを表示するだけのものでした。アラートに「**YES**」「**NO**」といったボタンを表示し、選択してもらうタイプのアラートも用意されています。これは「**ShowConfirm**」という関数で表示します。

```
dialog.ShowConfirm( タイトル , メッセージ , 関数 ,《Window》)
```

ShowInformation と似ていますが、第3引数に関数を用意します。これは「**コールバック関数**」といって、ボタンをクリックしてアラートが閉じられたときに呼び出されるものです。この関数は以下のように定義します。

```
func(f bool) {……}
```

引数には、選択したボタンの情報が渡されます。「**YES**」が選択されればtrue、「**NO**」が選択されたならfalseが渡されます。この値を使って、選択したボタンによる処理を実装します。

◉ ShowConfirm を利用する

では、ShowConfirm の利用例を見てみましょう。先ほどのサンプルで、widget.NewButton 関数の呼び出し部分を以下のように修正してください。

◯ リスト4-21

```
b := widget.NewButton("Click", func() {
        dialog.ShowConfirm("Alert",
                "Please check 'YES'!",
                func(f bool) {
                        if f {
                                l.SetText("OK, thank you!!")
                        } else {
                                l.SetText("oh...")
                        }
                }, w,
        )
})
```

◯ 図4-26：ShowConfirm で表示されるアラート。ダークテーマとライトテーマの表示。

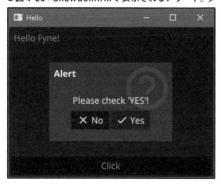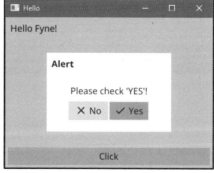

ボタンをクリックすると、ShowConfirmによるアラートが表示されます。これは「YES」「NO」というボタンがアラートに用意されています。このどちらを選択したかで、異なるメッセージがラベルに表示されます。

ダイアログをカスタマイズする

単純なアラートでなく、入力などを行なうダイアログの表示機能は、Fyneには標準では用意されていません。が、アラート内に自分でウィジェットを組み込んで表示してカスタマイズする関数が用意されており、それで代用することができます。

✚カスタマイズしてアラートを表示する

```
dialog.ShowCustom( タイトル , 閉じるボタン , ウィジェット,《Window》)
```

✚カスタマイズしてボタン選択可能なダイアログを表示する

```
dialog.ShowCustomConfirm( タイトル , 確認ボタン, 閉じるボタン , 関数 , ウィジェット,《Window》)
```

ShowCustomは、タイトルとダイアログを閉じるボタンのラベル、表示するウィジェット、Windowといったものを引数に指定します。これは、閉じたあとの処理などはありません。ShowInformationのカスタマイズ版といっていいでしょう。

ShowCustomConfirmは、タイトルと二つのボタンのラベル、コールバック関数、表示するウィジェット、Windowといったものを引数に用意します。二つのボタンでは、クリックするとコールバック関数が呼び出されます。コールバック関数にはboolの引数があり、選択したボタンがこれで判断できます。こちらはShowConfirmのカスタマイズ版といえます。

◉ テキスト入力ダイアログを表示する

では、実際の利用例を挙げておきましょう。ここではShowCustomConfirmを使って、テキスト入力を行なうダイアログを呼び出してみます。

❂リスト4-22

```
func main() {
        a := app.New()
        w := a.NewWindow("Hello")
        l := widget.NewLabel("Hello Fyne!")
        e := widget.NewEntry()
        b := widget.NewButton("click", func() {
```

```
            dialog.ShowCustomConfirm("Enter message.", "OK",
                    "Cancel", e, func(f bool) {
                            if f {
                                    l.SetText("typed: '" + e.Text + "'.")
                            } else {
                                    l.SetText("no message...")
                            }
                    }, w)
    })
    w.SetContent(
            fyne.NewContainerWithLayout(
                    layout.NewBorderLayout(
                            nil, b, nil, nil,
                    ),
                    l, b,
            ),
    )
    a.Settings().SetTheme(theme.LightTheme()) //☆
    w.Resize(fyne.NewSize(350, 250))
    w.ShowAndRun()
}
```

◐図4-27：ボタンをクリックすると、テキスト入力を行なうダイアログが現れる。図はダークテーマとライトテーマの表示。

　実行すると現れるウインドウのボタンをクリックすると、画面にダイアログが表示されます。このダイアログにはテキストを入力するフィールドが表示されます。ここにテキストを入力し、「OK」ボタンをクリックすると、入力したメッセージをラベルに表示します。「Cancel」ボタンをクリックすると「no message...」と表示されます。

　ここでダイアログを呼び出している処理を見ると、このようになっているのがわかります。

```
dialog.ShowCustomConfirm("Enter message.", "OK", "Cancel", e, func(f bool) {……}, w)
```

引数が多くてわかりにくいでしょうが、一つ一つ確認すれば、何をやっているのかわかりますね。ウィジェットには変数eを指定していますが、これはEntryが代入されています。ボタンをクリックして閉じたあとの処理は、コールバック関数内で行なっているわけです。

実際にやってみるとわかりますが、ダイアログは閉じた際に消去されるわけではありません。ただ非表示となっているだけで、値は存在しています。ですから、閉じたあとで、ダイアログに組み込んであったEntryのテキストを取り出したりすることもできるのです。

ウィジェットをカスタマイズする

より複雑な表現や高度な機能などの実装を考えるようになると、**「ウィジェットを自身で作成する」**ということを考える必要が出てくるでしょう。

ウィジェットは、構造体として定義します。このとき、既にあるウィジェットを拡張するようにして新しいウィジェットを定義すれば、比較的簡単に独自ウィジェットを作ることができます。

➕ウィジェットの定義

```
type ウィジェット名 struct {
        ウィジェット
        ……必要な変数……
}
```

たとえば、Buttonをベースに独自ウィジェットMyButtonを作りたければ、こんな具合に構造体を定義すればいいでしょう。

```
type MyButton struct {
        widget.Button
}
```

◉New関数の定義

これに加えて、独自ウィジェットを生成する関数も定義しておく必要があります。これは通常、独自ウィジェット名の前にNewをつけた名前で作成します。戻り値は、生成される独自ウィジェットのポインタを返すようにします。

```
func New独自ウィジェット () *独自ウィジェット {
```

```
変数 := &独自ウィジェット{}
変数.ExtendBaseWidget(変数)
return 変数
}
```

このNew関数では、独自ウィジェットを作成したあと、「**ExtendBaseWidget**」というメソッドを呼び出します。これは、「**BaseWidget**」という構造体の機能を組み込むためのものです。BaseWidgetはウィジェットの基本的な機能（位置・大きさの値、表示非表示など）を実装するものです。たとえば、VBoxやHBoxにウィジェットを組み込むと、ウインドウサイズを変更すると自動的に幅が変わりますが、これもBaseWidgetが組み込まれているからです。これを行なわないと、ウインドウサイズを変更しても大きさが自動調整されなくなります。ですから、「**独自ウィジェットのNew関数では必ずBaseWidgetを組み込んでおく**」と考えておきましょう。

MyEntryを作成する

では、実際に簡単なウィジェットを作成してみましょう。ここでは、Entryを拡張した「**MyEntry**」というウィジェットを作成してみます。これは、Return/Enterキーを押したときの処理を組み込めるようにしたエントリーです。

このMyEntryのソースコードは以下のようになります。

●リスト4-23

```
// MyEntry is custom entry.
type MyEntry struct {
        widget.Entry
        entered func(e *MyEntry)
}


// NewMyEntry create MyEntry.
func NewMyEntry(f func(e *MyEntry)) *MyEntry {
        e := &MyEntry{}
        e.ExtendBaseWidget(e)
        e.entered = f
        return e
}


// KeyDown is Keydown Event.
func (e *MyEntry) KeyDown(key *fyne.KeyEvent) {
```

```
       switch key.Name {
       case fyne.KeyReturn, fyne.KeyEnter:
               e.entered(e)
       default:
               e.Entry.KeyDown(key)
       }
}
```

　　ここではMyEntry構造体と、NewMyEntry関数、そしてKeyDownというメソッドを定義しています。

　　MyEntry構造体では、widget.Entryの他に、entered func(e *MyEntry)という変数が用意されています。これは、Enter/Returnキーを押した際の処理を設定するためのものです。

　　NewMyEntryでは、このentered変数に設定するfunc(e *MyEntry)という関数が引数に用意されています。MyEntryを作成してExtendBaseWidgetを実行したあと、この引数の値をenteredに設定しています。

◉ Keydownイベントについて

　　最後のKeyDownというメソッドは、エントリー内でキーが押されたときに発生するイベントの処理を行なうものです。これは、Entryに用意されているもので、Entryを拡張するMyEntryでもその機能が利用できます。

　　このKeyDownメソッドでは、fyne.KeyEventのポインタが引数に渡されています。これは、発生したキー操作のイベント情報を管理する構造体です。ここから必要な情報を取り出して処理を行ないます。

　　ここで行なっているのは、押されたキーの名前をチェックし、それがReturnやEnterだった場合はenteredに代入してある関数（MyEntryのメソッドとなるもの）を実行するという処理です。

```
switch key.Name {
case fyne.KeyReturn, fyne.KeyEnter:
        e.entered(e)
default:
        e.Entry.KeyDown(key)
}
```

　　key.Nameは、引数で渡されたKeyEventのName値です。これが、押されたキーの名前になります。キーの名前は、fyneパッケージに「Key○○」という名前の定数として一通り用意されています。これを使って、どのキーが押されたかチェックすればいいわけですね。

　ここでは、case fyne.KeyReturn, fyne.KeyEnter:として Return/Enter キーが押された場合に e.entered(e)を実行するようにしています。fyne のキー定数は、以下のような名前になっています。

＋主なキーの定数

Key0 〜 Key9	0 〜 9 の数字キー
KeyA 〜 KeyZ	A 〜 Z のアルファベットキー
KeyF1 〜 KeyF12	ファンクションキー

　その他のキーは、**「Key+キーの名前」**になっています。たとえば「↑」キーは KeyUp、Delete キーは KeyDelete、Tab キーは KeyTab といった具合ですね。Visual Studio Code では入力支援機能により**「fyne.Key」**とタイプすれば候補がポップアップして現れますから、それを見ながらキーの名前を調べていくとよいでしょう。

◉図 4-28：Visual Studio Code で、「fyne.Key」とタイプするとキーの定数が候補としてポップアップする。

```
hello.go
D: > tuyan > Desktop > hello.go > {} main > ⊙ (*MyEntry).KeyDown
47    switch key.Name {
48    case fyne.KeyReturn, fyne.KeyEnter:
49      e.entered(e)
50    case fyne.Key
51    c ▤ Key0              fyne.KeyName        ×
52      ▤ Key1
53    ] ▤ Key2
54  }   ▤ Key3
55      ▤ Key4
56  fur ▤ Key5
57    a ▤ Key6
58    v ▤ Key7
59    l ▤ Key8              )
60    e ▤ Key9
61      ▤ KeyA
62      ▤ KeyApostrophe
63      l.SetText("you type '" + s + "'.")
64    })
65    w.SetContent(
66      widget.NewVBox(
```

MyEntryを利用する

では、実際にMyEntryを使ってみましょう。main関数を以下のように修正してください。もちろん、先ほど作成したMyEntryのソースコードも記述しておきましょう。

○リスト4-24

```
// importから"fyne.io/fyne/dialog"と"fyne.io/fyne/layout"を削除

func main() {
        a := app.New()
        w := a.NewWindow("Hello")
        l := widget.NewLabel("Hello Fyne!")
        e := NewMyEntry(func(e *MyEntry) {
                s := e.Text
                e.SetText("")
                l.SetText("you type '" + s + "'.")
        })

        w.SetContent(
                widget.NewVBox(
                        l, e,
                ),
        )
        a.Settings().SetTheme(theme.LightTheme()) //☆
        w.Resize(fyne.NewSize(300, 100))
        w.ShowAndRun()
}
```

○図4-29：テキストを記入しEnter/Returnすると、メッセージが表示され、入力したテキストがクリアされる。

実行すると、入力フィールドが一つあるだけのウインドウが現れます。ここに適当にテキストを書いてEnter/Returnキーを押してください。上のラベルに「**typed: ～**」と入力テキストがメッセージとして表示されます。同時に、入力フィールドに書いたテキストはクリアされます。

ここでは、以下のようにしてMyEntryを作成しています。

```
e := NewMyEntry(func(e *MyEntry) {
        s := e.Text
        e.SetText("")
        l.SetText("you type '" + s + "'.")
})
```

　　NewMyEntryの引数に、func(e *MyEntry)という関数を用意していますね。その中で、MyEntryのTextを変数に取り出して空にし、ラベルにメッセージを表示するという処理をしています。Keydownから必要に応じてMyEntryのenteredに割り当てられた関数を呼び出すようにしているため、こんな具合にあとからEnter/Return時の処理を設定できます。

　　ここではEntryを拡張しましたが、その他のウィジェットの拡張も基本的なやり方は同じです。拡張したいウィジェットを保持する構造体とそのNew関数を作成する、という基本がきちんと理解できれば、そう難しいものではないのです。

GUIアプリを作る

電卓アプリを作る

Fyneの基本的な使い方がだいぶわかってきました。これ以上は、実際にプログラムを作成しながら使い方を実践的に身につけていくのがよいでしょう。そこで最後にいくつか簡単なサンプルプログラムを作ってみて、Fyneによるアプリケーション作成の実際を体験しましょう。

まずは、多数のGUIのレイアウトと動作を行なう例として、シンプルな電卓プログラムを作成してみます。これは数字キーと四則演算、Enter、CL（クリア）だけしかない整数電卓です。使い方は一般の電卓と同じで、数字キーで数字を入力し、四則演算キーを押し、次の数字を入力して、次に四則演算やEnterキーを押すと前に入力した値と現在の値が演算され表示されます。計算結果をクリアするにはCLキーを押します。

◉図4-30：電卓アプリ。数字キーと四則演算、CL、Enterだけのシンプルなものだ。

◉ プログラムの作成

では、プログラムを作成しましょう。これまで使ってきたサンプルのソースコードファイルをそのまま利用してもいいですし、別に新たなファイルを用意しても構いません。以下のように記述をしてください。

● リスト4-25

```go
package main

import (
        "strconv"

        "fyne.io/fyne/layout"

        "fyne.io/fyne"
        "fyne.io/fyne/app"
        "fyne.io/fyne/widget"
)

// cdata is data structure.
type cdata struct {
        mem int
        cal string
        flg bool
}

// createNumButtons create number buttons.
func createNumButtons(f func(v int)) *fyne.Container {
        c := fyne.NewContainerWithLayout(
                layout.NewGridLayout(3),
                widget.NewButton(strconv.Itoa(7), func() { f(7) }),
                widget.NewButton(strconv.Itoa(8), func() { f(8) }),
                widget.NewButton(strconv.Itoa(9), func() { f(9) }),
                widget.NewButton(strconv.Itoa(4), func() { f(4) }),
                widget.NewButton(strconv.Itoa(5), func() { f(5) }),
                widget.NewButton(strconv.Itoa(6), func() { f(6) }),
                widget.NewButton(strconv.Itoa(1), func() { f(1) }),
                widget.NewButton(strconv.Itoa(2), func() { f(2) }),
                widget.NewButton(strconv.Itoa(3), func() { f(3) }),
                widget.NewButton(strconv.Itoa(0), func() { f(0) }),
        )
        return c
}

// createCalcButtons create operation-symbol button.
func createCalcButtons(f func(c string)) *fyne.Container {
        c := fyne.NewContainerWithLayout(
```

```go
                layout.NewGridLayout(1),
                widget.NewButton("CL", func() {
                        f("CL")
                }),
                widget.NewButton("/", func() {
                        f("/")
                }),
                widget.NewButton("*", func() {
                        f("*")
                }),
                widget.NewButton("+", func() {
                        f("+")
                }),
                widget.NewButton("-", func() {
                        f("-")
                }),
        )
        return c
}

// main function.
func main() {
        a := app.New()
        w := a.NewWindow("Calc")
        w.SetFixedSize(true)
        l := widget.NewLabel("0")
        l.Alignment = fyne.TextAlignTrailing

        data := cdata{
                mem: 0,
                cal: "",
                flg: false,
        }

        // calc is calculate.
        calc := func(n int) {
                switch data.cal {
                case "":
                        data.mem = n
                case "+":
                        data.mem += n
```

```go
            case "-":
                    data.mem -= n
            case "*":
                    data.mem *= n
            case "/":
                    data.mem /= n
            }
            l.SetText(strconv.Itoa(data.mem))
            data.flg = true
    }

    // pushNum is number button action.
    pushNum := func(v int) {
            s := l.Text
            if data.flg {
                    s = "0"
                    data.flg = false
            }
            s += strconv.Itoa(v)
            n, err := strconv.Atoi(s)
            if err == nil {
                    l.SetText(strconv.Itoa(n))
            }
    }

    // pushCalc is operation symbol button action.
    pushCalc := func(c string) {
            if c == "CL" {
                    l.SetText("0")
                    data.mem = 0
                    data.flg = false
                    data.cal = ""
                    return
            }
            n, er := strconv.Atoi(l.Text)
            if er != nil {
                    return
            }
            calc(n)
            data.cal = c
    }
```

```go
// pushEnter is enter button action.
pushEnter := func() {
        n, er := strconv.Atoi(l.Text)
        if er != nil {
                return
        }
        calc(n)
        data.cal = ""
}

k := createNumButtons(pushNum)
c := createCalcButtons(pushCalc)
e := widget.NewButton("Enter", pushEnter)

w.SetContent(
        fyne.NewContainerWithLayout(
                layout.NewBorderLayout(
                        l, e, nil, c,
                ),
                l, e, k, c,
        ),
)
w.Resize(fyne.NewSize(300, 200))
w.ShowAndRun()
}
```

◉ プログラムの構成

　　プログラムは、いくつかの関数と構造体で構成されています。それぞれの役割を簡単に整理
しておきます。

cdata	電卓で使うデータを管理する構造体です。
createNumButtons	数字キーを作成し返す関数です。
createCalcButtons	四則演算とCLキーを作成し返す関数です。
main	メインプログラムです。

　　では、これらを踏まえて、プログラムの内容を整理していくことにしましょう。

cdata 構造体の役割

最初に定義されているのは、「**cdata**」構造体です。この構造体には以下のような経数が用意されています。

✚mem

最後の演算結果を保管する変数です。演算キーやEnterを推すと、それまでmemに保管されていた値と、現在入力している値をcalcの記号を元に演算してmemに再設定します。そうすることで、常に**「現在入力している値の前に記憶している値」** が保管されるようにしています。

✚calc

最後に押した演算キーを保管する変数です。次に演算キーが押されたとき、この値を元にmemと現在入力されている値を演算します。

✚flg

演算直後かどうかを示すフラグ変数です。演算をした直後は、数字キーを入力すると演算結果をクリアしてまた数字が新たに入力されます。それをチェックするために使います。

◉ 電卓の処理は意外と面倒

電卓のプログラムは、**「前に入力した値に、現在の値を演算して表示するだけ」** なのですが、実際に作ってみると意外に面倒なことがわかります。たとえば、**「10 + 20 =」** という計算をする場合、こう処理を行なうことになります。

1. 「10」を入力。(10をどこかに保管)
2. 「+」を入力。(+をどこかに保管)
3. 新しい値として「20」を入力。
4. 「=」で、1と2で保管した「10」と「+」と3の新しい値「20」で演算をする。(保管したものをクリア)

このように、現在入力している数字や演算キーの前に入力したものをどこかに保管しておき、それらを使って演算をしていかないといけないのです。cdata構造体は、この**「前に入力したもの」** を保持するのに使われているのです。

createNumButtonsで数字キーを作成する

createNumButtons関数は、数字キーを生成して返すものです。これは、以下のような形で定義されています。

```
func createNumButtons(f func(v int)) *fyne.Container {……}
```

引数には、func(v int)という関数が用意されます。これは、押したボタンの数字を引数に指定して呼び出すことで、数字キーを押した処理を行なうものです。

この関数では、以下のようにして数字キーを作成して返しています。

```
c := fyne.NewContainerWithLayout(
        layout.NewGridLayout(3),
        ……数字のButtonを用意……
)
return c
```

NewContainerWithLayoutを使っていますね。これは第1引数に用意したレイアウトを使ってウィジェットを配置するコンテナを作成するものですが、これで生成されるのがfyneパッケージの「**Container**」構造体なのです（正確にはそのポインタ）。このcreateNumButtons関数の戻り値が*fyne.Containerとなっているのは、このNewContainerWithLayoutでコンテナを作成するためだったのですね。

このNewContainerWithLayout関数の引数に用意されるButtonは、たとえば以下のような形で作成しています。

```
widget.NewButton(strconv.Itoa(7), func() { f(7) }),
```

ボタンクリックで実行する処理には、func() | f(7) |というように関数が設定されています。組み込まれる関数の中で、NewContainerWithLayout関数の引数で渡されるf関数に整数値を渡して呼び出していたのです。

このようにすることで、NewContainerWithLayout関数で作成される個々のボタンに外部から処理を組み込めるようになります。

createCalcButtonsで演算キーを作る

続いて、createCalcButtons関数です。これは演算キーを生成するものですね。この関数は以下のように定義されます。

```
func createCalcButtons(f func(c string)) *fyne.Container {……}
```

　　引数には、やはり関数が用意されます。これは、演算キーを押したときの処理を実行するためのものです。そして戻り値もやはり*fyne.Containerとなっています。このあたりの基本的な構成は、先ほどのcreateNumButtons関数とほとんど同じですね。

　　createCalcButtons関数内では、以下のようにして演算キーをまとめたコンテナを作成しています。

```
c := fyne.NewContainerWithLayout(
        layout.NewGridLayout(1),
        ……Buttonを作成……
        return c
}
```

　　NewGridLayoutでは、グリッド数を1列にしています。これで、組み込んだButtonが縦一列に並ぶようになります。**「なぜ、VBoxを使わないんだ?」**と思うかもしれませんが、VBoxではウインドウサイズ(高さ)を変更してもウィジェットの高さは変更されないのです(横幅は調整されます)。このため高さが自動調整されるNewGridLayoutを使っていた、というわけです。

　　組み込まれるButtonは、たとえば以下のような形で作成をしています。

```
widget.NewButton("CL", func() {
        f("CL")
}),
```

　　第2引数の関数では、内部からcreateCalcButtonsの引数に渡された関数を呼び出しています。こうすることで、ボタンクリック時に実行される処理を外部から設定できるようにしています。

main 関数の処理について

　　では、メインプログラム部分であるmain関数を見てみましょう。ここでは、まずApp、Window、Labelといった基本的な要素を作成しています。

```
a := app.New()
w := a.NewWindow("Calc")
w.SetFixedSize(true)
l := widget.NewLabel("0")
l.Alignment = fyne.TextAlignTrailing
```

　　Windowは、NewWindowで作成したあと、**「SetFixedSize」**というメソッドを呼び出し

ています。これは、固定サイズウインドウにするためのものです。このメソッドで引数にtrueを指定して呼び出すと、ウインドウサイズが固定になります（Resizeで変更することは可能です。ユーザーがドラッグしてサイズ変更できなくなる、ということです）。falseに戻せばリサイズ可能になります。

Labelは、入力した数字を表示するためのものです。作成後、**「Alignment」**という値を設定していますね。これは、文字揃えを示す変数で、fyneに以下のような定数が用意されています。

TextAlignLeading	テキストの始まり位置に揃える（通常は左揃え）
TextAlignTrailing	テキストの終わりの位置に揃える（通常は右揃え）
TextAlignCenter	中央に揃える

続いて、cdata構造体の値を作成しています。ここでは以下のように初期化をしています。

```
data := cdata{
        mem: 0,
        cal: "",
        flg: false,
}
```

◉ 演算の関数（calc）

続いて、関数の定義が四つ続きます。最初にある**「calc」**は、演算の処理を用意します。これは、以下のような形になっていますね。

```
calc := func(n int) {
        switch data.cal {
        case "":
                data.mem = n
        case "+":
                data.mem += n
        ……略……
}
l.SetText(strconv.Itoa(data.mem))
data.flg = true
```

引数には、新しく入力された数字をint値で渡しています。switchを使い、data.calの値に応じてdata.memに引数nを演算していますね。data.calは、演算記号を保管するもので、data.memは演算結果を保管するものでした。保管してある演算記号をswitchでチェックし、その

記号に応じて形でdata.memの値を演算していたのですね。

◉ 数字キーの関数（pushNum）

続いて、pushNumです。これは、数字キーを押した際に呼び出される処理です。これは、押したキーの数字を引数に指定して呼び出すようになっています。

ここで行なっているのは、以下のような処理です。

1. ラベル（l）のテキストを取り出す。
2. data.flgがtrueだったら取り出した値を "0" にしてdata.flgをfalseに戻す。
3. 引数vをテキストにして付け足す。
4. できたテキストを整数に変換する。
5. エラーでなければ再びテキストに変換してラベルに表示する。

何度も整数とテキストの間で変換を行なっていますが、これは整数として正しい形で表示されるようにです。たとえば、"0"が表示されたときに"1"を押した場合、単純にテキストにして付け足すと"01"になりますが、これではちょっとまずいですね。そこで、これを整数に変換し（1になる）、再度テキストに戻して表示すれば、"1"と表示される、というわけです。

◉ 演算キーの関数（pushCalc）

次のpushCalc関数は、演算キーを押したときの処理です。これは引数に、押したキーの記号をstringで渡すようになっています。この値を元に、演算の処理を行なうわけですね。

ここでは、まず「CL」キーを押した場合の処理を行なっています。

```
if c == "CL" {
        l.SetText("0")
        data.mem = 0
        data.flg = false
        data.cal = ""
        return
}
```

ラベルの表示を"0"にし、data内の変数を初期化してreturnで抜け出ています。CLは、四則演算とは処理が異なるので、あらかじめifでチェックし、必要な処理をしたらさっさと抜け出るようにしてあります。

その他の演算キーでは、ラベルのテキストを数字に変換し、現在の値を取り出して、それを

引数にしてcalc関数を呼び出しています。そしてcalc実行後、data.calに押された演算キーの値を設定しています。つまり、**「演算し、最後に押した演算キーの値を更新する」**ということをやっているのですね。

◉ Enterキーの関数（pushEnter）

Enterキーを押したとき処理は、**「pushEnter」**関数として用意しています。これも、行なっていることはpushCalcとだいたい同じです。ラベルのテキストを整数に変換し、calc関数を実行してからdata.calを空にする、というものです。

◉ ボタン類の用意

これで必要な関数類がすべて揃いました。あとは、ウインドウに表示されるGUIを作成していくだけです。まず、ボタン類を一通り作成しておきます。

```
k := createNumButtons(pushNum)
c := createCalcButtons(pushCalc)
e := widget.NewButton("Enter", pushEnter)
```

数字キーをまとめたものを変数kに、演算キーをまとめたものを変数cに、Enterキーを変数eにそれぞれ用意しました。これらを元に、ウインドウにコンテンツを組み込みます。

```
w.SetContent(
        fyne.NewContainerWithLayout(
                layout.NewBorderLayout(
                        l, e, nil, c,
                ),
                l, e, k, c,
        ),
)
```

NewContainerWithLayoutを呼び出し、NewBorderLayoutとウィジェット類を引数に組み込んでいます。これで、BorderLayoutの中央に数字キー関係、右側に演算キー、下にEnterキーが組み込まれました。

あとは、Resizeでウインドウサイズを調整し、ShowAndRunで実行するだけです。面倒な処理を関数にしているので、ウインドウの作成部分は意外と簡単ですね！

簡易テキストエディタを作る

実用的なアプリケーションでは、テキスト関連の操作を行なうようなものが多く見られます。テキストはデータの基本ともいえるものですから、それを扱う機能というのは実用的なアプリの作成に必須といえるでしょう。

そこで、もっとも基本的なテキストの操作を行なうサンプルとして、簡単なテキストエディタを作成してみましょう。このエディタで用意されている機能は、以下のものだけです。

- ◆テキストファイルを開いて読み込む。
- ◆テキストファイルに保存をする。
- ◆選択したテキストのカット、コピー、ペースト。
- ◆テーマの切り替え（ダークテーマとライトテーマ）。

テキストエディタとしての必要最低限の機能だけです。また、本書で使っているFyne 1.2.xではファイルダイアログのGUIがないため、ファイルのオープン／セーブはファイル名を直接入力して行なうようにしてあります。ちょっと使いにくいのは確かですが、今回は**「一応動けばOK」**と割り切って考えてください。

⊕図4-31：簡易エディタのウインドウ。「File」「Edit」には、ファイルのオープン／セーブ、カット、コピー、ペーストなどが用意されている。

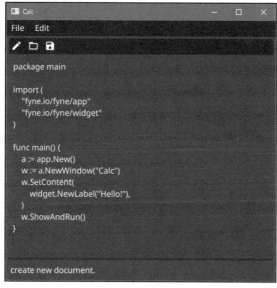

◎図4-32：「Open...」「Save」メニューでは、ダイアログでファイル名を直接入力して操作する。

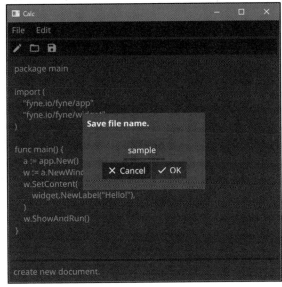

◎図4-33：「Change Theme」メニューを選ぶとライトテーマに変更できる。

◉ プログラムの作成

では、プログラムを作成しましょう。これも一つのソースコードファイルだけですから、今までのものを再利用しても、また新しいファイルを用意して記述しても構いません。

◎ リスト4-26

```go
package main

import (
        "io/ioutil"
        "os"

        "fyne.io/fyne/dialog"
        "fyne.io/fyne/layout"
        "fyne.io/fyne/theme"

        "fyne.io/fyne"
        "fyne.io/fyne/app"
        "fyne.io/fyne/widget"
)

// main function.
func main() {
        a := app.New()
        a.Settings().SetTheme(theme.DarkTheme())
        w := a.NewWindow("Calc")
        edit := widget.NewEntry()
        edit.MultiLine = true
        sc := widget.NewScrollContainer(edit)
        inf := widget.NewLabel("infomation bar.")

        // new file function.
        nf := func() {
                dialog.ShowConfirm("Alert", "Create New document?", func(f bool) {
                        if f {
                                edit.SetText("")
                                inf.SetText("create new document.")
                        }
                }, w)
        }

        // open file function.
        of := func() {
                f := widget.NewEntry()
                dialog.ShowCustomConfirm("Open file name.", "OK",
                        "Cancel", f, func(b bool) {
```

```go
                        if b {
                                fn := f.Text + ".txt"
                                ba, er := ioutil.ReadFile(fn)
                                if er != nil {
                                        dialog.ShowError(er, w)
                                } else {
                                        edit.SetText(string(ba))
                                        inf.SetText("Open from file '" +
                                                fn + "'.")
                                }
                        }
                }, w)
        }


        // save file function.
        sf := func() {
                f := widget.NewEntry()
                dialog.ShowCustomConfirm("Save file name.", "OK",
                        "Cancel", f, func(b bool) {
                                if b {
                                        fn := f.Text + ".txt"
                                        er := ioutil.WriteFile(fn,
                                                []byte(edit.Text),
                                                os.ModePerm)
                                        if er != nil {
                                                dialog.ShowError(er, w)
                                                return
                                        }
                                        inf.SetText("Save to file '" + fn + "'.")
                                }
                        }, w)
        }


        // quit function.
        qf := func() {
                dialog.ShowConfirm("Alert", "Quit application?", func(f bool) {
                        if f {
                                a.Quit()
                        }
                }, w)
        }
```

```go
        tf := true

    // change theme function.
    cf := func() {
            if tf {
                    a.Settings().SetTheme(theme.LightTheme())
                    inf.SetText("change to Light-Theme.")
            } else {
                    a.Settings().SetTheme(theme.DarkTheme())
                    inf.SetText("change to Dark-Theme.")
            }
            tf = !tf
    }

    // create menubar function.
    createMenubar := func() *fyne.MainMenu {
            return fyne.NewMainMenu(
                    fyne.NewMenu("File",
                            fyne.NewMenuItem("New", func() {
                                    nf()
                            }),
                            fyne.NewMenuItem("Open...", func() {
                                    of()
                            }),
                            fyne.NewMenuItem("Save...", func() {
                                    sf()
                            }),
                            fyne.NewMenuItem("Change Theme", func() {
                                    cf()
                            }),
                            fyne.NewMenuItem("Quit", func() {
                                    qf()
                            }),
                    ),
                    fyne.NewMenu("Edit",
                            fyne.NewMenuItem("Cut", func() {
                                    edit.TypedShortcut(
                                            &fyne.ShortcutCut{
                                                    Clipboard: w.Clipboard()})
                                    inf.SetText("Cut text.")
```

```
                }),
                fyne.NewMenuItem("Copy", func() {
                        edit.TypedShortcut(
                                &fyne.ShortcutCopy{
                                        Clipboard: w.Clipboard()})
                        inf.SetText("Copy text.")
                }),
                fyne.NewMenuItem("Paste", func() {
                        edit.TypedShortcut(
                                &fyne.ShortcutPaste{
                                        Clipboard: w.Clipboard()})
                        inf.SetText("Paste text.")
                }),
            ),
        )
    }


    // create toolbar function.
    createToolbar := func() *widget.Toolbar {
        return widget.NewToolbar(
                widget.NewToolbarAction(
                        theme.DocumentCreateIcon(), func() {
                                nf()
                        }),
                widget.NewToolbarAction(
                        theme.FolderOpenIcon(), func() {
                                of()
                        }),
                widget.NewToolbarAction(
                        theme.DocumentSaveIcon(), func() {
                                sf()
                        }),
            )
    }


    mb := createMenubar()
    tb := createToolbar()


    w.SetMainMenu(mb)
    w.SetContent(
        fyne.NewContainerWithLayout(
```

```
                    layout.NewBorderLayout(
                            tb, inf, nil, nil,
                    ),
                    tb, inf, sc,
            ),
    )
    w.Resize(fyne.NewSize(500, 500))
    w.ShowAndRun()
}
```

　今回は、複雑な処理などはほとんどありません。ファイルの読み書きが多少わかりにくいですが、カット＆ペーストなどは非常に単純なものです。ソースコードのほとんどは、GUIを作成するためのものだけですから、そう難しい部分はないでしょう。

ソースコードのポイント

　では、ポイントを絞ってソースコードを簡単に説明しておきましょう。GUIの作成は、既に説明したことばかりですから改めて解説は行ないません。

　まず、このアプリでテキストの編集を行なっているウィジェットからです。これは、「Entry」を使っています。今まで何度となく使ってきた、あのEntryです。これを以下のように作成しています。

```
edit := widget.NewEntry()
edit.MultiLine = true
```

　NewEntryで作成後、MultiLineという変数をtrueに変更しています。これで複数行のテキスト入力が可能になります。あるいは、以下のように作成すれば、最初から複数行入力が可能なEntryを作ることができます。

```
edit := widget.NewMultiLineEntry()
```

　作成されるのは、Entryを拡張した新しいウィジェットなどではなくて、単純にMultiLineをtrueにしたEntryです。

◉ クリップボードの利用

　「Edit」メニューに用意されているカット、コピー、ペーストの機能は、実は非常に簡単に作成できます。Entryの「TypedShortcut」というメソッドを使います。

```
《Entry》.TypedShortcut(《Shortcut》)
```

このTypedShortcutは、ショートカット可能な機能を実装するものです。引数には、Shortcutというインターフェイスを指定します。これはショートカットのための機能を提供するインターフェイスで、これを実装した構造体がfyneパッケージにいくつか用意されています。

ここで使っているカット、コピー、ペーストのための処理部分を見てみましょう。

＋カットする

```
edit.TypedShortcut(&fyne.ShortcutCut{Clipboard: w.Clipboard()})
```

＋コピーする

```
edit.TypedShortcut(&fyne.ShortcutCopy{Clipboard: w.Clipboard()})
```

＋ペーストする

```
edit.TypedShortcut(&fyne.ShortcutPaste{Clipboard: w.Clipboard()})
```

TypedShortcutの引数に、fyneパッケージの**「ShortcutCut」「ShortcutCopy」「ShortcutPaste」**といった関数の戻り値を設定していますね。これらはShortcut値を返す関数です。引数には、Windowの**「Clipboard」**というメソッドでClipboard構造体の値を取り出し指定しています。これは、クリップボードを扱うためのもので、これによりこのウインドウのクリップボードを使ってカット、コピー、ペーストが行なわれるようになります。

なお、Shortcut値は、TypedShortcutの引数ではポインタ渡しをするように&をつけてください。値渡しをしてしまうとうまく設定できません。

◉ ファイルの読み書き

「Open...」「Save...」メニューでは、ファイルを読み込んでEntryにその内容を設定する処理と、Entryの内容をファイルに書き出す処理をそれぞれ呼び出しています。これらは、of、sfという名前の関数としてmain関数内に用意されています。

これらの関数では、dialog.ShowCustomConfirmを使ってEntryを表示するダイアログを呼び出し、これでファイル名を入力してもらっています。ファイル名が正しく得られたら、それを元にファイルへの読み書きを行ないます。

＋ファイルを開いてその内容をEntryに表示する

```
fn := f.Text + ".txt"
ba, er := ioutil.ReadFile(fn)
```

```
if er != nil {
        dialog.ShowError(er, w)
} else {
        edit.SetText(string(ba))
        inf.SetText("Open from file '" + fn + "'.")
}
```

✚Entry の内容を指定のファイルに保存する

```
fn := f.Text + ".txt"
er := ioutil.WriteFile(fn,
        []byte(edit.Text),
        os.ModePerm)
if er != nil {
        dialog.ShowError(er, w)
        return
}
inf.SetText("Save to file '" + fn + "'.")
```

　ファイルからのデータの読み込みは、ioutilパッケージの「**ReadFile**」関数を使います。またファイルへのデータの書き出しは、やはりioutilパッケージの「**WriteFile**」関数を使ってEntryのテキストをファイルに書き出しています。

　ファイルへのアクセスについては、次の章で説明する予定ですので、ここでは詳しく触れません。ここでは、「**ShowCustomConfirmでファイル名を入力してもらって処理を実行する**」という基本的な流れがわかればOKと考えましょう。

サンプルをビルドしよう

　最期に、アプリケーションのビルドについて触れておきましょう。Goでは、コマンドを使って簡単にネイティブアプリを生成することができました。

　Fyneを使ったプロジェクトの場合、単に「**go build**」だけではうまくアプリを作成できません。いえ、アプリそのものはちゃんと生成されるのですが、実行するとターミナルのウインドウが現れてしまうのです。

　通常、go buildで生成されるプログラムはコマンドラインでの実行を考えてビルドされます。このため、起動するとすぐにターミナルのウインドウが現れ、その中でプログラムが起動されてしまうのです。

　GUIを利用したアプリでは、この「**まずターミナルが現れてからウインドウが表示される**」というやり方はあまり楽しいものではありません。やはり、コマンドが実行されている部分は表

には見えないようにして動いてほしいものです。

このような場合には、-ldflagsというオプションを利用してビルドを行なうのがよいでしょう。コマンドプロンプトまたはターミナルでhello.goが置かれているフォルダに移動し、以下のように実行してください。

```
go build -ldflags="-H windowsgui" hello.go
```

◉図4-34：-ldflags="-H windowsgui"のオプションをつけてビルドする。

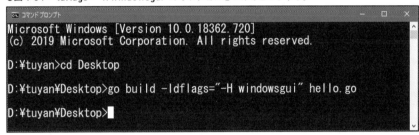

-ldflagsというのは、go buildコマンド実行時のオプションフラグを指定するものです。ここでは、"-H windowsgui"という値が指定されていますね。これは、ウインドウGUIで実行されるアプリであることを示します。

このオプションを付けてビルドしたアプリは、起動時にターミナルのウインドウが現れなくなります。GUIアプリ作成のポイントとして、これは覚えておきましょう。

Chapter 5

データアクセス

プログラムからデータを利用するには、
さまざまな方法が考えられます。
ここではその中から、ファイルアクセス、
ネットワークアクセス、データベースアクセスの
三つの方法について説明をしましょう。

Section 5-1 ファイルアクセス

ioutilパッケージについて

本格的なプログラムを作成するためには、**「データ」**の扱いが重要になります。ファイルに保存されたデータ、ネットワーク経由で得られるデータ、データベースのデータ。こうしたさまざまなデータへのアクセスを自在に行なえるようにする必要があります。この章では、こうしたデータアクセスについて説明をしていきます。

まずは、データの基本ともいえる**「ファイル」**へのアクセスについてです。

◉ ioutilパッケージとは？

ファイルアクセスのための機能は、Goにはいくつか用意されています。その中でも、もっとも使いやすいのは、ioutilというパッケージに用意されている機能でしょう。このioutilは、名前の通りI/O（入出力）関連の便利な機能を提供するパッケージです。

このioutilパッケージにあるファイルアクセスの機能は、前章のサンプルで使っていました。リスト4-26で作成した簡易テキストエディタで、**「Open...」「Save...」**メニューを選んだときに呼び出されるof, sf関数が、ファイルアクセスを行なっている部分です。これらの関数をもう一度見てみましょう。

⊕ **リスト5-1——テキストファイルを読み込んで表示する関数**

```go
// open file function.
of := func() {
        f := widget.NewEntry()
        dialog.ShowCustomConfirm("Open file name.", "OK",
                "Cancel", f, func(b bool) {
                        if b {
                                fn := f.Text + ".txt"
                                ba, er := ioutil.ReadFile(fn)
                                if er != nil {
                                        dialog.ShowError(er, w)
                                } else {
```

```
                                edit.SetText(string(ba))
                                inf.SetText("Open from file '" + fn + "'.")
                        }
                }
        }, w)
}
```

● リスト5-2——テキストファイルに書き出す関数

```
// save file function.
sf := func() {
        f := widget.NewEntry()
        dialog.ShowCustomConfirm("Save file name.", "OK",
                "Cancel", f, func(b bool) {
                        if b {
                                fn := f.Text + ".txt"
                                er := ioutil.WriteFile(fn,
                                        []byte(edit.Text),
                                        os.ModePerm)
                                if er != nil {
                                        dialog.ShowError(er, w)
                                        return
                                }
                                inf.SetText("Save to file '" + fn + "'.")
                        }
                }, w)
}
```

◎図5-1：「Open...」メニューを選ぶと、ファイル名を入力するダイアログが現れる。これを入力しOKすると、その名前のファイルを読み込む。

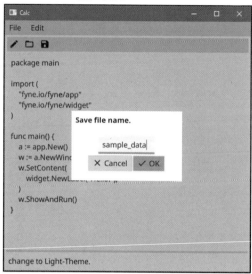

ReadFileによるファイルの読み込み

まずは「**ファイルの読み込み**」からです。rf関数では、ShowCustomConfirmでダイアログを呼び出しファイル名を入力してもらうと、以下のようにしてファイルを読み込みラベルに表示していました。

```
ba, er := ioutil.ReadFile(fn)
        if er != nil {
                dialog.ShowError(er, w)
        } else {
                edit.SetText(string(ba))
                inf.SetText("Open from file '" + fn + "'.")
        }
```

ここでは、ioutilパッケージの「**ReadFile**」という関数を使っています。これは、以下のように利用します。

```
変数1 , 変数2 := ioutil.ReadFile( ファイルパス )
```

ReadFileは、引数にファイル名（ファイルパス）をstringで指定します。ReadFileは、実行中のプログラムが置かれている場所からファイルを検索するため、他の場所にあるファイルを開

きたい場合はファイルのパスを指定する必要があります。プログラムと同じ場所にあるファイル
なら、単にファイル名だけを指定すればいいでしょう。

　戻り値は二つあります。変数1には、読み込まれたデータがbyte配列として渡されます。この
ReadFileは、**「テキストファイルを読み込む関数」**ではありません。ファイル全般を読み込
むためのものです。したがって、読み込んだデータは、テキストなどではなくファイルに書き込ま
れているバイトデータをそのままbyte配列にしたものになります。

　では、テキストファイルをReadFileで読み込んだ場合、得られたbyte配列のデータからどの
ようにテキストを取り出せばいいのでしょうか。これは意外に簡単です。

```
変数 := string( byte配列 )
```

　このように、stringでキャストすれば、byte配列のデータを元にstring値を得ることができま
す。

　ReadFileの戻り値の変数2には、エラーの情報を管理するerror値が返されます。ReadFile
は、指定されたファイルが見つからなかったり、ファイル読み込み時に何らかの問題が発生す
ると、errorを返します。問題なく読み込みできた場合は、errorは返されず、変数2の値はnilに
なります。

WriteFileによるファイルへの書き出し

　続いて、ファイルへの書き出しです。sf関数では、ioutilパッケージの**「WriteFile」**という関
数を使って行なっています。この部分がどうなっているか見てみましょう。

```
er := ioutil.WriteFile(fn,
       []byte(edit.Text),
       os.ModePerm)
if er != nil {
       dialog.ShowError(er, w)
       return
}
```

　WriteFile関数は、三つの引数を指定して呼び出します。これは以下のような形になっていま
す。

```
変数 := ioutil.WriteFile(ファイルパス, byte配列,《FileMode》)
```

　第1引数は、書き出すファイルのパスを指定します。これも、ファイル名を指定した場合は、
プログラムがある場所にその名前のファイルを作成して書き出します。それ以外の場所に保存

したい場合は、ファイルのパスを指定する必要があります。

　第2引数には、書き出すデータを指定します。これは、byte配列として用意します。テキストファイルにstring値を書き出す場合は、以下のような形でbyte配列を作成します。

```
変数 := []byte(《string》)
```

　s[]byteにキャストすることで、string値はそのままbyte配列に変換することができます。意外と簡単ですね。

　そして第3引数には、書き出すファイルのモードを指定します。これは、どのような形でファイルにアクセスするか(アクセス権をどうするか)と考えてください。この値は、FileModeという型の値を指定します。これは、osパッケージにあらかじめ用意されている定数を利用するのが一般的です。とりあえず、**「os.ModePerm」**という値を指定すればファイルへの書き出しは問題なく行なえる、ということだけ覚えておきましょう。

より柔軟なファイルアクセス

　このReadFileとWriteFileは、単純にファイルに保存したり読み込んだりするには十分なものですが、ただ読み書きするだけのことしかできないため、あまり柔軟なアクセスは行なえません。たとえば、**「既にあるファイルにデータを追記していく」**といったことは、これらではできないのです(WriteFileで既にあるファイルを指定すると上書きされてしまいます)。

　より柔軟なファイルアクセスを行なうには、別のアプローチを取る必要があります。というより、ReadFile／WriteFileは**「面倒なファイルアクセスを簡単に行なえるようにしたもの」**であって、本来のファイルアクセスのやり方は以下のようになるのです。

1. まず、osパッケージの「OpenFile」関数を使い、ファイルをオープンします。これにより、File構造体の値が得られます。
2. Fileのメソッドを使い、ファイルからデータを読み込んだり、ファイルに書き出したりします。
3. ファイルの操作が完了したら、Fileの「Close」メソッドでファイルを閉じ、リソースを開放します。

　これが、基本的なファイルアクセスの手順です。この手順でファイルアクセスを行なえるようになりましょう。

◉ OpenFile について

　ファイルアクセスの最初に行なうのは、OpenFileにより、アクセスするファイルのFile値を得る、という作業です。Fileは構造体で、アクセスするファイルに関する情報を扱うためのものです。OpenFileで指定のファイルのFile構造体を取得し、それを使ってファイルアクセスを行なうのです。

　このOpenFileは、以下のように記述します。

```
変数 := os.OpenFile( ファイルパス , フラグ ,《FileMode》)
```

　第1引数は、アクセスするファイルのパスをstringで指定します。また最後の第3引数は、WriteFileでも使ったファイルアクセスのモードを示す値になります。

　OpenFileでポイントとなるのが、第2引数です。これは、アクセスファイルに関するフラグ情報を指定するものです。これはint値になっており、osパッケージに用意されている、フラグ設定のための定数を使って指定をします。用意されている定数には以下のようなものがあります。

O_RDONLY	読み込みのみ
O_WRONLY	書き出しのみ
O_RDWR	読み書き可能
O_APPEND	追記モード（既にあるデータの最期に追加していく）
O_CREATE	ファイルがない場合は新たに作る
O_EXCL	ファイルを新たに作る（既にあってはいけない）
O_SYNC	同期アクセス用に開く
O_TRUNC	ファイルの内容を切り詰めて開く

　これらの定数により、OpenFileでどういう形でファイルを開くのかを指定します。これは複数指定可能で、その場合はOR論理演算子「|」を使い、A | Bというようにして値をつなげて記述します。

　このOpenFileの戻り値は、os.Fileという構造体になります。この構造体に用意されているメソッドを使ってファイルへの読み書きを行ないます。

◉ ファイルを閉じる

　OpenFileで開いたファイルは、最後に必ず「Close」で閉じる必要があります。これにより、専有されていたリソースが開放されます。これを忘れると、ファイルがいつまでも使用中の扱いになり、他からアクセスできなくなってしまう場合があるので気をつけてください。

ファイルにテキストを追記する

では、OpenFileを使ったファイルアクセスを使ってみましょう。ここでは例として、テキストファイル（data.txt）にテキストをどんどん追記していくサンプルを考えてみます。

◎リスト5-3

```go
// importは以下のように修正
import (
        "os"
    "fmt"
    "hello"
)

func main() {
    // write text function.
    wt := func(f *os.File, s string) {
            _, er := f.WriteString(s + "\n")
            if er != nil {
                    fmt.Println(er)
                    f.Close()
                    return
            }
    }

    fn := "data.txt"

    f, er := os.OpenFile(fn, os.O_APPEND|os.O_CREATE|os.O_WRONLY, os.ModePerm)
    if er != nil {
            fmt.Println(er)
            return
    }
    fmt.Println("*** start ***")
    wt(f, "*** start ***")
    for {
            s := hello.Input("type message")
            if s == "" {
                    break
            }
            wt(f, s)
    }
```

```
        wt(f, "*** end ***\n\n")
        fmt.Println("*** end ***")
        er = f.Close()
        if er != nil {
                fmt.Println(er)
        }
}
```

◉図5-2：メッセージを次々に入力し、最後に未入力のままEnter/Returnすると終了する。data.txtを開くと、
入力したメッセージが書き出されているのがわかる。

このプログラムを実行すると、「**type message:**」とメッセージの入力を求めてきます。テキストをタイプしてEnter/Returnすると、次のメッセージを入力する状態になります。必要なだけ入力をしたら、最後に何も書かずにEnter/Returnするとプログラムを終了します。

実際に何度かプログラムを実行してメッセージを入力したら。プログラムのファイル (hello. go) がある場所に作成されている「**data.txt**」を開いてみましょう。すると、こんな感じでテキストが書き出されているのがわかります。

```
*** start ***
……記入したメッセージ……
*** end ***
```

入力したメッセージは、「***** start *****」と「***** end *****」の間に記述されています。この形式のテキストが、実行したプログラムの回数だけ記述されています。プログラムにより、ファイルにどんどんメッセージが追記されているのがわかるでしょう。

◉ ファイルへの追記を行なう

では、プログラムを見てみましょう。ここでは、以下のような形でOpenFileを実行し、File値を取得しています。

```
f, er := os.OpenFile(fn, os.O_APPEND|os.O_CREATE|os.O_WRONLY, os.ModePerm)
```

ファイル名にfnを指定し、その後にosパッケージの定数をいくつも|でつなげたものを指定していますね。これで三つの定数のいずれかに対応させています。これにより、**「書き出し専用モードで、ファイルがない場合は新たに作成し、既にある場合は最後に追記する」**という指定ができました。

◉ 値を書き出す

ここでは、値の書き出しを行なう処理をwtという関数にまとめています。この部分ですね。

```
wt := func(f *os.File, s string) {
    _, er := f.WriteString(s + "\n")
    if er != nil {
        fmt.Println(er)
        f.Close()
        return
    }
}
```

引数にos.Fileとstringを渡すようにしてあります。os.Fileというものに、OpenFileで開いたファイルの構造体を渡すわけです。第2引数のstringが、書き出すテキストになります。この関数では、以下のようにテキストを書き出しています。

```
_, er := f.WriteString(s + "\n")
```

WriteStringは、File構造体のメソッドで、引数に指定されたstringをファイルに書き出します。テキストを書き出すだけならば、これ一つ覚えておけば十分でしょう。**「バイナリデータを書き出したい」**という場合は、byte配列を書き出す**「Write」**メソッドもあります。

```
_, er := f.Write(《byte配列》)
```

テキストを書き出す場合も、たとえばf.Write([]byte(s + '\n')という具合にすれば、f.WriteString(s + "\n")と全く同じように書き出しできます。

panic と defer

これで一応、OpenFileを使ったファイルアクセスでテキストを書き出す処理はできました。が、ソースコードを見ると、なんとなく整理されていない感じがしたかもしれません。あちこちでエラー処理を行ない、そのたびにf.Closeでファイルを閉じてreturnというのを行なっています。

「**もう少し整理できないのだろうか**」と感じた人も多いことでしょう。

エラーが発生した場合、先のソースコードでは「**returnで抜ける**」ということを行なっていました。エラーの処理はさまざまなやり方が考えられます。が、「**プログラムを強制終了する**」という対処もあります。これを行なうのが「**panic**」という関数です。

```
panic(《error》)
```

このように、引数にerror値を指定して呼び出すことで、プログラムを強制終了します。このpanicは、プログラム自体が終了してしまいますから、あまり多用すべきではないでしょう。が、「**とりあえず何かあったら強制終了するようにしておいて、あとで問題点を考え直す**」というアプローチもあるでしょう。そんな場合に、panicは役立ちます。

ただし！ ただpanicをするだけだと、ファイルが閉じられることなく終了してしまいトラブルを起こす危険もあります。そこで、「**プログラムを終了する際、最後に必ず実行する処理**」を指定しておきます。これを指定するのが「**defer**」です。これは以下のように記述します。

```
defer ……実行する処理……
```

このdeferは、遅延実行を指定するものです。deferで指定された処理は、関数を終了する際、最後に必ず実行されます。これは、panicで強制終了する際もちゃんと呼び出されるのです。したがって、deferでf.Closeを実行するようにしておけば、returnでもpanicでも関数を終える際に必ずf.Closeされるようになります。

◉ deferでClose処理をまとめる

では、deferを使って、f.Closeをまとめてみましょう。またエラー発生時はpanicで中断するようにしてみます。

◉リスト5-4

```
func main() {
        // write text function.
        wt := func(f *os.File, s string) {
                _, er := f.WriteString(s + "\n")
                if er != nil {
                        panic(er)
                }
        }

        fn := "data.txt"
```

```
        f, er := os.OpenFile(fn, os.O_APPEND|os.O_CREATE|os.O_WRONLY, os.ModePerm)
        if er != nil {
                panic(er)
        }
        // defer close.
        defer f.Close()

        fmt.Println("*** start ***")
        wt(f, "*** start ***")
        for {
                s := hello.Input("type message")
                if s == "" {
                        break
                }
                wt(f, s)
        }
        wt(f, "*** end ***\n\n")
        fmt.Println("*** end ***")
}
```

これで、先ほどと全く同じ処理になります。が、f.Closeがdeferで一ヶ所にまとめられたため、かなり処理がわかりやすくなっているのがわかるでしょう。

ファイルを読み込む

続いて、OpenFileを使い、ファイルを開いて内容を読み込む処理を考えてみましょう。OpenFileで開き、Closeで閉じる基本は同じです。開いたあと、Fileから内容を取り出す処理が先ほどとは異なります。

では、これもサンプルを先に挙げておきましょう。

●リスト5-5

```
// importから"hello"を削除、"io/ioutil"を追加

func main() {
        // write text function.
        rt := func(f *os.File) {
                s, er := ioutil.ReadAll(f)
                if er != nil {
```

```
                panic(er)
            }
        fmt.Println(string(s))
    }
}


fn := "data.txt"

f, er := os.OpenFile(fn, os.O_RDONLY, os.ModePerm)
if er != nil {
    panic(er)
}
// defer close.
defer f.Close()

fmt.Println("<< start >>")
rt(f)
fmt.Println("<< end >>")
}
```

○図5-3：data.txtを読み込み、その内容を出力する。

　実行すると、プログラムがある場所の **「data.txt」** ファイルを開いて読み込み、そこに書かれているテキストを出力します。今回も、エラー発生時はpanicを起こすようにしてあります。またdeferでf.Closeを実行させています。

　問題なく実行できたら、data.txtのファイルを削除するなどしてエラーを発生させるとどうなるかも確認しておきましょう。

●図5-4：ファイルが見つからないと、panicを起こし、このように出力される。

◉ ioutil.ReadAllでテキストをまとめて取り出す

　　ここでは、rt関数でFileからテキストを読み込み表示する処理を行なっています。これは、以下のように記述していますね。

```
rt := func(f *os.File) {
    s, er := ioutil.ReadAll(f)
    if er != nil {
        panic(er)
    }
    fmt.Println(string(s))
}
```

　　ここで実行している「**s, er := ioutil.ReadAll(f)**」という文が、ファイルからテキストを読み込んでいる部分です。これは以下のように呼び出します。

```
変数1, 変数2 := ioutil.ReadAll(《Reader》)
```

　　ReadAllは、引数に指定したReaderから全テキストを読み込んで返します。Readerというのは、このあとに改めて説明しますので、今は「**Fileのことだ**」と考えてください。戻り値は、byte配列とerrorになります。読み込みに失敗した場合にのみerrorには値が渡されます。

　　OpenFileで開いたファイルからテキストを読み込むなら、このReadAllがもっとも手軽でしょう。

テキストを1行ずつ読み込む

ただし、ReadAllはすべてをまとめて取り出すため、「少しずつ取り出して処理をしていく」というような場合は不向きでしょう。こうした場合は、bufioパッケージの「Reader」というインターフェイスを実装した構造体を利用します。Readerは、データの読み込みを行なうための機能をまとめたインターフェイスです。これを実装した構造体は、以下のように作成します。

```
変数 := bufio.NewReaderSize(《Reader》, int値 )
```

NewReaderSizeは、データを保管するバッファを持ったReaderを作成します。引数には、Readerとバッファサイズ（バイト数）を示すint値を指定します。「**Readerを作るのに、Readerを引数に指定しないといけない?**」と不思議に感じるかもしれませんが、この場合の第1引数は、FileでOKです。FileもReaderとしてのインターフェイスを実装しているため、Readerとして使えるのです。第2引数のバッファサイズは、適当な大きさを指定しておきます。

作成されたReaderには、テキストを取り出すいくつかのメソッドが用意されています。

✚改行コードまで読み込む

```
変数1, 変数2, 変数3 :=《Reader》.ReadLine( )
```

ReadLineは、改行までのデータを読み込みます。戻り値の変数1には、読み込んだテキストがbyte配列で返されます。変数2にはバッファにテキストを格納しきれない場合にtrueが返されます。変数3にはエラーが発生した際にerrorが返されます。

✚区切り文字を指定して読み込む

```
変数1, 変数2 :=《Reader》.ReadString( byte値 )
```

これは、読み込む区切りとなる文字を指定して読み込んでいくものです。引数には、区切り文字をbyte値で指定します。これに'\n'など指定すれば、実質的にReadLineと同じように使うこともできます。

戻り値は二つあり、変数1に読み込んだテキストがstring値で返されます。読み込み時にエラーが発生した場合はerrorが変数2に返されます。

◉ReadLineで読み込む

では、実際に使ってみましょう。ここでは、ReadLineを使って行単位でテキストを読み込む例を挙げておきます。先ほどのサンプルにあったrt関数を以下のように書き換えてください。

❶リスト5-6

```
// importから"io/ioutil"を削除、"bufio" を追加

rt := func(f *os.File) {
        r := bufio.NewReaderSize(f, 4096)
        for i := 1; true; i++ {
                s, _, er := r.ReadLine()
                if er != nil {
                        break
                }
                fmt.Println(i, ":", string(s))
        }
}
```

❶図5-5：ファイルから1行ずつ読み込み、ナンバリングして出力する。

実行すると、data.txtを開き、1行ずつ読み込んで出力していきます。各行の冒頭には行番号が表示されます。

ここでは、まずNewReaderSizeを使って新しくReaderを作成しています

```
r := bufio.NewReaderSize(f, 4096)
```

バッファサイズには4096を指定しておきました。実際のテキストの読み込みは、forの繰り返しで行なっています。

```
for i := 1; true; i++ {
        s, _, er := r.ReadLine()
```

変数iが1からスタートし、繰り返すごとに1増えていきます。が、繰り返しの条件はtrueを指定して無限ループにしてあります。テキストを読み込んでいく中で、必要に応じてbreakして繰り返しを抜けよう、という考えです。

ここでは、ReadLineを使ってテキストを読み込んでいます。これで変数sに読み込んだテキストがbyte配列として代入されます。あとは、これを出力するだけです。また、最後まで読み込んだときの繰り返し終了処理は、erを使って行なっています。

```
if er != nil {
        break
}
fmt.Println(i, ":", string(s))
```

ReadLineでは、最後まで読み込み終わったあとで更にReadLineされると、EOF（End of File）というerrorが発生します。これを利用して繰り返しを抜け出しています。

読み込んだ値は、string(s)としてstring値に変換し、Printlnで出力しています。このあたりは既にReadAllでやっていますからわかりますね。

ファイル情報を調べる

ファイルアクセスを行なってデータの読み書きを行なう操作はわかりました。ファイル操作というのは、こうした読み書きだけでなく、ファイルの名前やサイズなど、ファイルに関する情報を調べたりする作業も必要となるでしょう。こうした「**ファイル情報**」についても触れておきましょう。

ファイル情報は、Goでは「**FileInfo**」という構造体として用意されています。これを取得するには、osパッケージの「**Stat**」関数を利用します。

```
変数1, 変数2 := os.Stat( パス )
```

引数には、調べるファイルのパスをstring値で指定します。これで、そのファイルのFileInfoが変数1に返されます。もし、FileInfoが取得できなかった場合は、変数2にerrorが返されます。

また、Fileから直接ファイルのFileInfoを取り出したい、という場合は、Fileの「**Stat**」というメソッドでFileInfoを取り出せます。

```
変数1, 変数2 := 《File》.Stat()
```

これも二つの値を返します。問題なくFileInfoが取得できた場合は変数1に、もし問題が発生した場合はerrorが変数2に返されます。

◉ ディレクトリ内にあるファイルを調べる

この他、特定のディレクトリ内にあるファイルのFileInfoをまとめて調べたいような場合もあります。こうした場合は、ioutilの**「ReadDir」**という関数を使うのが基本でしょう。

```
変数 := ioutil.ReadDir( パス )
```

引数には、調べる場所 (ディレクトリ) のパスをstring値で渡します。これで、その場所にあるファイル／フォルダ類のFIleInfo配列が得られます。ここから順にファイルのFileInfoを取り出して処理すればいいでしょう。

◉ FileInfoから情報を得る

取得されたFileInfoには、ファイルに関する情報を得るためのメソッドがいろいろと用意されています。以下に簡単にまとめておきましょう。

Name()	ファイル名を string 値で返す
Size()	ファイルサイズ (バイト数) を int64 値で返す
Mode()	ファイルモードを FileMode 値で返す
ModTime()	更新日時を Time で返す
IsDir()	ディレクトリ (フォルダ) かどうかを bool で返す
Sys()	プロセスに関する情報を返す

FileInfoは、ファイルに限らずディレクトリ (フォルダ) にも用意されています。両者の区別は、IsDirで調べることができます。

◉ ディレクトリ内の全ファイルの情報を出力する

では、ファイルの情報を調べるプログラムを作成してみましょう。例として、プログラムがある場所にあるファイルやフォルダの名前とサイズを調べて出力させてみます。

◉リスト5-7

```
// importは以下のように修正
import (
        "fmt"
        "io/ioutil"
)
```

```go
func main() {
        fs, er := ioutil.ReadDir(".")
        if er != nil {
                panic(er)
        }

        for _, f := range fs {
                fmt.Println(f.Name(), "(", f.Size(), ")")
        }
}
```

◉図5-6：プログラムがある場所にあるファイル類の名前とサイズがリスト表示される。

実行すると、ファイル名とそのバイト数を出力していきます。ここでは、以下のようにしてプログラムの置かれている場所にあるファイル／フォルダ類の情報を取得しています。

```go
fs, er := ioutil.ReadDir(".")
```

引数に"."を指定することで、プログラムがある場所のパスを指定します。これで、そこにあるファイル／フォルダのFileInfo配列が得られます。これを元に、繰り返しを使って順にFileInfoを取り出し、そのNameとSizeを出力しています。

```go
for _, f := range fs {
        fmt.Println(f.Name(), "(", f.Size(), ")")
}
```

配列fsから順にFileInfoを変数fに取り出し、f.Nameとf.Sizeの値を出力しています。こんな

具合に、FileInfoさえ得られれば、ファイルの情報は簡単に扱えるのです。

　ファイル関係の機能はまだまだ多くのものが用意されていますが、FileやFileInfoといったファイルに関する基本的な値を取り出すことさえできれば、ファイル操作はそう難しいものではないことがわかるでしょう。

ネットワークアクセス

外部サイトにアクセスする

必要なデータへのアクセスは、何もファイルに限ったものではありません。それ以外のところから必要なデータを取得することもあります。その代表例が**「インターネット」**でしょう。

インターネット上のWebサイトにアクセスし、そこから必要なデータを取得する、といったことはよく行なわれます。そのための基本的な手順についてここで説明しましょう。

外部のWebサイトへアクセスするには、net/httpパッケージにある**「Get」**関数を使います。これは以下のように呼び出します。

```
変数1, 変数2 := http.Get( アドレス )
```

引数には、アクセスするWebサイトのアドレス（URL）をstring値で指定します。これで指定アドレスにGETアクセスし、取得した結果を変数1に返します。もし何らかの問題が発生した場合は、変数2にerrorを返します。

ここでは、GETアクセスについて説明するのでhttp.Getを使いますが、同様にPOSTアクセスを行なう**「Post」**メソッドも用意されています。使い方はGetと同じで、アクセスするアドレスをstringで引数に指定するだけです。

◉ Response構造体

この変数1に返される値は、netパッケージにある**「Response」**という構造体です。これはネットワークアクセス時のサーバーからのレスポンス情報を管理するものです。この中から必要な情報を取り出して利用します。主なものとして以下のような値が用意されています。

Status	アクセスの状態（ステータス）を表すstring値
StatusCode	ステータスコードを表すint値
Body	取得した情報のボディ部分（コンテンツ）を扱うio.ReadCloser値
ContentLength	コンテンツの長さを表すint64値

これらの中でわかりにくいのは「**Body**」でしょう。これは、ioパッケージのReadCloserというインターフェイスを実装した構造体の値として返されます。このReadCloserは、名前の通りデータを読み取るReaderと、ストリームを閉じるインターフェイス (Closer) を持っています。ここから、以下のようにコンテンツを取得します。

```
変数1，変数2 :=ioutil.ReadAll(《ReadCloser》)
```

ioutilのReadAllを使い、ResponseのBodyを引数に指定して全テキストをbyte配列として取り出します。あとは、取り出したデータをstringに変換して利用すればいいわけですね。

⦿ ReadCloserの開放

これで必要な情報は得られますが、アクセスが完了したら、最後にReadCloserを開放する必要があります。これは「**Close**」メソッドを使います。

```
《ReadCloser》.Close()
```

これによりReadCloserが開放され、プログラムが終了できます。これは、deferを使って最後に必ず実行されるようにしておきましょう。

⦿ Webサイトのコンテンツを取得する

では、実際に外部のWebサイトにアクセスして、そのコンテンツを取得してみましょう。ここで例として、Go言語のサイト (golang.org) のトップページにアクセスし、そのコンテンツを表示するプログラムを作成します。

⦿リスト5-8

```go
// importに"net/http" を追加

func main() {
        p := "https://golang.org"
        re, er := http.Get(p)
        if er != nil {
                panic(er)
        }
        defer re.Body.Close()

        s, er := ioutil.ReadAll(re.Body)
        if er != nil {
```

```
        panic(er)
    }

    fmt.Println(string(s))
}
```

⊕図5-7：実行すると、golang.org のトップページの HTML ソースコードが出力される。

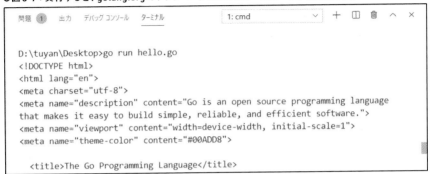

プログラムを実行すると、https://golang.orgにアクセスをしてWebページのコンテンツ（HTMLソースコード）を取得し、出力します。ごく単純な処理ですが、Webアクセスの基本はこれでわかるでしょう。

ここでは、まずhttp.Getで指定のアドレスにアクセスをします。

```
re, er := http.Get(p)
```

エラーが発生すればerにerrorが返されるので、これがnilでないかチェックします。これはお決まりの処理ですね。そして、deferでReadCloserの開放処理を用意しておきます。

```
defer re.Body.Close()
```

あとは、Getで得られたResponseからコンテンツを取り出すだけです。これはReadAllを使えばいいんでしたね。

```
s, er := ioutil.ReadAll(re.Body)
```

引数にはre.Bodyを指定してあります。これで、リクエストからコンテンツのテキストが取り出せました。あとはこれを出力するだけです。ポイントさえつかめれば、Webアクセスは意外と簡単ですね。

Webスクレーピングと「goquery」

ただアクセスしてコンテンツを取り出すだけなら、非常に簡単に行なえました。が、実際に外部のWebサイトにアクセスする場合は、取得したコンテンツから有用な情報を探して取り出し処理する、といった作業が必要になるでしょう。いわゆる「**Webスクレーピング（Webデータ抽出）**」と呼ばれる技術ですね。

これは、取得したHTMLソースコードから必要なデータを検索して取り出すことも不可能ではありませんが、的確に必要なデータを取り出すのはかなり面倒な作業になるでしょう。Goには、HTMLをパース処理し、必要な情報を簡単に取り出せるようにしてくれるパッケージが流通しています。「**goquery**」というもので、これを利用してコンテンツを処理してみましょう。

goqueryは、標準ではインストールされていません。コマンドプロンプトやターミナルから以下のgo getコマンドを実行してインストールしてください。

```
go get github.com/PuerkitoBio/goquery
```

◉ Documentの作成

このgoqueryは、"goquery"パッケージをインポートし、その中に用意されている関数などを使って処理を行ないます。最初に行なうのは、HTMLから「**Document**」という構造体を作成することです。これはいくつかのやり方があります。

✚URLアドレスから作成する

```
変数 := goquery.NewDocument( アドレス )
```

✚Responseから作成する

```
変数 := goquery.NewDocumentFromResponse(《Response》)
```

✚Readerから作成する

```
変数 := goquery.NewDocumentFromReader(《Reader》)
```

もっとも簡単なのは、アクセスするアドレスをstring値で指定する「**NewDocument**」でしょう。これを実行すると、goqueryのほうで指定アドレスにアクセスしてHTMLソースコードをダウンロードし、それを元にDocumentを作成する、という一連の作業をすべて行なってくれます。

Findによる検索処理

このDocumentには、ドキュメント内にあるさまざまな要素を利用するための機能が用意されています。中でも**「これさえ覚えておけばOK」**といえるほどに重要なものが**「Find」**メソッドです。

Findは、ドキュメント内にあるHTMLの要素を検索するためのものです。これは以下のように呼び出します。

```
変数 :=《Document》.Find( 検索対象 )
```

引数に検索対象となる値をstringで用意します。Findの最大の特徴は、引数の検索対象の指定に**「CSSセレクタ」**が使える、という点でしょう。CSSセレクタは、CSSでスタイルを適用する対象を指定するのに使われるものですね。これをそのまま利用して、Documentから対象となる要素を検索できるのです。

このFindで得られるのは、**「Selection」**と呼ばれる構造体です。Selectionは、検索対象に一致する要素を管理するためのもので、そこから対象となる要素の情報などを得ることができきます。

Selectionは、これ自体も実は複数のSelectionをまとめて管理するコレクションになっています。つまり、Findを実行することで、検索対象となる要素のSelectionがすべて一つのSelectionにまとめられたものが取得される、というわけです。あとはここから順に要素を取り出して処理していけばいいのです。

◉ Selectionからテキストと属性を得る

このSelectionは、対象となる要素の情報を取り出すためのメソッドをいくつか備えています。主なものの使い方を個々でまとめておきましょう。

╋要素のテキストを得る

```
変数 :=《Selection》.Text()
```

╋要素にある属性の値を得る

```
変数1, 変数2 :=《Selection》.Attr( 名前 )
```

╋要素のHTMLを得る

```
変数1, 変数2 :=《Selection》.Html()
```

✚要素の前後の要素を得る

```
変数 :=《Selection》.BeforeSelection()
変数 :=《Selection》.AfterSelection()
```

✚要素の親要素を得る

```
変数 :=《Selection》.Parent()
```

✚要素に組み込まれている子要素を得る

```
変数 :=《Selection》.Children()
```

TextとAttrは、HTMLの要素に設定されているテキストや属性の値を取り出すものです。いずれも戻り値はstringになります。Attrは、引数に属性の名前を指定しますが、その属性が存在しない場合もあります。もし問題が発生した場合は変数2にerrorが返されます。

Htmlは、その要素のHTMLをstringで取り出すものです。これは戻り値が二つあり、取得したHTMLは変数1に返されます。値の取得に問題が発生すると変数2にerrorが返されます。

BeforeSelection/AfterSelectionは、そのSelectionの要素の前後にある要素をSelectionとして取り出すものです。Parentは、その要素が組み込まれている親要素のSelectionを取得します。Childrenは、その要素の中に組み込まれているすべての要素をSelectionとして取り出します。

Selectionには、他にも多くのメソッドがありますが、**「必要な値を取り出す」**ということに関していえば、これらさえ理解していれば的確に情報を取り出せるようになるでしょう。

◉ <a>タグのリンクを出力する

では、これも実際に簡単なサンプルを作成してみましょう。golang.orgのトップページにアクセスし、そこにある<a>タグのリンクをすべて取り出してみます。

⊕リスト5-9

```go
// importは以下のように修正
import (
        "github.com/PuerkitoBio/goquery"
)

func main() {
        p := "https://golang.org"
        doc, er := goquery.NewDocument(p)
        if er != nil {
                panic(er)
```

```
    }

    doc.Find("a").Each(func(n int, sel *goquery.Selection) {
        lk, _ := sel.Attr("href")
        println(n, sel.Text(), "(", lk, ")")
    })
}
```

◉図5-8：golang.orgのページから<a>タグのリンクを検索し、その表示テキストとリンクアドレスを出力する。

実行すると、<a>タグの表示テキストをhrefによるリンクアドレスがナンバリングされて出力されます。HTMLの中から必要な情報だけを取り出しているのがよくわかりますね。

ここでは、まず以下のようにしてDocumentを作成しています。

```
doc, er := goquery.NewDocument(p)
```

goqueryでは、http.GetのようにCloseでの開放など考える必要がありません。ただDocumentを作成して操作すればいいのです。扱いは非常に簡単ですね。

◉ FindされたSelectionのEachによる処理

Documentを作成したら、そこから<a>タグの情報だけを取り出して処理をしています。これを行なっているのが以下の部分です。

```
doc.Find("a").Each(func(n int, sel *goquery.Selection) {……})
```

Findで引数に指定したCSSセレクタを元に要素の検索を行なっています。その結果は、やはりSelectionとして返されます。ここでは、更にEachというメソッドを呼び出していますね。

このEachは、Selectionの各要素を処理するものです。Selectionはコレクションになっており、その中に更に多数のSelectionを持つことができる、と説明しました。この**「コレクションとして内部に持っている多数のSelection」**を順に処理していくための機能として用意されているのがEachです。これは以下のような関数を引数に持っています。

```
func(《int》,《Selection》){……}
```

第1引数には、取得したSelectionのインデックスがint値として渡されます。そして第2引数に、取り出したSelectionが渡されます。これらの引数を使って、取り出したSelectionの処理をすればいいわけですね。

ここでは、以下のように処理を行なっています。

```
lk, _ := sel.Attr("href")
println(n, sel.Text(), "(", lk, ")")
```

Attr("href")で、Selectionからhref属性の値を取り出します。そして、Textで得られたテキストともにprintlnで出力をしています。このように取得したSelectionからAttrなどを使うことで必要な情報を取り出し利用できます。Webスクリーピングというと難しそうですが、実際にやっていることは意外と簡単な作業なのです。

JSONデータを処理する

「Webサイトから必要なデータを得る」という場合、一般的なWebページの他に**「データの配信を行なっているWebサイト」**というものも考える必要があるでしょう。REST（Representational State Transfer）を利用したWebサービスなどがその代表例です。

RESTでは、XMLやJSONを使ってデータを公開するのが一般的です。ここでは、JSONデータを取得し利用する方法について説明しましょう。サンプルとして、筆者が運用するサンプルデータの配信サイトを利用します。

https://tuyano-dummy-data.firebaseio.com/mydata.json

これは、Firebaseで作成されたデータベースをJSONデータとして取得するものです。このアドレスにアクセスすると、以下のようなJSONデータが取得されます。

○リスト5-10

```
[
        {"mail":"taro@yamada","name":"taro","tel":"333-333"},
        {"mail":"syoda@tuyano.com","name":"tuyano","tel":"999-999"},
        {"mail":"hanako@flower","name":"hanako","tel":"888-888"},
        {"mail":"sachiko@happy","name":"sachiko","tel":"777-777"}
]
```

mail, name, telという三つの値を持つオブジェクトを複数個まとめた配列の形になっているのがわかるでしょう。ごく単純なデータベースのデータと考えてください。

このデータを取得し、Goの値として構造的に取り出し利用できるようにする、というのが今回のポイントです。データの取得は、既に説明したようにhttp.Getを利用すればいいでしょう。問題は、取り出したデータをどうやって処理するか、です。

◉ encoding/jsonを利用する

JSONデータの処理は、encoding/jsonというパッケージに用意されている機能を使います。ここにある「**Unmarshal**」という関数を使ってJSONデータの変換を行ないます。

このUnmarshalを使うためには、まず事前に「**空のインターフェイス型**」の変数を用意しておく必要があります。

```
var 変数 []interface{}
```

空のインターフェイスというのは、さまざまな型を保管できる汎用的な型として扱える、ということを以前説明しました (3-3 空のインターフェイス型について 参照)。どんな型の値も保管できるこの変数を使い、Unmarshalを呼び出します。

```
er = json.Unmarshal(《JSONデータ》, &変数)
```

第1引数に、JSONデータを指定します。これはstringではなく、byte配列にしておく必要があります。そして第2引数には、用意しておいた空のインターフェイス型の変数を指定します。これは参照渡しとなっており、&をつけて変数のポインタを指定します。これにより、Unmarshalは第1引数のJSONを解析しGoの値に変換して第2引数で指定された変数に書き出します。引数の変数に直接値を書き出すため、参照渡しにしておく必要がある、というわけです。

Firebase から JSON データを取得する

　では、実際にJSONデータを取得し処理するサンプルプログラムを作成してみましょう。先ほどのFirebaseによるサンプルデータのサイトにアクセスし、取得したJSONデータをGoの値に変換して必要な値を取り出してみます。

○ リスト5-11

```go
// importは以下のように修正
import (
        "net/http"
        "io/ioutil"
        "fmt"
        "encoding/json"
)


func main() {
        p := "https://tuyano-dummy-data.firebaseio.com/mydata.json"
        re, er := http.Get(p)
        if er != nil {
                panic(er)
        }
        defer re.Body.Close()

        s, er := ioutil.ReadAll(re.Body)
        if er != nil {
                panic(er)
        }

        var data []interface{}
        er = json.Unmarshal(s, &data)
        if er != nil {
                panic(er)
        }

        for i, im := range data {
                m := im.(map[string]interface{})
                fmt.Println(i, m["name"].(string), m["mail"].(string),
                    m["tel"].(string))
        }

}
```

● 図 5-9：サンプルの JSON データを取得し、その中のデータの内容を順に表示する。

```
D:\tuyan\Desktop>go run hello.go
0 taro taro@yamada 333-333
1 tuyano syoda@tuyano.com 999-999
2 hanako hanako@flower 888-888
3 sachiko sachiko@happy 777-777

D:\tuyan\Desktop>
```

プログラムを実行すると、実行したターミナルに取り出したデータの内容が以下のように出力されていくのがわかります。

```
0 taro taro@yamada 333-333
1 tuyano syoda@tuyano.com 999-999
2 hanako hanako@flower 888-888
3 sachiko sachiko@happy 777-777
```

出力の形から、ちゃんとJSONデータの配列から順にデータを取り出し処理しているのがよくわかるでしょう。

では、JSONデータを取得している部分を見てみましょう。まず、アクセスするURLアドレスを変数に用意し、http.Getでアクセスを行ないます。

```
p := "https://tuyano-dummy-data.firebaseio.com/mydata.json"
re, er := http.Get(p)
```

これで、変数reにResponseが得られることになります。終了時を考え、deferでre.Bodyを開放する処理を用意しておきます。

```
defer re.Body.Close()
```

そして、re.Bodyからすべてのコンテンツを変数に取り出します。これはioutil.ReadAllを使えばいいんでしたね。

```
s, er := ioutil.ReadAll(re.Body)
```

これで、JSONデータがbyte配列として変数sに取り出されました。ネットワークアクセスの処理はこれでおしまいです。

次は、このデータをjson.UnmarshalでGoの値に変換する作業を行ないます。

```
var data []interface{}
er = json.Unmarshal(s, &data)
```

あらかじめ[]interface‖と型を指定した変数を用意しておき、このポインタをUnmarshalの第2引数に指定して呼び出しています。これにより、変数sに入れてあるJSONデータがGoの[]interface‖型の値に変換されdataに代入されます。

◉ 型アサーションで値を変換する

これで、空のインターフェイスとしてJSONのデータを取り出せました。が、ここからどうやって値を取り出していけばいいのでしょう。

まず、データは配列になっていたから、繰り返しを使ってdataから順に値を取り出せばいい、ということは想像がつきますね。

```
for i, im := range data {……}
```

これで、dataから各データの値が変数imに取り出されました。この取り出されたimも、空のインターフェイス型の値です。ここからどうやって値を取り出すのか。

これは、**「型アサーション」**と呼ばれる機能を利用します。これは、空のインターフェイス型の値を特定の型の値として取り出し直すのに使う機能です。

```
変数 := 値 .( 型 )
```

このように、値のあとにドットを付け、()で型を指定します。これにより、指定した型として値が変数に取り出されるのです。

では、ここで行なっていることを見てみましょう。まず、forで取り出された値をマップ型に変換します。

```
m := im.(map[string]interface{})
```

JSONの値は、‖"mail":"taro@yamada",……‖というように、各値に名前となるキーがつけられて管理されています。これは、Goのマップと全く同じ形です。したがって、このような形の値はマップ型に変換すればいいのです。

ここでのマップ型は、map[string]interface‖というように、キーをstring型、値をinterface‖型で指定してあります。キーはstringでも、そこに保管されている値が何かはわからない（サンプルではすべてstringですが、そうでない場合もあるはずですから）ため、値はからのインターフェイス型にしているのですね。

そして、マップに変換された変数mから、name, mail, telの値を取り出してprintlnで出力します。

```
Println(i, m["name"].(string), m["mail"].(string), m["tel"].(string))
```

変数mから取り出す値も、m["name"].(string)というように型アサーションを使ってstring型に変換しています。こうして空のインターフェイスから必要な値を取り出し処理することができるのです。

データを構造体に変換する

これでJSONデータを取り出し利用することはできました。しかし、**「空のインターフェイスを型アサーションで変換して処理する」**というやり方は、あまりスマートなものではありません。何より、いちいち取り出した変数を別の型に変換して型アサーションの指定を書いて……とやっていくのは正直面倒ですね。

利用するJSONデータの構造が既にわかっているのであれば、そのデータの構造を**「構造体」**として定義し利用するほうが遥かに簡単です。これは比較的簡単に行なえます。実際にやりながらその手順を説明しましょう。

まず、JSONデータの構造体を定義します。今回使っているJSONデータは、以下のような形式のデータが配列としてまとめられていました。

```
{"mail":メールアドレス, "name":名前, "tel":電話番号 }
```

いずれもstring値が用意されていました。このデータをそのまま保持できる構造体を定義しましょう。ここでは**「Mydata」**という名前で以下のように定義をしてみます。

●リスト5-12

```
// Mydata is json structure.
type Mydata struct {
        Name string
        Mail string
        Tel  string
}

// Str get string value.
func (m *Mydata) Str() string {
        return "<\"" + m.Name + "\" " + m.Mail + ", " + m.Tel + ">"
}
```

見ればわかるように、内部にName, Mail, Telといった三つの変数を持つだけのシンプルな構造体です。この構造体の値として、JSONデータを取り出そうというわけです。また、値を取り出す場合を考え、Strというメソッドも追加しておきます。

◉ JSON データを Mydata として処理する

では、試してみましょう。mainを書き換えて行ないます。先ほど作成したMydata構造体と
Strメソッドも記述しておくのを忘れないでください。

◉リスト5-13

```go
// importから"fmt"を削除

func main() {
        p := "https://tuyano-dummy-data.firebaseio.com/mydata.json"

        re, er := http.Get(p)
        if er != nil {
                panic(er)
        }
        defer re.Body.Close()

        s, er := ioutil.ReadAll(re.Body)
        if er != nil {
                panic(er)
        }

        var itms []Mydata
        er = json.Unmarshal(s, &itms)
        if er != nil {
                panic(er)
        }

        for i, im := range itms {
                println(i, im.Str())
        }
}
```

◉図5-10：JSONデータを取得しその内容を出力する。

これを実行すると、先ほどと全く同じようにJSONデータの内容が出力されていきます。ここではMydataのStrメソッドで内容を取り出しているため、出力の形は以下のようになります。

```
0 <"taro" taro@yamada, 333-333>
1 <"tuyano" syoda@tuyano.com, 999-999>
2 <"hanako" hanako@flower, 888-888>
3 <"sachiko" sachiko@happy, 777-777>
```

◉JSONデータをUnmarshalする

では、JSONをMydataの配列として取り出す処理を見てみましょう。これは、実は非常に簡単です。あらかじめMydata配列の変数を用意しておき、これを使ってUnmarshalすればいいのです。

```
var itms []Mydata
er = json.Unmarshal(s, &itms)
```

Unmarshalの第2引数に、Mydata配列の変数itemを指定しています。これも直接値が変数に書き出されるのでポインタを指定しておきます。

これで、JSONのデータはMydata配列として取り出せてしまいます。あとは、繰り返しを使い順に値を取り出して処理をしていくだけです。

```
for i, im := range itms {
        println(i, im.Str())
}
```

ここではim.Strで取り出した内容を出力させていますが、たとえばim.Nameというようにして個々の値を直接利用することも可能です。

JSONデータが使えるようになれば、RESTサービスの利用が可能になります。**「Webページから必要な情報を取り出す」**というだけでなく、FirebaseのようなBaaSやSaaSと連携したプログラムの開発も可能となります。ネットワークアクセスの基本としてぜひここで覚えておいてください。

データベースアクセス

Section 5-3

SQLデータベースを利用する

多量のデータアクセスを行なう場合、必須となるのが「**データベース**」です。Goにも、標準でSQLデータベースにアクセスするための機能が用意されており、それを利用することで本格SQLデータベースをプログラム内から利用できるようになります。

ただし、SQLデータベースを利用する基本部分は標準で用意されているのですが、各データベースへのドライバプログラムはそれぞれでインストールする必要があります。

ここでは、SQLite3を使ってデータベースアクセスを行なってみることにします。SQLite3は、プログラムから直接データベースファイルにアクセスして操作できるため、データベースサーバーを立てたりする必要もなく手軽に利用できます。SQLデータベースであれば、どんなものであっても基本的な使い方は同じなので、もっとも扱いが簡単なSQLite3をベースに説明を行なうことにします。

なお、SQLite3についての詳しい使い方などは特に説明をしません。それぞれでインストールをし、利用可能な状態にしておいてください（go.exeがあるフォルダにSQLite3関連のファイルをコピーすれば動作します）。プログラム本体は以下のWebサイトよりダウンロード可能です。

✚SQLite3のWebサイト

https://www.sqlite.org

⊕図5-11：SQLite3のWebサイト。

◉ go-sqlite3をインストールする

GoからSQLite3を利用するためには、そのドライバプログラムをインストールする必要があります。これはいくつか存在しますが、ここでは**「go-sqlite3」**というプログラムを使うことにします。

コマンドプロンプトやターミナルから以下を実行してgo-sqlite3をインストールしてください。

```
go get github.com/mattn/go-sqlite3
```

これで、Goのプログラム内からSQLite3を利用できる環境が整いました。

テーブルを準備する

実際にデータベースにアクセスするには、当たり前ですがデータベース側に何らかのデータがないといけません。簡単なサンプルを作成しておきましょう。SQLite3のデータベースファイルを作成する方法はいろいろとありますが、ここではSQLコマンドを使った手順についてだけ説明しておきます。

コマンドプロンプトまたはターミナルからcdコマンドでGoのソースコードファイルがある場所に移動し、以下のように実行してSQLite3を起動してください。

```
sqlite3 data.sqlite3
```

◉図 5-12：ディレクトリを移動し、sqlite3コマンドを実行する。

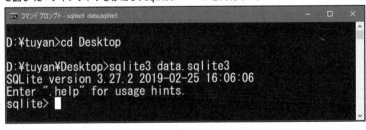

これでSQLite3が起動し、data.sqlite3というデータベースファイルを開きます。ここに必要なテーブルを作成し、レコードを追加していきます。

作成されるdata.sqlite3ファイルは、Goのソースコードファイルと同じ場所に配置してください。別のところに作成してしまった場合は、SQLite3の作業後、Goソースコードファイルのある場所に移動しておきましょう。

● mydataテーブルの作成

では、サンプルのテーブルを用意しましょう。今回は、「**id**」「**name**」「**mail**」「**age**」といったカラムを持つ「**mydata**」テーブルを作成します。以下のようにSQLコマンドを実行してください。

● リスト5-14

```
CREATE TABLE "mydata" (
        "id"        INTEGER PRIMARY KEY AUTOINCREMENT,
        "name"        TEXT NOT NULL,
        "mail"        TEXT,
        "age"        INTEGER
);
```

● 図5-13：CREATE TABLEコマンドでmydataテーブルを作成する。

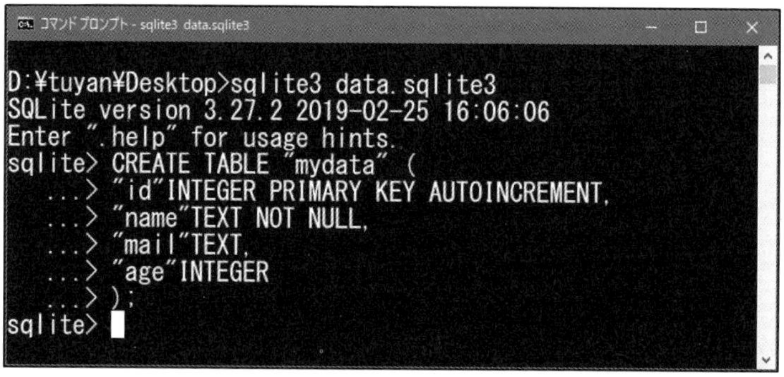

これで、mydataテーブルが作成されます。テーブルが用意できたら、ダミーのレコードをいくつか用意しておくことにしましょう。

● リスト5-15

```
INSERT INTO "mydata" VALUES (1,'Taro','taro@yamada',39);
INSERT INTO "mydata" VALUES (2,'Hanako','hanako@flower',28);
INSERT INTO "mydata" VALUES (3,'Sachiko','sachiko@happy',17);
INSERT INTO "mydata" VALUES (4,'Jiro','jiro@change',6);
```

これはダミーの作成例で、この通りにレコードを追加する必要はありません。こんな具合にいくつか用意しておけばそれで問題ないでしょう。実行後、「**select * from mydata;**」を実行してmydataテーブルにレコードが追加されていることを確認しておきましょう。

◉図5-14：mydataにダミーのレコードを追加する。

SQLデータベース利用の流れ

では、GoからSQLデータベースを利用する際の処理の流れを整理しましょう。SQLデータベースは、database/sqlパッケージに用意されている機能を使います。また、この他に先ほどインストールしたgo-sqlite3のパッケージも必要になります。

これらを利用するため、importの()内に、以下の文を追記しておく必要があります。

```
"database/sql"
_ "github.com/mattn/go-sqlite3"
```

注意が必要なのは、github.com/mattn/go-sqlite3パッケージです。これは、その前にアンダースコア（_）をつけて記述する必要があります。これは「**空白の識別子（Blank Identifier）**」というものです。これは、インポートされているパッケージと依存関係にあるパッケージを指定するのに使います。

このgithub.com/mattn/go-sqlite3パッケージには、database/sqlを使う際にドライバとして使用されるプログラムが用意されています。ただし、このパッケージにある関数や構造体などを直接使うわけではありません。database/sqlにある機能を使う際に、依存関係にあるgithub.com/mattn/go-sqlite3パッケージの機能が呼び出される、というものなのです。実際にこのパッケージ内の関数などを呼び出しているわけではないため、普通に（空白の識別子を付けずに）書くと、VS Codeで保存する際、構文チェックが実行され「**このパッケージは使ってない**」と判断されて自動的に削除されてしまいます。したがって、必ず冒頭に空白の識別子を記述しておく必要があります。

◉ sql.OpenしDBを作成する

SQLデータベースへのアクセスは、database/sqlパッケージにある「**Open**」という関数を使います。これは以下のように呼び出します。

```
変数1, 変数2 := sql.Open( ドライバ名 , データベース名 )
```

　　第1引数には、利用するSQLデータベースのドライバ名を指定します。第2引数は、使用する
データベースの名前を指定します。(SQLite3の場合、データベースファイルのパスを指定)。ど
ちらもstring値として用意します。

　　このOpen関数は、データベースにアクセスし、「**DB**」構造体を返します（正確にはそのポ
インタを返す）。

　　このDB構造体が、データベースアクセスに関する機能を提供するものになります。ここにあ
るメソッドを呼び出すことで、データベースにアクセスを行ないます。この中にはさまざまなアク
セス用のメソッドが用意されており、それらの使い方をマスターすることがデータベース利用の
ポイントとなるでしょう。

◉ DBのClose

　　データベースのアクセスが終わったら、最後にDBの「**Close**」を呼び出してデータベースへ
の接続を開放する必要があります。これは、deferを利用して以下のように用意しておくのがよ
いでしょう。

```
defer 《*DB》.Close()
```

　　これで、終了時にデータベース接続が自動的に開放されるようになります。Closeしたあと
は、もうDBの機能は利用できなくなります。

Mydata構造体を用意する

　　では、実際にデータベースを利用してみましょう。main処理を作る前に、まず**「レコードを
保管するための構造体」**を作成しておきましょう。ここでは、Mydataという構造体として作成
をします。先に、JSONデータを扱うMydata構造体を作りましたが、あれを以下のように書き換
えて使えばよいでしょう。

◉リスト5-16

```
// Mydata is json structure.
type Mydata struct {
        ID    int
        Name  string
        Mail  string
        Age   int
}
```

```
// Str get string value.
func (m *Mydata) Str() string {
        return "<\"" + strconv.Itoa(m.ID) + ":" + m.Name + "\" " + m.Mail +
            "," + strconv.Itoa(m.Age) + ">"
}
```

　　ここでは、ID, Name, Mail, Ageといった変数を構造体に用意しています。また、これら
の値をstringとして取り出すStrメソッドも用意しておきました。Mydataに用意している変数
は、mydataテーブルに用意しているカラムの名前と型が一致するようにしてあります。なお、
SQLiteのText型は、Goではstring型として考えて構いません。

mydataテーブルのレコードを取得する

　　このMydata構造体を利用して、データベースからmydataテーブルのレコードを取り出し表
示してみましょう。main関数を以下のように書き換えてください。なお、作成したMydata構造
体とそのメソッドも用意しておくのを忘れないように。

● リスト5-17

```
// importは以下のように修正
import (
        "strconv"
        "fmt"
        "database/sql"
        _"github.com/mattn/go-sqlite3"
)

func main() {
        con, er := sql.Open("sqlite3", "data.sqlite3")
        if er != nil {
                panic(er)
        }
        defer con.Close()

        q := "select * from mydata"
        rs, er := con.Query(q)
        if er != nil {
                panic(er)
        }
        for rs.Next() {
```

```
        var md Mydata
        er := rs.Scan(&md.ID, &md.Name, &md.Mail, &md.Age)
        if er != nil {
                panic(er)
        }
        fmt.Println(md.Str())
    }
}
```

⊕図5-15：mydataテーブルのレコードを取り出して表示する。

プログラムを実行すると、プログラムがある場所から**「data.sqlite3」**データベースファイル
を開き、そこにあるmydataテーブルのレコードを取得して出力します。データベースから必要な
情報を取り出すことができました！

データベースアクセスの流れを理解する

では、実行している処理を見てみましょう。まず、データベースに接続します。これはsql.
Openを使って行ないました。

```
con, er := sql.Open("sqlite3", "data.sqlite3")
```

ドライバ名は"sqlite3"と指定します。データベースは"data.sqlite3"とし、これでプログラムが
置かれている場所からdata.sqlite3ファイルを開いて利用します。
作成後、deferでDBの開放処理を設定しておきます。

```
defer con.Close()
```

これで、データベースアクセスの準備はできました。あとはDBからメソッドを呼び出してデー
タベースから必要な情報を受け取ればいいわけです。

◉ QueryでRowsを取得する

ここでは、データベースのテーブルからレコードの情報を取得します。これにはDBの
「**Query**」というメソッドを使います。これは、SQLクエリー（SQLの命令文）をデータベース
に送信して実行するものです。

最初に、実行するSQL文をstring値として用意しておきます。

```
q := "select * from mydata"
```

これは、mydataテーブルにあるすべてのレコードを取得するSQLクエリーです。これを
Queryメソッドで実行します。

```
rs, er := con.Query(q)
```

この文ですね。Queryメソッドは、整理すると以下のような形で呼び出されます。

```
変数1, 変数2 :=《DB》.Query( SQLクエリー )
```

引数にはSQLクエリーをstring値で指定して実行します。戻り値は、「**Rows**」という構造
体になります。これが、変数1に代入されます。もし、実行時に何か問題が発生すれば、変数2
にerrorが返されます。

データベースにアクセスし必要なレコードの情報を取得するには、このように「**Queryで
SQLクエリーを実行してRowsを得る**」というやり方をします。

◉ RowからScanでレコード情報を取り出す

このRowsは、SQLクエリーの実行結果を扱うための構造体です。これは「**カーソル**」と呼
ばれる機能を持っています。カーソルは、現在設定されているレコードを示す情報です。初期
状態では、取得したレコードの冒頭にカーソルが設定されています。

このRowsには、カーソルが指定されているレコードからデータを取り出す機能を持っていま
す。これを使い、現在のレコード情報を取り出し、カーソルを次のレコードに移動します。そして
またそのレコード情報を取り出し、カーソルを次に移動。そしてまた……という具合に、「**カー
ソルを移動してはレコード情報を取り出す**」ということを繰り返していきます。

これは、以下のような形で処理を実行していきます。

```
for 《Rows》.Next() {
        《Rows》.Scan( &変数1, &変数2, ……)
        ……取得した値を処理……
```

```
}
```

Rowsの「**Next**」メソッドは、カーソルを次のレコードに移動する働きをします。最後まで移動し、もうレコードがない場合はfalseを返し、for構文を抜けます。

繰り返し内で実行している「**Scan**」は、現在のカーソルがあるレコードから値を取り出すものです。これは、引数にあらかじめ用意しておいた変数のポインタを指定します。Scanはレコードから各カラムの値を取り出し、それを引数に用意されている変数に代入します。

変数には&がついていることからもわかるように、これらの引数は参照渡しです。また用意される変数は、レコードの値の数だけ揃える必要があります。数が足りないと値が取り出せずエラーになってしまいます。

◉ レコードを順に取り出し出力する

では、実際の処理がどうなっているのか見てみましょう。Queryで取得されたRowsから順にレコードを取り出し出力するのに以下のような処理を実行しています。

```
for rs.Next() {
        var md Mydata
        er := rs.Scan(&md.ID, &md.Name, &md.Mail, &md.Age)
        if er != nil {
                panic(er)
        }
        fmt.Println(md.Str())
}
```

Mydata変数をあらかじめ用意しておき、ScanでMydata内の各変数を引数に指定します。これで、用意されたMydataに値が設定されます。あとは、ここからStrで取り出したテキストを出力するだけです。

Column 実はMydata構造体は不要？

ScanでのMydataの使い方を見ればわかりますが、実をいえばMydata構造体は定義する必要はありません。普通に変数を用意し、それらを引数に指定してScanしてもちゃんとレコードの値は取り出せます。

ただし、レコードの値を取り出したあと、それをどう利用するか？ を考えると、全部バラバラの変数に保管されているより、Mydataのような構造体にまとまっていたほうが遥かに便利でしょう。それほど大変なことでもありませんから、「**テーブルに合わせた構造体を用意して使う**」のが基本と考えておいてもいいでしょう。

レコードを検索する

レコードを取り出すという基本はわかりました。これをもう少し応用し、さまざまな形でレコードを取り出す検索処理を行なってみましょう。

まずは、検索の基本として**「IDを指定して検索する」**ということから行なってみます。main関数を以下のように修正してください。なお、その前にある変数qryも忘れず記述してください（コメント中の●マークは後ほど参照するためのものです）。

◎リスト5-18

```go
// "hello" をインポートしておく

var qry string = "select * from mydata where id = ?" //☆

func main() {
        con, er := sql.Open("sqlite3", "data.sqlite3")
        if er != nil {
                panic(er)
        }
        defer con.Close()

        for true {
                // ●begin
                s := hello.Input("id")
                if s == "" {
                        break
                }
                n, er := strconv.Atoi(s)
                if er != nil {
                        panic(er)
                }
                rs, er := con.Query(qry, n)
                // ●end
                if er != nil {
                        panic(er)
                }
                for rs.Next() {
                        var md Mydata
                        er := rs.Scan(&md.ID, &md.Name, &md.Mail, &md.Age)
                        if er != nil {
                                panic(er)
```

```
                    }
                    fmt.Println(md.Str())
            }
        }
        fmt.Println("***end***")
    }
}
```

❶図5-16：IDを入力すると、そのIDのレコードを表示する。何も書かずにEnter/Returnすれば終了する。

実行すると、「**id:**」と入力を求めてきますので、取り出したいレコードのID番号を入力してください。これで、そのIDのレコードが表示されます。何度か実行して、指定したIDを元に値が取り出せることを確認しましょう。何も入力せずにEnter/Returnするとプログラムは終了します。

◉ プレースホルダを利用する

ここで行なっている処理は、基本的に先ほどのサンプルと同じものです。ただ、繰り返しを使って連続して実行できるようにしているだけです。

ここでは、実行するSQLクエリー文を以下のように用意しています。

```
var qry string = "select * from mydata where id = ?"
```

最後に「**?**」という値が使われていますね。これは「**プレースホルダ**」と呼ばれるものです。プレースホルダは、あとから値をはめ込む場所を指定するものです。

ここではhello.Inputで入力してもらった値をint値に変換し、それを使って以下のように呼び出しています。

```
rs, er := con.Query(qry, n)
```

実行するSQLクエリー文のあとに、変数nを付け足していますね。これにより、このnの値が

SQLクエリー文の?のところにはめ込まれて実行されるのです。Queryは、こんな具合に**「必要に応じて実行時に値をプレースホルダにはめ込んで利用する」**ということができるのですね。

◉ where 句によるフィルター処理

ここでは、SQLクエリーに**「where」**句というものを使っています。これは、以下のような形で記述します。

```
select * from テーブル where 条件式
```

whereのあとに、検索するレコードを絞り込むための条件を記述します。これは、一般的な比較演算子を使った式を考えればいいでしょう。SQLでは、以下のような記号を使って二つの値を比較します。

```
=    .    !=        <>         <         >         <=        >=
```

ここでは、**「id = %s」**としていますね。%sには、入力した値がはめ込まれます。つまり、**「id = 入力値」**をチェックし、idの値と入力した値が等しいレコードを検索していた、というわけです。

一つのレコードだけを取り出すには？

IDの値を指定してレコードを検索する場合、得られるレコードは常に一つ（か、ゼロ）です。複数のレコードが得られることはありません。特定のレコードを取り出す必要がある場合に、こういう**「一つのレコードだけしか取り出せない」**検索を行なうことはよくあります。

こうした場合のために、DBには一つのレコードのみを取得する**「QueryRow」**というメソッドも用意されています。これは以下のように利用します。

```
変数 :=《DB》.QueryRow( SQLクエリー [ , プレースホルダの値……] )
```

引数はQueryメソッドと同じで、引数にSQLクエリーのstring値を指定して呼び出します。SQLクエリーにプレースホルダがある場合は、そこにはめ込む値をその後に続けます。

戻り値は、検索されたRowになります。Rowsではないので注意してください。あとは、RowからScanで必要な値を取り出せばいいだけです。もし複数のレコードが検索されるような場合は、最初のレコードのみが得られることになります。

また、このQueryRowではエラー発生時のerrorは返されません。実行結果は、Rowが得られるだけです。

◉ 特定のレコードのみを表示する

では、先ほどのサンプルのmain関数をQueryRowで一つのレコードだけ取り出す形に書き換えるとどうなるかやってみましょう。

◉リスト5-19

```go
func main() {
        con, er := sql.Open("sqlite3", "data.sqlite3")
        if er != nil {
                panic(er)
        }
        defer con.Close()

        for true {
                s := hello.Input("id")
                if s == "" {
                        break
                }
                n, er := strconv.Atoi(s)
                if er != nil {
                        panic(er)
                }
                rs := con.QueryRow(qry, n)
                var md Mydata
                er2 := rs.Scan(&md.ID, &md.Name, &md.Mail, &md.Age)
                if er2 != nil {
                        panic(er2)
                }
                fmt.Println(md.Str())
        }
        fmt.Println("***end***")
}
```

こうなりました。取り出したRowsから順にRowを取り出す処理がなくなり、少しだけすっきりしました。一つのレコードだけしか必要ない場合、QueryRowを使ったほうが処理も楽になることがわかりますね。

LIKE検索

レコードを検索する処理の基本がわかったところで、検索のバリエーションについて考えてみましょう。まず、複数レコードを検索する場合もあるので、main関数はリスト5-18に戻しておいてください。

まずは、**「LIKE検索」**についてです。SQLでは、テキストを検索する場合、=による**「値が等しい」**ものを検索する他に**「テキストを含むもの」**を検索するためのLIKE検索というものが用意されています。

冒頭の変数qryを以下のように書き換えてください。

○リスト5-20

```
var qry string = "select * from mydata where name like ?" //☆
```

ここでは、**「name like ?」**という条件が指定されていますね。このlikeはSQLの演算子なのです。これで、**「nameに?が含まれる」**という条件が設定できます。

では、main関数 (リスト5-18) の// ●begin から // ●end までの部分を以下のように書き換えてください。

○リスト5-21

```
s := hello.Input("find")
if s == "" {
        break
}
rs, er := con.Query(qry, "%"+s+"%") // ●
if er != nil {
        panic(er)
}
```

○図5-17：検索テキストを入力すると、name にそのテキストを含むものを表示する。

```
問題 1   出力   デバッグ コンソール   ターミナル   1: go        ∨   +  □  🗑  ∧  ×

D:\tuyan\Desktop>go run hello.go
find: ro
<"1:Taro" taro@yamada, 39>
<"4:Jiro" jiro@change, 6>
find: ko
<"2:Hanako" hanako@flower, 28>
<"3:Sachiko" sachiko@happy, 17>
find: █
                  行 35、列 1 (63 個選択)  タブのサイズ: 2  UTF-8  CRLF  Go  ⌨  🔔
```

これで、LIKEによる検索が行なえるようになります。ここではQueryでプレースホルダに設定する値を "%"+s+"%" としていますね。"%テキスト%"という形になっているのです。

この%記号は、ワイルドカード (すべてのパターンに当てはまる文字) です。たとえば、"x%"とすれば、xで始まるものを検索しますし、"%x"ならばxで終わるものを検索します。ここでのように"%x%"とすれば、xを含むものをすべて検索できるわけです。

複数条件の指定

検索では、複数の条件を組み合わせてレコードを調べることもあります。たとえば、**「年齢が10代のレコード」**という場合、ageの値が10以上20未満のものを調べる必要があります。こうした場合、**「age >= 10」**と**「age < 20」**の両方の条件を設定しなければいけません。

このような場合には、論理演算子を使って複数の条件を結合できます。

＋AND演算

```
条件 and 条件
```

複数の条件のすべてに合致するもののみを検索します。先ほどの**「年齢が10代」**などはこれに相当します

＋OR演算

```
条件 or 条件
```

複数の条件のいずれかに合致するものをすべて検索します。たとえば、複数のカラムから検索を行なったりする場合はこれを利用すればいいでしょう。

◉ nameとmailから検索する

では利用例として、**「nameとmailから検索する」**というサンプルを考えてみましょう。まず、SQLクエリーを修正します。変数qryを以下のように書き換えてください。

⊕ リスト5-22

```
var qry string = "select * from mydata where name like ? or mail like ?"
```

ここでは、**「name like ?」「mail like ?」**という二つの条件をorでつなげています。これでnameとmailの両方でLIKE検索を行なうことができます。

プレースホルダが二つに増えたので、Queryの引数を修正する必要があります。先ほどリス

ト5-21で修正した部分の●マークの行を以下のように書き換えてください。

○リスト5-23

```
rs, er := con.Query(qry, "%"+s+"%", "%"+s+"%")
```

○図5-18：入力したテキストをnameとmailの両方から検索する。

実行したら、先ほどと同じように検索テキストを入力して検索を行なってください。nameとmailのいずれかに検索テキストがあればすべて探し出すようになります。

このandとorが使えるようになると、かなり複雑な検索も行なえるようになります。検索に関する機能は他にも多数用意されていますが、本書では他にも説明すべき事柄がいろいろ残っていますのでこのぐらいにしておきましょう。これ以上については別途SQLについて学習してください。

レコードの新規作成

検索以外にも、データベースを利用する上で必要となる機能はあります。それらは一般に「**CRUD**」と呼ばれます。

Create	レコードの新規作成
Read	レコードの取得
Update	レコードの更新
Delete	レコードの削除

このうち、Read（レコードの取得）については一通り説明しましたから、残る三つについて説明していくことにしましょう。

◉ Exec メソッドについて

Read以外の三つには、実は共通する性格があります。それは「**レコードを取得しない処理**」であるということです。

これまでのレコード検索では、DBの「**Query**」や「**QueryRow**」といったメソッドを使ってきました。これらは基本的に「**結果を受け取るのが目的の処理**」です。実行したら、その結果のレコードを受け取ります。これに対して、レコードの作成や更新、削除といったものは、結果となるレコードを受け取る必要はありません。ただ、データベースに命令を送ってその通りに処理してくれればいいのです。

こうしたものには、Queryメソッドなどは使いません。代わりに「**Exec**」というメソッドを使います。

```
変数1，変数2 :=《DB》.Exec( SQLクエリー [，プレースホルダの値……])
```

引数そのものはQueryと同じです。実行するSQLクエリーとなるstring値を指定し、必要ならばプレースホルダに代入する値をその後に追加していきます。

戻り値は二つあります。何らかの実行結果を帰す場合は、その値が変数1に代入されます。また何らかの問題が発生した場合は変数2にerrorが返されます。ただし、**「これらの戻り値は特に使わない」**という場合は、戻り値を受け取る必要はありません。

◉ レコード作成のSQLクエリー

では、レコードの作成を行なうSQL文はどうなっているのでしょうか。これはいくつか書き方がありますが、ここでは以下のようなSQLクエリーを使うことにします。

```
insert into テーブル (項目1，項目2，……) values (値1，値2，……)
```

insert intoは、レコードを追加するテーブル名のあとに、テーブルの各カラム名とそれらに設定する値をそれぞれ()でくくって記述をします。カラム名の部分は、用意する値がそれぞれどのカラムに相当するものかを示すもので、テーブルのカラムと完全に一致する必要はありません。たとえば、IDが自動的に割り振られる場合、IDのカラムは用意する必要がないでしょう。

valuesのあとの()は、各カラムに代入される値を用意します。これは、その前のカラム名の()と値の並びを合わせて記述します。

こうして用意されたSQLクエリーをExecで実行すれば、テーブルにレコードが追加されます。

◉新しくレコードを追加する

では、実際の利用例を挙げておきましょう。name, mail, ageの値をそれぞれ入力し、それら
を元にmydataテーブルにレコードを追加する処理を作成してみます。

◉リスト5-24

```go
func main() {
        con, er := sql.Open("sqlite3", "data.sqlite3")
        if er != nil {
                panic(er)
        }
        defer con.Close()

        nm := hello.Input("name")
        ml := hello.Input("mail")
        age := hello.Input("age")
        ag, _ := strconv.Atoi(age)

        qry := "insert into mydata (name,mail,age) values (?,?,?)"
        con.Exec(qry, nm, ml, ag)
        showRecord(con)
}


// print all record.
func showRecord(con *sql.DB) {
        qry = "select * from mydata"
        rs, _ := con.Query(qry)
        for rs.Next() {
                fmt.Println(mydatafmRws(rs).Str())
        }
}
// get Mydata from Rows.
func mydatafmRws(rs *sql.Rows) *Mydata {
        var md Mydata
        er := rs.Scan(&md.ID, &md.Name, &md.Mail, &md.Age)
        if er != nil {
                panic(er)
        }
        return &md
}
// get Mydata from Row.
```

329

```
func mydatafmRw(rs *sql.Row) *Mydata {
        var md Mydata
        er := rs.Scan(&md.ID, &md.Name, &md.Mail, &md.Age)
        if er != nil {
                panic(er)
        }
        return &md
}
```

●図5-19：name,mail,age を入力するとレコードを新たに作成し追加する。

実行すると、hello.Inputを使ってname, mail, ageの値を入力します。それらを元にレコードを作成して追加します。保存されているレコードを表示するのにshowRecordとgetMydata関数を定義し利用するようにしてあります。

ここでは、まず三つの値を入力してもらっています。

```
nm := hello.Input("name")
ml := hello.Input("mail")
age := hello.Input("age")
ag, _ := strconv.Atoi(age)
```

ageの値に関してはint値に変換しておきました。そしてこれを元にレコード作成の処理を行なっています。

```
qry := "insert into mydata (name,mail,age) values (?,?,?)"
con.Exec(qry, nm, ml, ag)
```

qryにクエリーのテキストをstring値で用意していますね。valuesの()には、用意する三つの

値をプレースホルダで指定しています。そしてcon.Execで、qryと三つの値を引数に指定して実行すればレコードが追加される、というわけです。

レコードを更新する

続いて、レコードの更新 (Update) です。更新は、UpdateというSQLクエリーを使います。これは以下のように記述します。

```
update テーブル set 項目1=値1，項目2=値2，…… where 更新する項目の指定
```

setのあとに、カラム名と設定する値を順に記述していきます。これは、すべてのカラムについて用意する必要はありません。値を変更したい項目だけを用意しておきます。

そして最後にwhereで更新するレコードの指定を用意します。このupdateは、指定したテーブルにある対象レコードすべてを書き換えます。したがって、whereを忘れると、テーブルの全レコードが書き換わってしまいます。必ずwhereで更新する対象となるレコードを指定してください。

◉ 指定IDのレコードを書き換える

では、これも利用例を挙げておきましょう。main関数を以下のように書き換えてください。なお、前回作成した関数 (showRecord, mydatafmRws, mydatafmRw) はそのまま削除しないでください。

◉ リスト5-25

```go
func main() {
        con, er := sql.Open("sqlite3", "data.sqlite3")
        if er != nil {
                panic(er)
        }
        defer con.Close()

        ids := hello.Input("update ID")
        id, _ := strconv.Atoi(ids)
        qry = "select * from mydata where id = ?"
        rw := con.QueryRow(qry, id)
        tgt := mydatafmRw(rw)
        ae := strconv.Itoa(tgt.Age)
        nm := hello.Input("name(" + tgt.Name + ")")
```

```
        ml := hello.Input("mail(" + tgt.Mail + ")")
        ge := hello.Input("age(" + ae + ")")
        ag, _ := strconv.Atoi(ge)

        if nm == "" {
                nm = tgt.Name
        }
        if ml == "" {
                ml = tgt.Mail
        }
        if ge == "" {
                ag = tgt.Age
        }

        qry = "update mydata set name=?,mail=?,age=? where id=?"
        con.Exec(qry, nm, ml, ag, id)

        showRecord(con)
}
```

⊕図5-20：IDを入力し、name, mail, age の値を入力すると指定のIDのレコードが更新される。

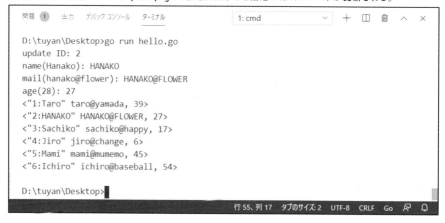

実行すると、まずIDを入力します。続いて、そのIDのレコードのname, mail, ageの値をそれ
ぞれ入力していきます。変更しない項目は何も書かずにEnter/Returnします。すべての値を入
力すると、指定のレコードの内容が更新されます。

　ここでは、IDを入力したものを元に、まずそのIDのレコードを取り出しています。

```
qry = "select * from mydata where id = ?"
```

```
rw := con.QueryRow(qry, id)
```

　　こうして取り出したレコードの内容を出力しながら新しい値を入力してもらうようにしています。そうして入力された値が用意できたら、それを元にupdateのクエリーを作成し、Execで実行します。

```
qry = "update mydata set name=?,mail=?,age=? where id=?"
con.Exec(qry, nm, ml, ag, id)
```

　　updateでは、レコードに設定する三つの値と、検索用のID値の四つをプレースホルダに設定して実行します。これでレコードの更新ができました。update文の書き方に注意する必要がありますが、それさえ間違えなければ簡単ですね。

レコードを削除する

　　残るは、レコードの削除ですね。この削除もレコードの更新と同じような考え方で行ないます。

```
delete from テーブル where id = 削除する対象の指定
```

　　delete fromは、その後にテーブル名を指定して実行します。ただし、それだけだとテーブルにある全レコードが削除されてしまうので、whereを使って削除する対象を指定します。通常は、idを指定しておけばいいでしょう。

　　では、これも使用例を見てみましょう。main関数を以下のように書き換えます。その他の関数も削除しないでください。

🔵 リスト5-26

```
func main() {
        con, er := sql.Open("sqlite3", "data.sqlite3")
        if er != nil {
                panic(er)
        }
        defer con.Close()

        ids := hello.Input("update ID")
        id, _ := strconv.Atoi(ids)
        qry = "select * from mydata where id = ?"
        rw := con.QueryRow(qry, id)
        tgt := mydatafmRw(rw)
```

```
        fmt.Println(tgt.Str())
        f := hello.Input("delete it? (y/n)")
        if f == "y" {
                qry = "delete from mydata where id=?"
                con.Exec(qry, id)


        }
        showRecord(con)
}
```

◎図5-21：IDを入力し、削除するか確認に「y」と入力するとそのIDのレコードが削除される。

　実行するとIDを訪ねてくるので入力します。これでそのIDのレコードの内容が出力されます。これを削除する場合は「**y**」と入力すればそのレコードが削除されます。

　ここでは、入力されたIDを使い、以下のように削除を行なっています。

```
qry = "delete from mydata where id=?"
con.Exec(qry, id)
```

　delete文を作成し、IDのプレースホルダに値を指定してExecを実行します。これで指定IDのレコードが削除されます。

　これで、CRUDが一通りできるようになりました。とりあえずこれくらいわかれば、SQLデータベースを使った簡単なプログラムぐらいは作れるようになります。

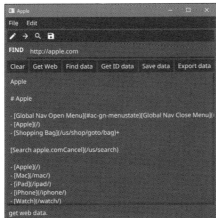

クロールデータ管理ツールを作る

Markdown で Web ページを管理する

では、ここで学んだデータアクセスの機能を利用したサンプルプログラムを作ってみましょう。この章では、ファイルアクセス、ネットワークアクセス、データベースアクセスといったものについて説明しました。これらを利用したプログラムを考えてみましょう。

ここで作成するのは、**「インターネットからコンテンツをダウンロードしてデータベースに保存し、必要に応じてファイルにエクスポートするツール」** です。このアプリには以下のような機能があります。

✚ Web ページを Markdown に変換して取得

入力した URL にアクセスしてコンテンツをダウンロードし、それを Markdown 形式に変換して表示します。

Web ページにアクセスしてデータを収集するツール（クローラー）は、HTML をどうやってわかりやすく整理するかを考えないといけません。ここでは、HTML を Markdown フォーマットに変換することで、普通に内容を読めるようにしました。

❶図 5-22：FIND フィールドに URL を記入し、「Get Web」ボタンを押すと、そのアドレスにアクセスし、HTML のコンテンツを Markdown 形式に変換して表示する。

✚ アクセス情報の保存

ダウンロードしたWebサイトのタイトル、URL、Markdownコンテンツをまとめてデータベースに保存できます。

⊕図5-23：「Save data」ボタンを押し、確認のダイアログで「Yes」を選ぶとデータベースにデータが保存される。

✚ データの検索

タイトルを使って保存されたデータを検索できます。FINDフィールドに検索テキストを記入し、「Find data」ボタンを押すと、保存されているデータのIDとタイトルが一覧表示されます。

⊕図5-24：FINDフィールドにテキストを記入し「Find data」ボタンを押すと検索を行なう。

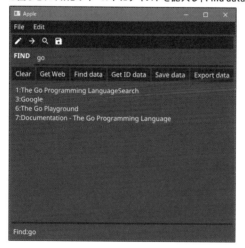

✚指定したデータの表示

IDを指定してデータを呼び出し表示できます。FINDフィールドにID番号を記入し、**「Get ID data」**ボタンを押すと、そのID番号のレコードを取得し、タイトルをウインドウのタイトルとして表示し、URLをFINDフィールドに、Markdownのコンテンツを下の領域に表示します。

◉図5-25：FINDフィールドにID番号を入力し「Get ID data」ボタンを押すと、そのIDのレコードが表示される。

✚データのエクスポート

表示されているデータをテキストファイルに出力できます。**「Get Web」**や**「Get ID data」**でデータが表示された状態で**「Export」**ボタンを押し、現れたダイアログで**「Yes」**を選ぶと、タイトルをファイル名にしてデータを書き出します。

◉図5-26 データが表示された状態で「Export」ボタンを押し確認のダイアログで「Yes」を選ぶとデータを書き出す。

✚カット、コピー、ペースト、テーマの切り替え、終了

この他、一般的な機能として「**Edit**」メニューにカット、コピー、ペースト関係の機能があります。また「**File**」メニューにライトテーマとダークテーマの切り替えや終了のメニューも用意されています。

◎図5-27：ライトテーマに切り替えたところ。メニューでライトテーマとダークテーマを切り替えできる。

Html-to-Markdownをインストールする

では、プログラム作成の作業を行なっていきましょう。まずはじめに行なうのは、「**Html-to-Markdown**」というパッケージのインストールです。これは名前の通り、HTMLのソースコードをMarkdownフォーマットのテキストに変換するものです。

コマンドプロンプトまたはターミナルを開き、以下のように実行してください。

```
go get github.com/JohannesKaufmann/html-to-markdown
```

これでHtml-to-Markdownのプログラムがインストールされます。今回、必要となるパッケージはこれだけです。

◉md_dataテーブルの用意

続いて、データ保存用のテーブルを用意しましょう。今回も、data.sqlite3データベースファイルを利用しましょう。コマンドプロンプトあるいはターミナルでファイルがある場所に移動し、「**sqlite3 data.sqlite3**」を実行します。SQLite3が起動したら、以下のようにSQL文を入力

し実行してください。

◎リスト5-27

```sql
CREATE TABLE "md_data" (
        "id" INTEGER PRIMARY KEY AUTOINCREMENT,
         "title" TEXT NOT NULL,
        "url" TEXT NOT NULL,
        "markdown" TEXT
);
```

これで、md_dataというテーブルが作成されます。これにはid, title, url, markdownという四つのカラムが用意されています。これらにWebページの情報を保管します。

ソースコードを作成する

これでプログラム作成に必要なものは揃いました。あとは、ソースコードを記述するだけです。これまで使ってきたサンプル (hello.go) でもいいですし、新しいファイルを用意しても構わないので、以下のソースコードを記述してください。今回はけっこうな長さになっていますので間違えないように注意しましょう。

◎リスト5-28

```go
package main

import (
        "database/sql"
        "io/ioutil"
        "os"
        "strconv"
        "strings"

        "fyne.io/fyne/dialog"
        "fyne.io/fyne/layout"
        "fyne.io/fyne/theme"

        "fyne.io/fyne"
        "fyne.io/fyne/app"
        "fyne.io/fyne/widget"
        md "github.com/JohannesKaufmann/html-to-markdown"
        "github.com/PuerkitoBio/goquery"
        _ "github.com/mattn/go-sqlite3"
```

```go
)

func main() {
        a := app.New()
        w := a.NewWindow("app")
        a.Settings().SetTheme(theme.DarkTheme())
        edit := widget.NewMultiLineEntry()
        sc := widget.NewScrollContainer(edit)
        fnd := widget.NewEntry()
        inf := widget.NewLabel("infomation bar.")

        // show alert.
        showInfo := func(s string) {
                inf.SetText(s)
                dialog.ShowInformation("info", s, w)
        }

        // error check.
        err := func(er error) bool {
                if er != nil {
                        inf.SetText(er.Error())
                        return true
                }
                return false
        }

        // open SQL and return DB
        setDB := func() *sql.DB {
                con, er := sql.Open("sqlite3", "data.sqlite3")
                if err(er) {
                        return nil
                }
                return con
        }

        // set New form function.
        nf := func() {
                dialog.ShowConfirm("Alert", "Clear form?", func(f bool) {
                        if f {
                                fnd.SetText("")
                                w.SetTitle("App")
                                edit.SetText("")
```

```
                              inf.SetText("Clear form.")
                    }
          }, w)
}


// get Web data function.
wf := func() {
          fstr := fnd.Text
          if !strings.HasPrefix(fstr, "http") {
                    fstr = "http://" + fstr
                    fnd.SetText(fstr)
          }
          dc, er := goquery.NewDocument(fstr)
          if err(er) {
                    return
          }
          ttl := dc.Find("title")
          w.SetTitle(ttl.Text())
          html, er := dc.Html()
          if err(er) {
                    return
          }
          cvtr := md.NewConverter("", true, nil)
          mkdn, er := cvtr.ConvertString(html)
          if err(er) {
                    return
          }
          edit.SetText(mkdn)
          inf.SetText("get web data.")
}


// find data function.
ff := func() {
          var qry string = "select * from md_data where title like ?"
          con := setDB()
          if con == nil {
                    return
          }
          defer con.Close()

          rs, er := con.Query(qry, "%"+fnd.Text+"%")
          if err(er) {
```

```
                    return
            }
        res := ""
        for rs.Next() {
                var ID int
                var TT string
                var UR string
                var MR string
                er := rs.Scan(&ID, &TT, &UR, &MR)
                if err(er) {
                        return
                }
                res += strconv.Itoa(ID) + ":" + TT + "\n"
        }
        edit.SetText(res)
        inf.SetText("Find:" + fnd.Text)
}

// find by id function.
idf := func(id int) {
        var qry string = "select * from md_data where id = ?"
        con := setDB()
        if con == nil {
                return
        }
        defer con.Close()

        rs := con.QueryRow(qry, id)

        var ID int
        var TT string
        var UR string
        var MR string
        rs.Scan(&ID, &TT, &UR, &MR)
        w.SetTitle(TT)
        fnd.SetText(UR)
        edit.SetText(MR)
        inf.SetText("Find id=" + strconv.Itoa(ID) + ".")
}

// save function.
sf := func() {
```

```go
        dialog.ShowConfirm("Alert", "Save data?", func(f bool) {
                if f {
                        con := setDB()
                        if con == nil {
                                return
                        }
                        defer con.Close()

                        qry := "insert into md_data (title,url,markdown)
                            values (?,?,?)"
                        _, er := con.Exec(qry, w.Title(), fnd.Text, edit.Text)
                        if err(er) {
                                return
                        }
                        showInfo("Save data to database!")
                }
        }, w)
}


// Export data function.
xf := func() {
        dialog.ShowConfirm("Alert", "Export this data?", func(f bool) {
                if f {
                        fn := w.Title() + ".md"
                        ctt := "# " + w.Title() + "\n\n"
                        ctt += "## " + fnd.Text + "\n\n"
                        ctt += edit.Text
                        er := ioutil.WriteFile(fn,
                                []byte(ctt),
                                os.ModePerm)
                        if err(er) {
                                return
                        }
                        showInfo("Export data to file \"" + fn + "\".")
                }
        }, w)
}


// quit function.
qf := func() {
        dialog.ShowConfirm("Alert", "Quit application?", func(f bool) {
                if f {
```

```
                                  a.Quit()
                          }
                  }, w)
          }

          tf := true

          // change theme function.
          cf := func() {
                  if tf {
                          a.Settings().SetTheme(theme.LightTheme())
                          inf.SetText("change to Light-Theme.")
                  } else {
                          a.Settings().SetTheme(theme.DarkTheme())
                          inf.SetText("change to Dark-Theme.")
                  }
                  tf = !tf
          }


          // create button function.
          cbtn := widget.NewButton("Clear", func() {
                  nf()
          })
          wbtn := widget.NewButton("Get Web", func() {
                  wf()
          })
          fbtn := widget.NewButton("Find data", func() {
                  ff()
          })
          ibtn := widget.NewButton("Get ID data", func() {
                  rid, er := strconv.Atoi(fnd.Text)
                  if err(er) {
                          return
                  }
                  idf(rid)
          })
          sbtn := widget.NewButton("Save data", func() {
                  sf()
          })
          xbtn := widget.NewButton("Export data", func() {
                  xf()
          })
```

```go
// create menubar function.
createMenubar := func() *fyne.MainMenu {
        return fyne.NewMainMenu(
                fyne.NewMenu("File",
                        fyne.NewMenuItem("New", func() {
                                nf()
                        }),
                        fyne.NewMenuItem("Get Web", func() {
                                wf()
                        }),
                        fyne.NewMenuItem("Find", func() {
                                ff()
                        }),
                        fyne.NewMenuItem("Save", func() {
                                sf()
                        }),
                        fyne.NewMenuItem("Export", func() {
                                xf()
                        }),
                        fyne.NewMenuItem("Change Theme", func() {
                                cf()
                        }),
                        fyne.NewMenuItem("Quit", func() {
                                qf()
                        }),
                ),
                fyne.NewMenu("Edit",
                        fyne.NewMenuItem("Cut", func() {
                                edit.TypedShortcut(
                                        &fyne.ShortcutCut{
                                                Clipboard: w.Clipboard()})
                                inf.SetText("Cut text.")
                        }),
                        fyne.NewMenuItem("Copy", func() {
                                edit.TypedShortcut(
                                        &fyne.ShortcutCopy{
                                                Clipboard: w.Clipboard()})
                                inf.SetText("Copy text.")
                        }),
                        fyne.NewMenuItem("Paste", func() {
                                edit.TypedShortcut(
```

```
                                        &fyne.ShortcutPaste{
                                                Clipboard: w.Clipboard()})
                                inf.SetText("Paste text.")
                        }),
                ),
        )
}


// create toolbar function.
createToolbar := func() *widget.Toolbar {
        return widget.NewToolbar(
                widget.NewToolbarAction(
                        theme.DocumentCreateIcon(), func() {
                                nf()
                        }),
                widget.NewToolbarAction(
                        theme.NavigateNextIcon(), func() {
                                wf()
                        }),
                widget.NewToolbarAction(
                        theme.SearchIcon(), func() {
                                ff()
                        }),
                widget.NewToolbarAction(
                        theme.DocumentSaveIcon(), func() {
                                sf()
                        }),
        )
}


mb := createMenubar()
tb := createToolbar()

fc := widget.NewVBox(
        tb,
        widget.NewForm(
                widget.NewFormItem(
                        "FIND", fnd,
                ),
        ),
        widget.NewHBox(
                cbtn, wbtn, fbtn, ibtn, sbtn, xbtn,
```

```
        ),
    )

    w.SetMainMenu(mb)
    w.SetContent(
        fyne.NewContainerWithLayout(
            layout.NewBorderLayout(
                fc, inf, nil, nil,
            ),
            fc, inf, sc,
        ),
    )
    w.Resize(fyne.NewSize(500, 500))
    w.ShowAndRun()
}
```

今回は、GUIに前章で学んだFyneを使っています。またネットワークアクセス、データベースアクセス、ファイル出力はこの章で学んだものですね。これらが一通りわかっていれば、ソースコードは長いのですが特に難しい部分はないでしょう。

ソースコードの構成を整理する

とはいえ、これだけ長いと「何がどうなっているんだ?」と頭を抱えてしまう人もいるかもしれません。ざっと全体の構成を整理しておきましょう。

ここでは、最初にAppやWindowを作成したあと、プログラムで使う関数やウィジェット類の定義が延々と続いていきます。それらの役割を理解すれば、プログラム全体の構成がだいたいわかるでしょう。

✚関数定義

showInfo	アラートを表示する
err	エラー処理をする
setDB	データベースアクセスのためのDBを用意する
nf	ウインドウの表示をクリアする
wf	Webにアクセスし結果を表示する
ff	検索テキストでデータを検索し結果を表示する
idf	IDでデータを検索してその内容を表示する

sf	表示されている内容をデータベースに保存する
xf	表示されている内容をファイルに保存する
qf	プログラムを終了する
cf	テーマの切り替えを行なう

╋ウィジェット（ボタン）の用意

cbtn	「Clear」ボタン
wbtn	「Get Web」ボタン
fbtn	「Find data」ボタン
ibtn	「Get ID data」ボタン
sbtn	「Save data」ボタン
xbtn	「Export data」ボタン

╋GUI生成の関数

createMenubar	メニューバーを生成する
createToolbar	ツールバーを生成する

╋GUI関連のウィジェット

mb	メニューバー（MainMenu）
tb	ツールバー（Toolbar）
fc	フォームとボタンをまとめたコンテナ（VBox）

※最後にコンテンツのGUIを組み込み表示するメイン処理が続く。

主な関数を整理する

プログラムで実行している機能はすべて関数に整理されています。それらの中から、特に重要なものをピックアップしポイントを整理していきましょう。

まずは「**wf**」関数です。これは、FINDに入力されたURLにアクセスし結果をMarkdownで表示する、というプログラムのもっとも重要な機能を実装しています。

╋URLをstringで得る

```
fstr := fnd.Text
```

```
if !strings.HasPrefix(fstr, "http") {
        fstr = "http://" + fstr
        fnd.SetText(fstr)
}
```

まず、入力されたURLをfnd.Textで取り出します。こうしたアドレスは、冒頭のhttp://という部分を省略して書いている場合も多いので、取り出したテキストがhttpで始まっていない場合はhttp://を冒頭に追加しておきます。**「テキストの冒頭が○○で始まるか」**をチェックするのは、strings.HasPrefixという関数を使っています。

```
変数 := strings.HasPrefix( 対象テキスト , プレフィクス )
```

引数は二つあります。第1引数に調べる対象となるテキストを、第2引数に冒頭にあるテキストをそれぞれstringで指定します。戻り値は真偽値で、プレフィクスで始まる場合はtrue、そうでない場合はfalseになります。

ここではHasPrefix(fstr, "http")として、変数fstrが"http"で始まるかどうかをチェックしています。

╋Documentを取得し、<title>のテキストを得る

```
dc, er := goquery.NewDocument(fstr)
ttl := dc.Find("title")
w.SetTitle(ttl.Text())
```

ここでは、http.Getは使いません。goquery.NewDocumentで指定のURLから直接Documentを生成しています。そして、Findで<title>のSelectionを取り出し、そのテキストをWindowのタイトルに設定しています。表示されているウインドウのタイトルは、Windowの**「SetTitle」**で変更できます。また**「Title」**メソッドでタイトルを取り出すこともできます。

╋DocumentからHTMLソースコードを得る

```
html, er := dc.Html()
```

Documentから元のHTMLソースコードを取り出すには**「Html」**メソッドを使います。これで、DocumentのHTMLソースコードがstring値で取り出せます。

╋Markdownに変換する

```
cvtr := md.NewConverter("", true, nil)
mkdn, er := cvtr.ConvertString(html)
```

ここでの最大のポイントが、**「HTMLソースコードをMarkdownフォーマットのテキストに変換する」**という部分でしょう。この変換機能は、mdパッケージのConverterという構造体として用意されています。

まず、NewConverter関数を使い、Converterを作成します。これは以下のように記述します。

```
変数 := md.NewConverter( ドメイン , 標準セットの使用 , オプション )
```

ドメイン	相対パスを絶対パスに変換するときに使われるドメイン（string値）
標準セットの使用	標準のルールセットを使うかどうか（bool値）
オプション	オプション設定（Options構造体）

ドメインは、特に設定しなくても問題ありません。標準セットの使用は基本的にtrueを指定してください。オプションは、当面はnilでいいでしょう。ある程度Html-to-Markdownを使えるようになったら必要になるものと考えてください。

これでConverterが用意できました。あとは、**「ConvertString」**メソッドで変換するだけです。

```
変数1, 変数2 :=《Converter》.ConvertString( HTMLソースコード )
```

引数にHTMLのソースコードをstring値で渡すと、Markdownフォーマットのテキストに変換したものを変数1に返します。もし何らかの問題が発生した場合は、変数2にerrorを返します。

これで、Markdownのデータが得られたら、あとはそれを必要なEntryに表示するなどして利用するだけです。

データの検索

データの検索は、二つあります。一つは、FINDフィールドに検索テキストを入力し、それがタイトルに含まれているものを検索するff関数です。これは、以下のようなSQLクエリーを用意しています。

```
var qry string = "select * from md_data where title like ?"
```

where title like ?としてtitleからLIKE検索をしていることがわかります。では、ff関数の処理の流れをざっと見ていきましょう。

```
con := setDB()
defer con.Close()
```

　　　　setDB関数を呼び出しDBを作成していますね。そしてdeferでCloseを設定しておきます。データベースの準備はこれだけです。

```
rs, er := con.Query(qry, "%"+fnd.Text+"%")
```

　　　　用意したqryを使ってデータベースにアクセスをします。プレースホルダへ設定する値は、"%"+fnd.Text+"%"というように前後に%をつけておきます。これで、find.Textが含まれるものを検索できるようになります。

　　　　あとは、取り出したRowsから順にデータを取り出し処理していくだけです。

```
for rs.Next() {
        var ID int
        var TT string
        var UR string
        var MR string
        er := rs.Scan(&ID, &TT, &UR, &MR)
        res += strconv.Itoa(ID) + ":" + TT + "\n"
}
```

　　　　繰り返しでは、rs.Nextを呼び出して次のレコードがある間は処理を繰り返しています。あらかじめ四つの変数を用意しておき、それをScanの引数に指定して値を取り出します。ここでは、構造体は用意せず、バラバラに用意した変数をそのままScanの引数に指定して使っています。これでも問題なく値を取り出せます。

　　　　あとは、取り出した値をresに追加して一つにまとめていくだけです。

◉ IDで検索する場合

　　　　IDを指定しての検索は、idf関数として用意しています。これも基本的な処理の流れはff関数とだいたい同じです。

　　　　まず、データベースの準備をしておきます。

```
var qry string = "select * from md_data where id = ?"
con := setDB()
defer con.Close()
```

ここでは、用意するSQLクエリーには「**where id = ?**」と条件を指定してあります。そして
DBを用意したら、SQLクエリーを実行します。

```
rs := con.QueryRow(qry, id)
```

QueryRowは、一つのレコードだけを取り出すものでしたね。戻り値にはRowが返されまし
た。Rowは一つのレコードしか持っていませんから、そこからScanで直接値を取り出し処理で
きます。

```
var ID int
var TT string
var UR string
var MR string
rs.Scan(&ID, &TT, &UR, &MR)
```

これで値が取り出せました。あとは変数を使って表示するだけですね。検索関係は、基本
的な流れが頭に入っていれば割と簡単ですね。

コンテンツをデータベースに保存する

データベースへのデータの保存は、sf関数として用意してあります。これは、検索などより更
に簡単です。まずデータベースの準備をします。

```
con := setDB()
defer con.Close()
```

あとは、SQLクエリーのstring値を用意し、Execで実行するだけです。SQLクエリーは、
title, url, markdownの三つの値をプレースホルダに指定してあり、Execの際にそれらに値を
設定しています。

```
qry := "insert into md_data (title,url,markdown) values (?,?,?)"
_, er := con.Exec(qry, w.Title(), fnd.Text, edit.Text)
```

これでデータの保存がされました。非常に簡単ですね。もっときちんとしたアプリにしたい
場合は、保存するデータの内容がデータベースに保管する際に悪い影響を与えないかチェック
し、必要ならばエスケープ処理を行ないます。このあたりは、「**SQLインジェクション**」で調
べてみるといろいろなテクニックが見つかるでしょう。

データをファイルに保存する

　データのファイルへの出力は、xf関数として用意してあります。ここでは、まず表示されている値を一つのstring値にまとめています。

```
fn := w.Title() + ".md"
ctt := "# " + w.Title() + "\n\n"
ctt += "## " + fnd.Text + "\n\n"
ctt += edit.Text
```

　こうして書き出すテキストが用意できたら、ioutil.WriteFileを使ってファイルに書き出します。ファイル名は、w.Title() + ".md"としてあります。

```
er := ioutil.WriteFile(fn, []byte(ctt), os.ModePerm)
```

　これで終わりです。ioutil.WriteFileを使うといきなりファイルに書き出しができるため、面倒なファイル操作はありません。

　もし、書き出し用のファイルを用意して、それにどんどん追記していくようにしたい場合はどうすればいいでしょうか。**「ファイルへの追記」**も既に説明していますね。それぞれで挑戦してみると面白いでしょう。

Webサーバー
プログラム

Goでは、Webサーバーの機能を
プログラムすることもできます。
この機能を使い、Webアプリケーション開発に
Goを利用することもできるのです。
この章ではそのための主な機能の使い方を覚えて、
実際にWebアプリケーションを開発してみましょう。

サーバープログラムの基本

Section 6-1

Webアプリの開発は?

「プログラムの開発」といえば、以前は**「パソコンのプログラム作成」**を示すのが当たり前でした。が、今ではそれ以外の分野のほうが一般的になりつつあります。スマートフォンのアプリ開発やWebの開発などですね。こうした分野でも、Goは進出しつつあります。

この章では、Webアプリケーションの開発について説明をしていきましょう。

◉ GoのWeb開発スタイル

「Webの開発」というと、多くは**「HTMLファイルを書いて、Webサーバーにアップロードする」**といったイメージを持っていることと思います。サーバー側のプログラム開発も、PHPなどで作成したものを対応Webサーバーに設置する、というスタイルが一般的でしょう。

が、GoのWeb開発は、アプローチが違います。もちろん、従来からあるCGI (Common Gateway Interface、Webサーバーからプログラムを実行する仕組み) を利用してGoのプログラムを実行することは可能です。が、GoでWeb開発を行なう場合は、通常、こうしたアプローチはとりません。ではどうするのか? というと、**「WebサーバーそのものをGoで作る」**のです。

Goには、Webサーバーの機能に関するプログラムが標準で用意されています。これを利用することで、比較的簡単にWebサーバープログラムを作れるのです。そうしてサーバーを作り、自分でサーバーにアクセスした際の処理などをGoで組み込んでいくのです。

こうした**「Webサーバーごと作る」**という方式は、以前はかなり少数派でしたが、最近では次第に増えてきています。その最大の理由は、Webの公開場所が**「レンタルサーバー」**から**「クラウド」**へと移行しつつあるためでしょう。

従来のWeb開発は、レンタルサーバーなどを借りてそこにファイルをアップロードしていました。が、クラウドの場合は、クラウド環境にプログラムをデプロイし、そこでプログラムを実行します。ですから、**「Webサーバープログラムそのものを作ってデプロイする」**というのは、クラウドベースのWeb開発にあったやり方なのです。

◉ net/httpパッケージについて

GoのWebに関する機能は、net/httpというパッケージにまとめられています。このパッケージ、既に5章で利用していました（5-2 ネットワークアクセス 参照）。このときは、Webサイトにアクセスする処理でしたが、HTTPによるアクセスに関しては一通りこのパッケージに用意されています。Webサーバーの機能についても、ここにまとめられているのです。

Webサーバーの基本を理解する

では、Webサーバーはどのように作るのでしょうか。実は、**「作る」** といってもその仕組みからすべてプログラミングする必要はありません。既に用意されているサーバー機能を実行するだけでいいのです。これは、httpの **「ListenAndServe」** という関数を使います。

✚ サーバー起動

```
http.ListenAndServe( アドレス , 《Handler》)
```

この関数は、Webサーバーを起動し、待受状態にするものです。これを実行すると常にWebサーバーが起動した状態となり、外部からのアクセスを待ち受け続けます（つまり、プログラムはListenAndServeを実行後も終了せず、動き続けます）。

第1引数には、公開するアドレスをstringで指定します。これは、公開するときに使うドメインを既に取得している場合はそれを指定すればいいでしょう。開発段階では、空の文字列を指定しておくと、localhostで公開されます。

第2引数は、**ハンドラ**と呼ばれるものを指定します。これは**Handler**という構造体の値を指定するのですが、これはHTTPの要求に対応する機能を提供する構造体です。これは、httpに用意されている関数を使って作ることができます。

このように、公開されるアドレスとHandler構造体を指定してListenAndServeを実行するだけで、Webサーバーが起動してしまうのです。たった一つの文だけでWebサーバーは動くのですね！

超簡単なWebサーバーを作る

では、実際にWebサーバーを動かしてみましょう。今回は、前章まで使っていたソースコードファイルは使いません。Webサーバーはいろいろなファイルを利用するので、まずそのための準備を整えましょう。

適当な場所に **「go-web」** という名前のフォルダを作成してください。デスクトップあたりで

いいでしょう。そしてそのフォルダの中に、**「web.go」**という名前でGoのソースコードファイルを作成します。Goで作成するWebアプリケーションは、この**「go-web」**フォルダの中にファイルを作成していくことにします。

VS Codeを使っている場合は、開いているファイル類をすべて閉じ、**「go-web」**フォルダをVS Codeのウインドウ内にドラッグ&ドロップしてください。これでフォルダが開かれ、中にあるファイル類が編集できるようになります。以後は、VS Codeを使ってファイルやフォルダの作成編集が行なえますね。

◉図6-1：「go-web」フォルダをVS Codeにドラッグ&ドロップして開く。

◉ Not Foundサーバーを動かす

では、ListenAndServeだけを使った超シンプルなWebアプリケーションのプログラムを作ってみましょう。web.goを開いて以下のように記述してください。

◉リスト6-1

```
package main

import (
        "net/http"
)

func main() {
        http.ListenAndServe("", http.NotFoundHandler())
}
```

●図6-2：http://localhostにアクセスすると「404 page not found」と表示される。

　たった1行のWebサーバープログラムです。記述したら、VS Codeの**「ターミナル」**メニューから**「新しいターミナル」**を選んでターミナルを呼び出します。既に**「go-web」**フォルダを開いていれば、デフォルトでこのフォルダにカレントディレクトリが設定された状態で現れます（もし、フォルダを開いておらず別の場所にカレントディレクトリがある場合は、cdコマンドで**「go-web」**フォルダに移動してください）。

　そのまま**「go run web.go」**を実行してweb.goを動かしてみましょう。そしてWebブラウザから**「http://localhost」**にアクセスをしてみてください。**「404 page not found」**というメッセージがブラウザに表示されるはずです。

　「何か間違えたのか？」と思ったでしょうが、そうではありません。これは、HTTPの404エラーを表示するWebサーバープログラムだったのです。

　ここでは以下のようにWebサーバープログラムを実行しています。

```
http.ListenAndServe("", http.NotFoundHandler())
```

　公開アドレスは空の文字列にし、第2引数にはNotFoundHandlerという関数を指定しています。これが、404エラーの対応をするHandlerを生成していたのです。わずか1行だけで、Webサーバーを動かし、そこにアクセスすると（404エラーですが）対応が返ってくる、という基本部分ができたわけです。

ファイルサーバーを動かす

　NotFoundHandlerは、404エラーのHandlerを返しましたが、流石にもう少し実用になるHandlerを使いたいですね。

　では、今度は**「ファイルサーバー」**のHandlerを使ってみましょう。main関数を以下のように書き換えてください。

●リスト6-2
```
func main() {
        http.ListenAndServe("", http.FileServer(http.Dir(".")))
}
```

⊙図6-3：アクセスすると「web.go」リンクが表示される。これをクリックすると、web.goのソースコードが表示される。

修正したら、web.goを再実行します。まだ実行中の場合は、Ctrlキー＋**「C」**キーを押してプログラムを中断し、再度go runでweb.goを実行してください。そしてWebブラウザからhttp://localhostにアクセスをすると、**「web.go」**というリンクが表示されます。これは、プログラムがある場所に置かれているファイル名のリストです。ここではweb.goだけしかないので、このファイルのリンクのみが表示されますが、他にもファイルがあればそれらファイル名のリンクが一覧表示されます。

このweb.goのリンクをクリックすると、web.goに記述したソースコードがそのまま表示されます。

⊙ FileServerについて

今回のサンプルは、フォルダ内にあるファイル名のリストを表示し、そのリンクをクリックするとそのファイルの内容を表示します。つまり、フォルダにあるファイルをそのまま表示するファイルサーバーとして動くプログラムだったのです。

ここでは、httpの**「FileServer」**という関数でHandlerを作成しています。これは以下のように利用します。

```
http.FileServer(《FileSystem》)
```

引数には、FileSystemという構造体を指定します。このFileSystemは、httpパッケージの**「Dir」**関数を使って用意するのが一番簡単でしょう。

```
http.Dir( パス )
```

引数には、利用するディレクトリ（フォルダ）のパスを指定します。プログラムがある場所ならば、単に"."と指定するだけでOKです。これで、指定のディレクトリ内のファイルを表示するファイルサーバーが完成します。

◉index.htmlを用意する

「**ファイルサーバー**」というと、Webサーバーとは全く違うもののように感じるかも知れませんが、実はファイルサーバーでちゃんとWebページが表示できるのです。

試しに、「**go-web**」フォルダの中に「**index.html**」という名前でファイルを作成してください。そしてダミーページのHTMLを作成しましょう。ここでは以下のように記述しておきました。

◎リスト6-3

```
<html>
<head>
    <meta charset='utf-8'>
    <title>Index</title>
</head>
<body>
    <h1>Index</h1>
    <p>This is sample web page!</p>
</body>
</html>
```

◎図6-4：http://localhostにアクセスするとWebページが表示される。

記述したら、http://localhostにアクセスしてみてください。すると、index.htmlの内容がWebブラウザに表示されます。

Webサーバーでは、ある階層にアクセスしたとき、そこに「**index**」という名前のファイルが

あると、それをデフォルトのファイルとして表示します。このため、http://localhostにアクセスすると、そこにあったindex.htmlが表示されるようになったというわけです。

　単純に、**「用意したHTMLファイルを表示する」**というだけなら、これでもう完成です。後はHTMLファイルを作成し**「go-web」**フォルダに配置していくだけです。

指定アドレスに処理を設定する

　これで**「HTMLを表示する」**というシンプルなWebサーバープログラムはできました。が、**「Goのプログラムでサーバー側の処理をする」**ということは、これではできません。アクセスしたらサーバー側で各種の処理を実行してからWebページの内容をプログラム的に生成して送る、といったことはできないのです。

　では、こうしたプログラムで生成する動的なWebページのHandlerはどう作るのでしょうか。

　実をいえば、そういうHandlerを作る関数は、標準では用意されていません。Handlerというのは、定型的な対応をするのに使うものです。ですから、より柔軟な対応を行なうような場合には、Handlerは向かないのです。

　実際のWebアプリの開発では、ListenAndServeの第2引数となるHandlerには**「nil」**を指定し用意しません。そしてhttpの**「HandleFunc」**という関数を使い、アクセスされるアドレスごとに個別に処理を組み込んでいくのです。

　このHandleFuncは、以下のような形で記述します。

```
http.HandleFunc( アドレス , 関数 )
```

　第1引数には、処理を割り当てるアドレスをstringで指定します。これは、ListenAndServeで指定したアドレスの後に追加されるパス部分になります。例えば、http://localhost/helloというアドレスを割り当てるとすると、http://localhostまでがListenAndServeで指定されるので、HandleFuncでは"/hello"とだけ指定をします。

　第2引数は、そのアドレスにアクセスがあった際に呼び出される処理を関数として用意します。これは以下のような形で定義します。

```
func(w http.ResponseWriter, rq *http.Request) {
    ……実行する処理……
}
```

　第1引数には、ResponseWriterという構造体が渡されます。これは、サーバーからクライアントへ送られるレスポンスに必要な情報を書き出すためのものです。そして第2引数に用意され

るRequestは、クライアントからのリクエスト情報を管理します。この二つの値を利用して必要な処理を実行していくのです。

◉ /helloに処理を設定する

では、実際にHandleFuncを利用して、特定のアドレスにアクセスしたら処理を実行するようなサンプルを作ってみましょう。main関数を以下のように修正します。

◉リスト6-4

```go
func main() {
    hh := func(w http.ResponseWriter, rq *http.Request) {
        w.Write([]byte("Hello, This is GO-server!!"))
    }

    http.HandleFunc("/hello", hh)

    http.ListenAndServe("", nil)
}
```

◉図6-5：http://localhost/hello にアクセスするとメッセージが表示される。

修正したらプログラムを再起動し、http://localhost/helloにアクセスしてください。すると、Webブラウザに「**Hello, This is GO-server!!**」とテキストが表示されます。トップのhttp://localhostにアクセスすると、404エラーが表示されます。「**go-web**」フォルダにはindex.htmlがあるはずですが、これは表示されません。先ほどのFileServerを使ったときのように、アクセスしたパスに応じてファイルを読み込んだりするのではなく、Goのプログラムによって処理が実行されるため、index.htmlは表示されなくなっているのです。

◉ レスポンスに出力する

ここでは、まず実行する処理をまとめた関数をhhという変数に用意しています。ここでメッセージの出力処理をしています。

```go
hh := func(w http.ResponseWriter, rq *http.Request) {
```

```
        w.Write([]byte("Hello, This is GO-server!!"))
}
```

ResponseWriterの**「Write」**というメソッドを使って、レスポンスにテキストを出力していま
す。これは以下のように実行します。

《ResponseWriter》.Write(byte配列)

引数には、出力する値をbyte配列として用意します。これがクライアント（Webブラウザ）に
送られて表示されるのです。

作成した関数は、HandleFuncを使い、/helloアドレスに割り付けられます。

```
http.HandleFunc("/hello", hh)
```

これで/helloでhh関数を実行するという設定ができました。後は、ListenAndServeでサー
バーを実行するだけです。第2引数のHandlerはnilを設定しているのがわかるでしょう。

HTMLも表示できる？

Writeは、テキストを書き出すだけのシンプルなものでした。では、HTMLの出力は行なえる
のでしょうか。これもやってみましょう。main関数を以下のように修正してください。

●リスト6-5

```
func main() {
        msg := `<html><body>
                <h1>Hello</h1>
                <p>This is GO-server!!</p>
                </body></html>`
        hh := func(w http.ResponseWriter, rq *http.Request) {
                w.Write([]byte(msg))
        }

        http.HandleFunc("/hello", hh)

        http.ListenAndServe("", nil)
}
```

◎図6-6：アクセスするとHTMLでWebページが表示される。

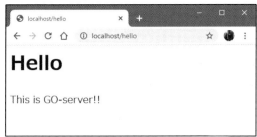

　修正したプログラムを再実行しアクセスすると、HTMLを使ってページが表示されます。ここでは以下のように表示する内容を用意していますね。

```
msg := `<html><body>
        <h1>Hello</h1>
        <p>This is GO-server!!</p>
        </body></html>`
```

　「`」という記号は、改行を含むテキストリテラルを記述するのに使われます。これを利用すると、長いテキストも改行して記述できます。こうして用意したHTMLソースコードのstringをWriteで書き出せば、それがそのままWebブラウザでHTMLとして認識され表示されます。

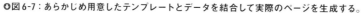

Section 6-2 テンプレートを利用する

テンプレートの考え方

Goでは、ResponseWriterにテキストを書き出すことでHTMLなどをクライアント側に出力できることがわかりました。プログラムによって出力内容を生成できますから、表示内容をプログラム的に作ることが可能です。

とはいえ、表示するWebページは、一つの長いテキストデータです。それをプログラム的に生成していくのはかなり大変です。やはり、あらかじめHTMLファイルなどを用意しておいて、それをもとに表示をカスタマイズできたほうが遥かに簡単でしょう。

こうした考え方のもとに、Webアプリの開発で広く利用されているのが「**テンプレート**」と呼ばれる技術です。

テンプレートは、あらかじめ用意されたHTMLを元に、必要な情報などを組み込んで完成したページを生成する技術です。HTMLに値を埋め込むための特殊な記号や値などが用意されており、そうしたものを使って用意されたHTMLソースコードの中に必要な情報を埋め込むことができます。

このテンプレートを使いこなせるようになれば、WebサーバーでのWebページ生成もずいぶんと簡単に行なえるようになるでしょう。

●図6-7：あらかじめ用意したテンプレートとデータを結合して実際のページを生成する。

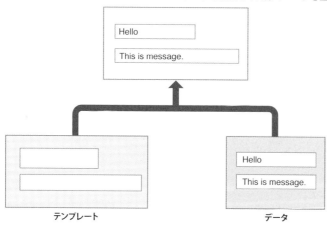

templateの使い方

Goにも、テンプレートのための機能が標準で用意されています。text/templateというパッケージがそれで、この中にある機能を利用してテンプレートを扱うことができます。このパッケージには、用途に応じていくつかの関数が用意されています。まずは、最も基本となる**「テキストを元にテンプレートを作成する」**方法から説明していきましょう。

テンプレートは、**「Template」**という構造体として用意されています。テンプレートを利用するには、まずこの構造体を作成します。

```
変数 := template.New( 名前 )
```

引数には、テンプレートの名前をstring値で指定します。これでTemplateが作成されます。といっても、まだこれには何もテンプレートの情報が用意されていません。いわば、**「空のテンプレート」**です。

これに、テンプレートのソースコードを組み込んでパース処理を行ないます。

```
変数1, 変数2 :=《Template》.Parse( ソースコード )
```

引数には、テンプレートの内容をstring値で指定します。これは、基本的に**「HTMLのソースコード」**と考えてください。テンプレート特有の特殊な値なども利用しますが、ベースとなるのはHTMLソースコードです。

このParseにより、引数のテキストをテンプレートとして解析し設定したTempateを変数1に返します。内容に問題がある（文法的に間違っているなど）場合には変数2にerrorが返されます。

この新たに得られたTemplateで、ソースコードをWebページとして出力できます。これは、Templateの**「Execute」**というメソッドを使います。

```
変数 :=《Tempalte》.Execute(《Writer》,《interface{}》)
```

Executeは、テンプレートをレンダリングし、第1引数に指定したWriterに結果を出力します。第2引数にはテンプレートで使うデータとなる値を指定します。これは、必要な値をひとまとめにした構造体を使うのが一般的です。

Executeにより、第2引数から必要な値を取り出してテンプレートの必要な場所に組み込み、完成したWebページのHTMLソースコードを生成します（これがレンダリングです）。こうして完成したページが、そのままWriterに書き出されるわけです。HandleFuncに指定される関数でテンプレートを使う場合、このWriterにはResponseWriterを使えばいいでしょう。

◉ テンプレートで Web ページを出力する

では、実際にテンプレートを使ってページを出力させてみましょう。今回はテンプレート関係のパッケージをインポートする必要がありますから全ソースコードを掲載しておきます。

⊕ リスト6-6

```go
package main

import (
        "log"
        "net/http"
        "text/template"
)

func main() {
        html := `<html>
        <body>
        <h1>HELLO</h1>
        <p>This is sample message.</p>
        </body></html>`
        tf, er := template.New("index").Parse(html)
        if er != nil {
                log.Fatal(er)
        }
        hh := func(w http.ResponseWriter, rq *http.Request) {
                er = tf.Execute(w, nil)
                if er != nil {
                        log.Fatal(er)
                }
        }

        http.HandleFunc("/hello", hh)

        http.ListenAndServe("", nil)
}
```

●図6-8：テンプレートを使って表示されたWebページ。

/helloにアクセスすると、簡単なWebページが表示されます。ごく単純なものですが、HTMLのソースコードを元にテンプレートを使ってWebページを出力する、という一連の流れはこれでわかるでしょう。

なお、ここではエラー時にlog.Fatalというものを呼び出しています。logは、ログ出力のためのパッケージで、Fatalはログとして値を出力するのに使われる関数です。エラー時にはこれによりエラー内容がターミナルに出力されるようになります。

ここでは、元になるHTMLソースコードをあらかじめ変数htmlに代入してあります。これを元に、Templateを作成しています。

```
tf, _ := template.New("index").Parse(html)
```

NewでTemplateを作成し、Parseでhtmlの内容をパースしたTemplateを作成しています。そして、HandleFuncで実行する関数内で、このTemplateのExecuteでテンプレートをレンダリングし出力しています。

```
hh := func(w http.ResponseWriter, rq *http.Request) {
    er := tf.Execute(w, nil)
}
```

今回は、ただテンプレートを書き出すだけなので、Executeの第2引数はnilにしてあります。これで、テンプレートを使ってWebページが出力されました。Template作成の手順さえわかっていれば、意外と簡単に行なえますね。

テンプレートファイルを利用する

テキストリテラルとしてテンプレートの内容を用意する方法はこれでわかりました。が、実際の開発では、ファイルとしてテンプレートのソースコードを用意しておき、これを読み込んで利用する、というやり方のほうが多いでしょう。

　　テンプレートファイルを利用したやり方は、テキストリテラルとは少し違います。templateパッケージにある「**ParseFiles**」という関数を利用するのです。これは以下のように呼び出します。

```
変数1, 変数2 := template.ParseFiles( ファイルパス )
```

　　引数には、読み込むファイルのパスをstring値で指定します。これで、指定のファイルを読み込みTemplateを作成して変数1に返します。もし、読み込みやパースに失敗した場合は、変数2にerrorが返されます。

　　つまり、このParseFilesは、NewとParseをまとめて行なってくれるものなのですね。従って、ParseFilesで生成されたTemplateは、後はもうExecuteするだけの状態になっているわけです。

◉ テンプレートファイルを用意する

　　では、実際にテンプレートファイルを利用してみましょう。まず、ファイルの保存場所を用意しておきましょう。「**go-web**」フォルダ内に、新たに「**templates**」という名前のフォルダを作成してください。テンプレート関係はすべてこの中にまとめることにしましょう。

　　そして、この「**templates**」フォルダの中に「**hello.html**」というファイルを用意してください。これが、テンプレートファイルです。作成したら以下のように記述しておきましょう。

◉リスト6-7

```html
<html>
<head>
    <meta charset='utf-8'>
    <title>Hello</title>
    <link rel="stylesheet"
    href="https://stackpath.bootstrapcdn.com/bootstrap/4.4.1/css/bootstrap.min.css"
    crossorigin="anonymous">
</head>
<body class="container">
    <h1 class="display-4 mb-4">Hello!</h1>
    <p>This is Hello page.</p>
</body>
</html>
```

　　ここでは、CDN（Content Delivery Network）を利用してBootstrapのスタイルシートを使っています。class属性に設定してあるのは基本的にBootstrapのクラスと考えてください。

◉ テンプレートを表示する

では、作成したテンプレートを利用してWebページを表示するようプログラムを書き換えましょう。web.goのmain関数を以下のように修正してください。

◎ リスト6-8

```go
func main() {
        tf, er := template.ParseFiles("templates/hello.html")
        if er != nil {
                tf, _ = template.New("index").Parse("<html><body><h1>NO TEMPLATE.
                        </h1></body></html>")
        }
        hh := func(w http.ResponseWriter, rq *http.Request) {
                er = tf.Execute(w, nil)
                if er != nil {
                        log.Fatal(er)
                }
        }

        http.HandleFunc("/hello", hh)

        http.ListenAndServe("", nil)
}
```

◎ 図6-9：/hello にアクセスすると、hello.html を読み込んで表示する。

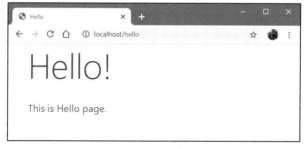

プログラムを再実行し、/helloにアクセスしてみましょう。hello.htmlの内容がWebページに表示されます。テンプレートファイルを読み込んで画面に表示できました！

ここでは、以下のようにしてテンプレートファイルからTemplateを生成しています。

```go
tf, er := template.ParseFiles("templates/hello.html")
```

もし、エラーが発生して読み込めなかった場合は、stringリテラルを使ってTemplateを生成するようにしています。

```
if er != nil {
        tf, _ = template.New("index").Parse("<html>……略……</html>")
}
```

こうすることで、ファイルの読み込みに失敗しても表示がされるようにしています。後は、HandleFunc関数で"/hello"に割り付けた関数内で、tf.Executeを実行してResponseWriterにレンダリング結果を出力するだけです。stringリテラルを使ったやり方もテンプレートファイルを読み込む方法も、Templateさえ用意できれば後は同じです。

複数ページへの対応を考える

テンプレートファイルを利用した方法は簡単にファイルを読み込んでWebページとして出力できます。**「簡単に」**？ 確かに慣れてしまえば簡単です。が、結構やるべきことはありますね。まず、ParseFilesでTemplateを用意し、HandleFuncで使うための関数を定義し、それをHandleFuncで指定のアドレスに設定する。これらをすべて行なう必要があります。

一つのページだけならこのぐらいは比較的簡単に用意できるでしょう。が、いくつものページがある場合は、結構コーディングの量も増え、ソースコード自体がわかりにくくなってきそうです。そこで、複数ページを用意する場合を考え、ソースコードの構成を整理しておきましょう。

まず、サンプルとしてもう一つテンプレートファイルを用意することにします。これは、**「go-web」**フォルダ内に作ってあるindex.htmlをそのまま流用しましょう。このファイルを**「templates」**フォルダの中に移動してください。そして、トップページにアクセスしたらこれを表示するようにしましょう。

では、二つのテンプレートファイルに対応させたソースコードを作成しましょう。今回はmain以外にもいろいろと関数が追加されているので、全ソースコードを掲載しておきます。

●リスト6-9

```
package main

import (
        "log"
        "net/http"
        "text/template"
)
```

```go
// Temps is template structure.
type Temps struct {
        notemp *template.Template
        indx   *template.Template
        helo   *template.Template
}


// Template for no-template.
func notemp() *template.Template {
        src := "<html><body><h1>NO TEMPLATE.</h1></body></html>"
        tmp, _ := template.New("index").Parse(src)
        return tmp
}


// setup template function.
func setupTemp() *Temps {
        temps := new(Temps)

        temps.notemp = notemp()

        // set index template.
        indx, er := template.ParseFiles("templates/index.html")
        if er != nil {
                indx = temps.notemp
        }
        temps.indx = indx

        // set hello template.
        helo, er := template.ParseFiles("templates/hello.html")
        if er != nil {
                helo = temps.notemp
        }
        temps.helo = helo

        return temps
}


// index handler.
func index(w http.ResponseWriter, rq *http.Request, tmp *template.Template) {
        er := tmp.Execute(w, nil)
        if er != nil {
```

```
                    log.Fatal(er)
        }
}


// hello handler.
func hello(w http.ResponseWriter, rq *http.Request, tmp *template.Template) {
        er := tmp.Execute(w, nil)
        if er != nil {
                log.Fatal(er)
        }
}


// main program.
func main() {
        temps := setupTemp()
        // index handling.
        http.HandleFunc("/", func(w http.ResponseWriter, rq *http.Request) {
                index(w, rq, temps.indx)
        })
        // hello handling
        http.HandleFunc("/hello", func(w http.ResponseWriter, rq *http.Request) {
                hello(w, rq, temps.helo)
        })

        http.ListenAndServe("", nil)
}
```

◉図6-10：トップページにアクセスするとindex.html が表示されるようになった。

　プログラムを再実行し、表示を確認しましょう。/helloにアクセスすれば、先ほどと同じように hello.htmlが表示されます。そしてトップページ（http://localhost）にアクセスをすると、index.htmlが表示されるようになりました。二つのページがちゃんと機能しているのがわかりますね。

ここでは、テンプレート関係をTempsという構造体にまとめてあります。setupTemp関数を用意し、そこでTemplate関係を作成してTempsに組み込んでいます。

また、各ページにアクセスしたときの処理は、それぞれindexとhelloという関数として定義しておき、main関数内でHandleFuncからそれらを呼び出すようにしてあります。例えばindex関数を見ると、こう定義されていますね。

```
func index(w http.ResponseWriter, rq *http.Request, tmp *template.Template) {
     ……実行する処理……
}
```

トップページにアクセスしたときにこの関数が呼ばれるように、main関数でHandleFucを用意しています。

```
http.HandleFunc("/", func(w http.ResponseWriter, rq *http.Request) {
     index(w, rq, temps.indx)
})
```

こんな具合に、アクセスした際の処理を関数として切り離し、それをHandleFuncから呼び出すようにすることで、main関数をシンプルにし、各ページにアクセスした際の処理をそれぞれ関数の形で記述できるようにしました。/helloにアクセスした際の処理を変更したければ、hello関数だけ修正すればいいわけですね！

もちろん、**「必ずこういう形で作らないといけない」**わけでは全くありません。一つの例として、**「こうやって各ページの処理を分けて書けるようにするとプログラムもわかりやすくなりますよ」**というサンプルとして考えてください。

なお、これから先、何度も各ページの処理を書き換えながら説明をしていきますが、それはここで作成したソースコードをベースにして説明していくことにします。そうすれば、ページの修正も関数一つ書き換えるだけで済みますからね！

テンプレートに値を埋め込む

テンプレートを単純に表示するのはこれでほぼできるようになりました。しかし、テンプレートというのは、ただファイルから読み込んで表示するというだけのものではありません。

テンプレートの本来の役割は、**「テンプレートのソースコードに、外部から必要な情報を組み込んで表示を完成させることができる」**という点にあります。次は、**「テンプレートに値を埋め込んで利用する」**ということを行なってみましょう。

まず、テンプレート側を修正します。ここでは、hello.htmlを書き換えることにします。hello.htmlの<body>部分を以下のように修正してください。

◎リスト6-10

```
<body class="container">
    <h1 class="display-4 mb-4">{{.Title}}</h1>
    <p>{{.Message}}</p>
</body>
```

ここでは、{{.Title}}と{{.Message}}という記述が追加されていますね。これらが、値を埋め込むための記述です。

テンプレートでは、このように{{}}という記号を使って値を埋め込む場所を指定することができます。{{.Title}}は、Titleという名前の値をここに埋め込むことを示します。**「Title」** ではなく **「.Title」** というように冒頭にドットがつきます。また名前はtitleではなくTitleというように大文字で始まるものにします。

◉hello関数を修正する

では、hello.htmlテンプレートに値を渡して表示しましょう。先ほど作成したソースコード（リスト6-9）をベースにして書き換えていきます。web.goに記述してあるhello関数を以下のように書き換えてください。

◎リスト6-11

```
func hello(w http.ResponseWriter, rq *http.Request,
        tmp *template.Template) {

    item := struct {
            Title   string
            Message string
    }{
            Title:   "Send values",
            Message: "This is Sample message.<br>これはサンプルです。",
    }

    er := tmp.Execute(w, item)
    if er != nil {
            log.Fatal(er)
    }
}
```

◐図6-11：/hello にアクセスすると、タイトルとメッセージが表示される。

　プログラムを再実行し、/helloにアクセスしてみましょう。「**Send values**」というタイトルの下に、「**This is Sample message.**」「**これはサンプルです。**」とメッセージが表示されます。hello.htmlには、こうしたテキストはありませんでしたね。‖.Title‖と‖.Message‖に、プログラム側から値が設定されていることがわかります。

◉構造体の用意と受け渡し

　ここでは、hello関数内に以下のような構造体の値を用意しています。これが、テンプレート側に渡されるデータになります。

```
item := struct {
        Title   string
        Message string
}{
        Title:   "Send values",
        Message: "This is Sample message.<br>これはサンプルです。",
}
```

　TitleとMessageという変数が用意されていますね。ここに、必要な値を用意しておきます。そしてこの構造体をExecuteする際に渡します。

```
er := tmp.Execute(w, item)
```

　これで、itemに用意されている値を使ってテンプレートがレンダリングされます。Titleと Messageが、それぞれ‖ .Title ‖と‖ .Message ‖にはめ込まれているのが確認できるでしょう。

{{ if }}による条件設定

テンプレートは、変数を埋め込むだけしかできないわけではありません。それ以外にも、動的に表示を生成するために役立つ機能がいろいろと用意されています。

特に重要なのが、プログラミング言語の**「制御構文」**に相当する機能でしょう。Goのテンプレートには、if文に相当する機能が用意されています。これは以下のように記述をします。

```
{{ if 条件 }}
……true時の表示……
{{ else }}
……false時の表示……
{{ end }}
```

このように記述することで、ifの条件をチェックし、それがtrueかfalseかで異なる表示を行なうことができます。なお、‖ else ‖部分はオプションですので、不要ならば省略できます。この場合は、false時は何も表示しません。

これは、**「{{}}によってGoの文を直接記述している」**というわけではありません。よく見ればわかりますが、このifは、if構文と似てはいますが同じものではありません。あくまでテンプレートに用意されているifの機能なのです。

◉ifで表示を切り替える

では、実際に利用してみましょう。ここではアクセスするごとに表示が切り替わるサンプルを考えてみます。

まず、テンプレートを修正します。hello.htmlの<body>部分を以下のように書き換えてください。

◎ リスト6-12

```
<body class="container">
    <h1 class="display-4 mb-4">{{.Title}}</h1>
    {{ if .Flg }}
    <p>{{.Message}}</p>
    {{ else }}
    <p>{{.JMessage}}</p>
    {{ end }}
</body>
```

ここでは、‖ if .Flg ‖というようにしてFlgの値をチェックしています。そしてtrueならば

‖.Message‖を、falseならば‖.JMessage‖を表示するようにしています。後はGoのソースコード側で、MessageとJMessageにそれぞれ値を設定して渡すようにしておけばいいわけですね。

では、web.goのhello関数を以下のように修正しましょう。なお、関数手前にある変数flgについても記述を忘れないでください。

◎リスト6-13

```go
var flg bool = true

// hello handler.
func hello(w http.ResponseWriter, rq *http.Request,
        tmp *template.Template) {

        item := struct {
                Flg      bool
                Title    string
                Message  string
                JMessage string
        }{
                Flg:      flg,
                Title:    "Send values",
                Message:  "This is Sample message.",
                JMessage: "これはサンプルです。",
        }

        er := tmp.Execute(w, item)
        if er != nil {
                log.Fatal(er)
        }
        flg = !flg
}
```

◎図6-12：アクセスするごとに表示メッセージが切り替わる。

プログラムを再実行し、/helloにアクセスをしてみてください。そしてページを何度かリロードしてみましょう。すると、アクセスするごとに表示メッセージが英語と日本語で切り替わることがわかるでしょう。

ここでは、構造体にMessageとJMessageの値を用意し、それぞれに異なる値を設定しています。そしてExecuteで構造体を渡して表示を行なった後、最後に変数flgの値をtrue/falseで交互に切り替えるようにしています。こうすることで、アクセスするごとに表示が切り替わるようになっていたのです。

{{ range }}による繰り返し表示

繰り返し構文に相当する機能もテンプレートには用意されています。これは配列やコレクション関係の値を用意し、そこから値を取得して表示を行なっていくものです。

```
{{ range $変数1, $変数 := 配列など }}
……繰り返す表示……
{{ end }}
```

この‖ range ‖という表記は、用意された配列から値を取り出し、インデックス（またはキー）と値をそれぞれ$変数1と$変数2に代入していきます。これら配列から取り出された値を使い、この‖ range ‖と‖ end ‖の間に記述された繰り返し部分の表示を作成します。

◎配列をリストに表示

では、これも利用例を挙げておきましょう。まずはテンプレート側の修正です。hello.htmlの<body>部分を以下のように修正してください。

●リスト6-14

```
<body class="container">
```

```
        <h1 class="display-4 mb-4">{{.Title}}</h1>
        <ul class="list-group">
        {{ range $index, $element := .Items }}
        <li class="list-group-item">{{$index}}: {{$element}}</li>
        {{ end }}
        </ul>
</body>
```

ここでは、‖ range $index, $element := .Items ‖というようにしてItemsからインデックスと値を$index、$elementに取り出しています。どちらも$がつけられていますね。そして繰り返し部分では、このようにその内容を表示しています。

```
<li class="list-group-item">{{$index}}: {{$element}}</li>
```

$indexと$elementの値を<li>でまとめて表示していますね。後は、Itemsに表示する値を配列にして渡せばいいだけです。では、web.goのhello関数を修正しましょう。

○ リスト6-15

```
func hello(w http.ResponseWriter, rq *http.Request,
        tmp *template.Template) {

        item := struct {
                Title    string
                Items    []string
                JMessage string
        }{
                Title: "Send values",
                Items: []string{"One", "Two", "Three"},
        }

        er := tmp.Execute(w, item)
        if er != nil {
                log.Fatal(er)
        }
}
```

●図6-13：Items配列の内容をリスト表示する。

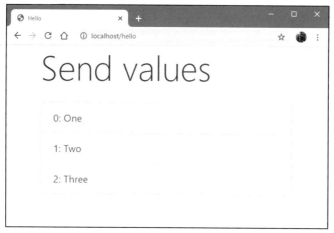

　/helloにアクセスすると、「**0: One**」「**1: Two**」「**2: Three**」というようにリストが表示されます。ここでは、構造体に Items: []string{"One", "Two", "Three"} というようにしてItemsに配列を用意していますね。この値が、テンプレートの|| range ||に渡されてリストとして表示されていた、というわけです。

「$変数」とは？

　ここでは、配列から取り出した値を代入するのに「**$index**」「**$element**」と記述していますね。変数名の前に、$をつけて記述しています。

　これは、テンプレート内で変数を作成する際の基本です。テンプレート内で定義される変数は、必ず変数名の前に$をつけます。これを忘れるとテンプレートのエラーになるので注意してください。

　ここでは|| range ||で使う変数を$で宣言していますが、その他にも変数を使うことはあります。

```
{{ $変数 *= 値 }}
```

　こんな具合に記述することで、テンプレート内で新たに変数を宣言し使うことができるのです。Goのプログラム側で用意する値だけでなく、このようにしてテンプレート内で独自の変数を作成し、組み合わせて処理を実行できるようになっているのです。

{{ with }}による値の表示

　以上、|| if ||と|| range ||がわかれば、基本的な「**条件表示**」と「**繰り返し**」がわかれば、状

況に応じた動的な表示の作成が可能になります。

これに加えてもう一つ、‖with‖というものも覚えておくと役に立ちます。これは、‖if‖と同じように状況に応じて表示を行なうものです。が、‖if‖が条件の真偽によって表示を行なうのに対し、‖with‖は**「値が空かどうか」**によって表示を行なうのです。

```
{{ with 対象 }}
……対象が存在する場合の表示……
{{ else }}
……対象が存在しない場合の表示……
{{ end }}
```

withの後に、チェックする対象となる変数などを指定します。この値が空でない場合は、その後の部分が表示されます。もし対象が空だった場合は、‖else‖以降の部分が表示されます。

◉ Messageをチェックする

では、これも利用例を挙げておきましょう。まずhello.thmlの<body>を以下のように修正してください。

⊕リスト6-16

```
<body class="container">
    <h1 class="display-4 mb-4">{{.Title}}</h1>
    {{ with .Message }}
    <p>OK, message is here!</p>
    {{ else }}
    <p>no message...</p>
    {{ end }}
</body>
```

ここでは、‖with .Message‖というようにしてMessageの値が存在するかどうかを調べています。続いて、hello関数側を修正しましょう。

⊕リスト6-17

```
func hello(w http.ResponseWriter, rq *http.Request,
        tmp *template.Template) {

        item := struct {
                Title   string
```

```
        Message string
}{

        Title:    "Send values",
        // Message: "YES! this is message!!", //☆
}


er := tmp.Execute(w, item)
if er != nil {
        log.Fatal(er)
}
}
```

◑図6-14：Messageを用意しているかどうかで表示が変わる。

この状態でアクセスすると、画面には「**no message...**」と表示されるでしょう。それを確認したら、マークの文のコメントを削除して実行されるようにしてください。すると、今度は「**YES! this is message!!**」と表示されます。構造体にMessageの値を用意するかどうかで表示が変わっているのがわかるでしょう。

この他にも、テンプレートには表示に関する機能が用意されていますが、とりあえずここで挙げたものだけでも使えるようになれば、かなり本格的な表示も作れるようになるはずです。それ以外のものは、必要があれば取り上げるということにして、まずは変数の表示と‖if‖と‖range‖についてしっかりと使えるようにしてください。

Web開発に必要な機能

Section 6-3

パラメータの送信

Webページの基本が一通りわかったところで、Webアプリケーションの作成に必要となる機能をいくつかピックアップして使い方を覚えていくことにしましょう。まずは、**「クエリーパラメータ」**についてです。

クエリーパラメータというのは、Webブラウザのアドレス部分につけられるパラメータのことです。Webサイトによっては、アドレスの末尾にこんなものがつけられていることがありますね。

```
http://○○/?xx=xx&yy=yy&zz=……
```

この?以降の部分がクエリーパラメータです。アドレスに必要なパラメータ情報を付け足してアクセスすることでサーバー側に情報を渡せるようにするものです。これは、以下のような形で記述されます。

```
アドレス?キー1=値1&キー2=値2&……
```

パラメータは、?の後にキーと値をイコールでつないで記述します。複数の値を渡す場合は、それぞれを&でつなぎます。サーバー側ではこのパラメータを受け取り、キーを指定して値を取り出し処理をします。

◉ パラメータの取得

では、サーバー側のプログラムではどのようにしてクエリーパラメータを取得すればいいのでしょうか。

クエリーパラメータは、クライアントからのアクセスを管理するhttp.Requestにその情報が保管されています。送られたクエリーパラメータの値は以下のようにして取り出します。

```
変数 :=《Request》.FormValue( キー )
```

引数にキーをstringで指定すると、そのキーの値がstringで取り出されます。パラメータの取

得自体は非常に単純ですね。

◉idとnameをパラメータで送る

では、実際の利用例を挙げておきましょう。まずテンプレートを修正しておきます。hello.htmlの<body>部分を以下のように変更しておきましょう。

◎リスト6-18

```
<body class="container">
    <h1 class="display-4 mb-4">{{.Title}}</h1>
    <p>{{ .Message }}</p>
</body>
```

単純にMessageを表示するだけのものにしてあります。そして、web.goのhello関数を以下のように変更します。

◎リスト6-19

```
func hello(w http.ResponseWriter, rq *http.Request,
        tmp *template.Template) {

    id := rq.FormValue("id")
    nm := rq.FormValue("name")
    msg := "id: " + id + ", Name: " + nm

    item := struct {
            Title   string
            Message string
    }{
            Title:   "Send values",
            Message: msg,
    }

    er := tmp.Execute(w, item)
    if er != nil {
            log.Fatal(er)
    }
}
```

⊕図 6-15：http://localhost/hello?id=123&name=taro とアクセスすると、「id: 123, Name: taro」と表示される。

修正したら、再実行してhttp://localhost/helloにクエリーパラメータでidとnameをつけてアクセスをしてみます。例えば、http://localhost/hello?id=123&name=taroとアクセスすると、**「id: 123, Name: taro」**とメッセージが表示されます。クエリーパラメータの値を取り出してメッセージとして表示しているのがわかるでしょう。

ここでは、以下のようにしてクエリーパラメータを取り出していますね。

```
id := rq.FormValue("id")
nm := rq.FormValue("name")
```

これで、idとnameのパラメータの値が取り出せました。このようにクエリーパラメータの利用はGoでは非常に簡単です。

フォームの送信

では、フォームの送信はどうでしょうか。ユーザーからの入力というのは、クエリーパラメータなどで直接入力してもらうより、フォームを利用するのが一般的です。

フォームの場合も、実はFormValueがそのまま使えます。これで問題なく使えるのですが、この他に**「PostFormValue」**というメソッドも用意されています。

```
変数 :=《Request》.PostFormValue( 名前 )
```

使い方はFormValueと全く同じです。引数には、フォームのname属性に指定された値を用意します。PostFormValueは、その名の通り、POST送信されたフォームの内容を扱います。ですから、例えば同時にクエリーパラメータなどが送られてきたとしてもPostFormValueでは取り出せません。

◉ フォームを利用する

では、実際にフォーム送信を行なってみましょう。まずテンプレートを修正します。hello.html
の<body>タグを以下のように修正してください。

◎ リスト6-20

```
<body class="container">
    <h1 class="display-4 mb-4">{{.Title}}</h1>
    <p>{{ .Message }}</p>
    <form action="/hello" method="post">
        <div class="form-group">
            <label for="name">Name</label>
            <input type="text" class="form-control"
                id="name" name="name">
        </div>
        <div class="form-group">
            <label for="pass">Password</label>
            <input type="password" class="form-control"
                id="pass" name="pass">
        </div>
        <button type="submit" class="btn btn-primary">
            Click</button>
    </form>
</body>
```

ここでは、<form action="/hello" method="post">というように/helloにPOST送信する形
でフォームを用意しています。フォーム内には、以下の二つの入力コントロールを用意してあり
ます。

```
<input type="text" class="form-control" id="name" name="name">
<input type="password" class="form-control" id="pass" name="pass">
```

name="name"とname="pass"という二つの<input>を用意しておきました。これらの値を取
り出して処理するようにweb.goを修正しましょう。hello関数を以下のように修正してください。

◎ リスト6-21

```
func hello(w http.ResponseWriter, rq *http.Request,
        tmp *template.Template) {
        msg := "type name and password:"
```

```
if rq.Method == "POST" {
        nm := rq.PostFormValue("name")
        pw := rq.PostFormValue("pass")
        msg = "name: " + nm + ", passowrd: " + pw
}

item := struct {
        Title   string
        Message string
}{
        Title:   "Send values",
        Message: msg,
}

er := tmp.Execute(w, item)
if er != nil {
        log.Fatal(er)
}
}
```

◉図6-16：フォームに入力して送信すると、その内容を表示する。

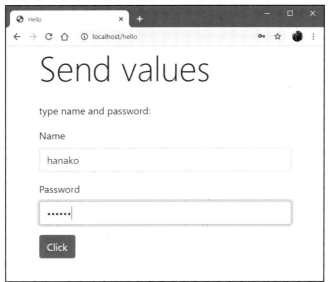

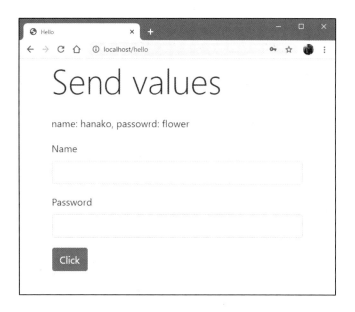

　/helloにアクセスすると、NameとPasswordという二つの入力フィールドがあるフォームが表示されます。これらに入力をし送信すると、「**name:○○, password:○○**」というようにフォームの内容が表示されます。

● POST送信時の処理

　では、POST時の処理を見てみましょう。ここでは、/helloにアクセスしてフォームを表示し、それをまた/helloに送信して処理しています。ですからhello関数は、GETアクセス時とPOST送信時の両方に対応させる必要があります。

　では、POST送信された際の処理部分がどうなっているか見てみましょう。

```
if rq.Method == "POST" {
        nm := rq.PostFormValue("name")
        pw := rq.PostFormValue("pass")
        msg = "name: " + nm + ", passowrd: " + pw
}
```

　if文で、「**rq.Method == "POST"**」という式をチェックしています。「**Method**」は、リクエストのHTTPメソッドを示す値です。これが"POST"ならば、POST送信でアクセスされていると判断できます。

　この中で、PostFormValue("name")とPostFormValue("pass")でそれぞれnameとpassの値を取り出し、それをもとにmsgを変更しています。このように、一つの関数内でGETとPOSTを

処理する必要がある場合は、Methodの値に応じた処理を行なうと良いでしょう。

Gorillaセッションの利用

Webアプリケーションを作成するとき、非常に重要になるのが**「セッション」**に関する機能でしょう。セッションは、サーバー＝クライアント間の接続を維持するための仕組みです。セッションにより個々のクライアントとの接続が識別され、それぞれの接続ごとに値を保持できるようになります。要するに、アクセスしているクライアントごとに異なる値を保存できるというわけですね。

Webアプリケーションではユーザーがログインしてさまざまなサービスを利用するものが多くありますが、こうしたものはセッションによりログイン情報を管理しています。ログインするタイプのWebアプリを作成する場合は、セッションは必須機能といえるでしょう。

このセッション機能は、Goの標準ライブラリには用意されていません。自分で実装することもできますが、既に使いやすいパッケージがいくつも出ていますから、それらを利用するのが良いでしょう。

ここでは、**Gorilla Sessions**というパッケージを利用してみます。ターミナルから以下を実行してパッケージをインストールしてください。

```
go get github.com/gorilla/sessions
```

◉ セッションの基本操作

Gorilla Sessionsを利用するには、"github.com/gorilla/sessions"をインポートしておく必要があります。必ず記述しているか確認をしてください。

セッションの利用は、まず**「ストア」**の作成から行ないます。ストア（Store）は、セッションの値を保管するための構造体です。これには、CookieStoreとFilesystemStoreの2種類があります。これらは以下のように作成します。

✚CookieStore の作成

```
変数 := sessions.NewCookieStore(《byte配列》)
```

✚FilesystemStore の作成

```
変数 := sessions.NewFilesystemStore( パス,《byte配列》)
```

どちらもストアとしての機能はだいたい同じです。違いは、CookieStoreがクッキー情報を元にストアを作成するのに対し、FilesystemStoreはパスに指定したファイル情報を元にストアを作成する、という点です。

現在、多くの環境ではクッキーがうまく機能しないということはないでしょうから、基本はCookieStoreを利用すると考えていいでしょう。

✚Session の取得

```
変数 :=《Store》.Get( 名前 )
```

ストアからセッション（Session）を取得します。引数には、利用するセッションの名前を指定します。これは任意のstringでかまいません。

こうして得られたSessionから、値の保管や取得などの処理を呼び出して使います。

✚値の保管

```
《Session》[ キー ] = 値
```

✚値の取得

```
変数 :=《Session》[ キー ]
```

Sessionは、マップのようにキーを指定して値を保管することができます。値の取得も設定もほぼマップの感覚で扱えばいいでしょう。

ただし、注意したいのは、**「Sessionに保管される値は空のインターフェイス型である」**という点です。ですから値を取り出す際には型アサーションを使って利用したい型に変換して利用するのがいいでしょう。

✚セッションの保管

```
《Session》.Save(《Request》,《Writer》)
```

Sessionは、値を代入しただけでは、その値を保持しません。代入した後、**「Save」**を呼び出して現在の値を保存して、初めてその値がいつでも取り出せるようになります。Saveするのを忘れると、次にアクセスした際には保管した値が失われてしまうので注意しましょう。

Saveの引数には、RequestとWriterを指定します。これらは、引数で渡されるhttp.Requestとhttp.ResponseWriterをそのまま指定すればいいでしょう。

セッションでログインする

では、実際にセッションを利用してみましょう。テンプレートは先ほどのもの（NameとPasswordのフォームがあるもの）をそのまま利用します。web.goのhello関数だけ書き換えてください。なお、関数手前の変数csも忘れないように。

○リスト6-22

```go
// importに"github.com/gorilla/sessions"を追加

var cs *sessions.CookieStore = sessions.NewCookieStore([]byte("secret-key-12345"))

// hello handler.
func hello(w http.ResponseWriter, rq *http.Request,
        tmp *template.Template) {
    msg := "login name & password:"


    ses, _ := cs.Get(rq, "hello-session")

    if rq.Method == "POST" {
            ses.Values["login"] = nil
            ses.Values["name"] = nil
            nm := rq.PostFormValue("name")
            pw := rq.PostFormValue("pass")
            if nm == pw {
                    ses.Values["login"] = true
                    ses.Values["name"] = nm
            }
            ses.Save(rq, w)
    }

    flg, _ := ses.Values["login"].(bool)
    lname, _ := ses.Values["name"].(string)
    if flg {
            msg = "logined: " + lname
    }

    item := struct {
            Title   string
            Message string
    }{
```

```
                Title:    "Session",
                Message: msg,
        }

    er := tmp.Execute(w, item)
    if er != nil {
            log.Fatal(er)
    }
}
```

◎ 図6-17：Name と Password を入力し送信する。両者が同じだとログインされ、Name がセッションに保管される。

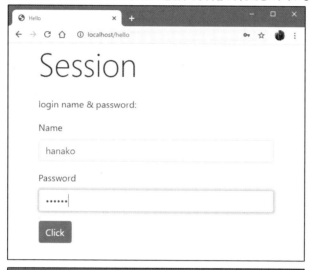

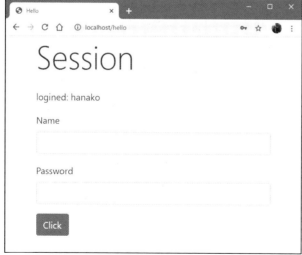

/helloにアクセスし、名前とパスワードを入力して送信します。ここでは両者が同じだとログインするようにしてあります。ログインすると、「**logined:○○**」とログイン名が表示されます。他のページに移動して戻ってきても、ちゃんとログイン状態が保持されているのが確認できるでしょう。

◉ セッション利用の流れ

では、実行している処理を見ていきましょう。まず、関数の前にグローバル変数csを以下のように用意しています。

```
var cs *sessions.CookieStore = sessions.NewCookieStore([]byte("secret-key-12345"))
```

新しいCookieStoreを作成しています。引数には、[]byte("secret-key-12345")と値を指定していますね。これがセッションの秘密鍵となります。この値は、実際の開発ではそれぞれのアプリケーション固有の値を設定してください。

これでストアは用意できました。hello関数では、まずGetでセッションを取得しています。

```
ses, _ := cs.Get(rq, "hello-session")
```

今回は、名前を"hello-session"としておきました。この名前は自由につけることができます。これでSessionが用意できたので、後はこれを使って値のやり取りをしていくだけです。

この後には、POST送信されたときの処理が以下のように用意されています。

```
if rq.Method == "POST" {
        ses.Values["login"] = nil
        ses.Values["name"] = nil
        nm := rq.PostFormValue("name")
        pw := rq.PostFormValue("pass")
```

まず、ses.Values["login"]とses.Values["name"]にnilを代入しています。loginはログインしているかどうかを示すbool値、nameはログインユーザー名をそれぞれ保管するものです。フォームが送信されたら、ひとまずこれらを空の状態に戻しておきます。そして、送信されたnameとpasswordの値を変数に取り出します。

```
if nm == pw {
        ses.Values["login"] = true
        ses.Values["name"] = nm
}
```

```
ses.Save(rq, w)
```

　　nmとpwが同じ値ならログインできたと判断し、改めてses.Values["login"]とses.Values["name"]に値を設定します。これでログイン状態がセッションに保管されました。最後にSaveを呼び出してセッションを保存しておきます。

　　後は、改めてloginとnameの値をセッションから取り出し、表示するmsgを再設定するだけです。

```
flg, _ := ses.Values["login"].(bool)
lname, _ := ses.Values["name"].(string)
if flg {
        msg = "logined: " + lname
}
```

　　これで、ログインしていた場合はメッセージが変更されるようになります。SessionのValuesの値をチェックしながら処理をしていけば、ログインしたときとしてないときで動作や表示を変更することもできるようになります。

共通レイアウトの作成

　　ある程度、複雑なWebアプリケーションになると、多くのWebページを組み合わせて動くものになってくるでしょう。こうした場合、ページ全体を統一感あるデザインで表示する必要があります。こんなときに役立つのが**「共通レイアウト」**の利用です。

　　Webページというのは大抵の場合、そのページ固有のコンテンツ以外はだいたい共通した表示になっているものです。であるならば、共通部分をテンプレートとして用意し、それらと表示コンテンツを組み合わせてページを構築すれば、どのページも同じレイアウト、同じデザインで表示することができるようになります。

　　こうしたレイアウト作成に使える機能がGoのテンプレートには用意されています。それは‖ template ‖というものです。

➕テンプレートを読み込む

```
{{ template "テンプレート名" オプション }}
```

　　この ‖ template ‖ は、指定した名前のテンプレートを読み込み、そこにはめ込んで表示します。これにより、複数のテンプレートを組み合わせてページを構築することができるようになるのです。第1引数に読み込むテンプレートを、第2引数にはそのテンプレートに渡す値（変数など）を用意します。このオプションは特になければ省略できます。

この引数として指定するテンプレート名は、テンプレートファイルのパスを指定することもできますが、名前を指定することも可能です。テンプレートの名前というのは、以下のような形で定義できます。

✚テンプレートの定義

```
{{ define "名前" }}
……テンプレートの内容……
{{ end }}
```

これにより、‖ define ‖から‖ end ‖までの部分が指定の名前のテンプレートとして認識されるようになります。

ヘッダー／フッターを用意する

では、実際に複数テンプレートを組み合わせて表示を作成してみましょう。ここでは、「ヘッダー」と「フッター」の二つの共通テンプレートファイルを作成してみます。

「templates」フォルダの中に、新たに「head.html」「foot.html」という二つのファイルを作成してください。そして以下のように記述しましょう。

● リスト6-23：head.html

```
{{define "header"}}
<html>
<head>
    <meta charset='utf-8'>
    <title>{{.Title}}</title>
    <link rel="stylesheet"
    href="https://stackpath.bootstrapcdn.com/bootstrap/4.4.1/css/bootstrap.min.css"
    crossorigin="anonymous">
</head>
<body class="container">
<h1 class="display-4 mb-4 text-primary">
    {{.Title}}</h1>
{{ end }}
```

● リスト6-24：foot.html

```
{{define "footer"}}
<p class="fixed-bottom text-center">
    copyright 2020 SYODA-Tuyano.</p>
```

```
</body>
</html>
{{ end }}
```

見ればわかるように、head.htmlは<html>の開始から<h1>のタイトル表示部分まで、footer.htmlはフッター表示の<p>タグと</body></html>をそれぞれ用意してあります。このヘッダーとフッターの間にコンテンツを挟めば、Webページが完成する、というわけです。

これらは、それぞれ|| define ||を使い、"header"と"footer"という名前のテンプレートに設定してあります。これらを利用する形でコンテンツのテンプレートを用意すればいいわけですね。

◉ コンテンツのテンプレートを用意する

では、トップページとhelloのページで表示するindex.htmlとhello.htmlの内容をそれぞれ変更しましょう。

◎リスト6-25：index.html

```
{{ template "header" .}}
<p>{{ .Message }}</p>
{{ template "footer" .}}
```

◎リスト6-26：hello.html

```
{{ template "header" .}}
<ul class="list-group">
    {{ range $n,$itm := .Data}}
    <li class="list-group-item">{{ $itm }}</li>
    {{ end }}
</ul>
{{ template "footer" .}}
```

表示が同じでは面白くないので、index.htmlはメッセージを表示するシンプルなものにし、hello.htmlでは渡されたData配列を元にリストを表示するようにしました。どちらも、冒頭と末尾にテンプレートが読み込まれています。

＋ヘッダーの読み込み

```
{{ template "header" .}}
```

＋フッターの読み込み

```
{{ template "footer" .}}
```

名前の後にドット (.) がありますが、これは重要です。これは、このテンプレートで渡された情報 (Goプログラム側で用意された変数など) を示します。このドットを名前の後の引数に指定することで、それぞれのテンプレートに渡された変数などをそのままヘッダーやフッターに渡して使えるようにしているのです。

web.goを作成する

では、これらのテンプレートを利用して表示をするようにweb.goを修正しましょう。ここではindex.htmlとhello.htmlを用意していますから、この二つのページを表示する最小限の内容を作ることにします。

では、web.goを以下のように修正してください。今回は全ソースコードを掲載しておきます。

○リスト6-27

```
package main

import (
        "log"
        "net/http"
        "text/template"

        "github.com/gorilla/sessions"
)

// session variable. (not used)
var cs *sessions.CookieStore = sessions.NewCookieStore([]byte("secret-key-1234"))

// Template for no-template.
func notemp() *template.Template {
        src := "<html><body><h1>NO TEMPLATE.</h1></body></html>"
        tmp, _ := template.New("index").Parse(src)
        return tmp
}

// get target Temlate.
func page(fname string) *template.Template {
        tmps, _ := template.ParseFiles("templates/"+fname+".html",
                "templates/head.html", "templates/foot.html")
        return tmps
}
```

```go
// index handler.
func index(w http.ResponseWriter, rq *http.Request) {
        item := struct {
                Template string
                Title    string
                Message  string
        }{
                Template: "index",
                Title:    "Index",
                Message:  "This is Top page.",
        }
        er := page("index").Execute(w, item)
        if er != nil {
                log.Fatal(er)
        }
}


// hello handler.
func hello(w http.ResponseWriter, rq *http.Request) {
        data := []string{
                "One", "Two", "Three",
        }

        item := struct {
                Title string
                Data  []string
        }{
                Title: "Hello",
                Data:  data,
        }

        er := page("hello").Execute(w, item)
        if er != nil {
                log.Fatal(er)
        }
}

// main program.
func main() {
        // index handling.
        http.HandleFunc("/", func(w http.ResponseWriter, rq *http.Request) {
                index(w, rq)
        })
```

```
    // hello handling
    http.HandleFunc("/hello", func(w http.ResponseWriter, rq *http.Request) {
        hello(w, rq)
    })

    http.ListenAndServe("", nil)
}
```

◎図6-18：トップページと /hello のページ。どちらも同じレイアウトで表示される。

　修正できたらプログラムを再実行し、トップページと/helloにアクセスして表示を確認しましょう。どちらも同じようなレイアウトで表示されるのがわかるでしょう。

◉ テンプレートファイルの作成と表示

　では、テンプレートをどのように利用しているのか見てみましょう。ここでは、Templateの生

成はpageという関数にして用意してあります。この部分ですね。

```go
func page(fname string) *template.Template {
        tmps, _ := template.ParseFiles("templates/"+fname+".html",
                "templates/head.html", "templates/foot.html")
        return tmps
}
```

ParseFilesを使い、"templates/"+fname+".html", "templates/head.html", "templates/foot.html"という三つのテンプレートファイルを引数に指定してTemplateを作成しています。ParseFilesは、このように必要なテンプレートファイルをいくらでも引数に指定することができます。

このとき重要なのは、**「メインで使うテンプレートを第1引数に指定する」**という点です。index.htmlやhello.htmlを第1引数にし、head.htmlやfoot.htmlのようにそこから読み込まれるものは第2以降の引数に用意しておきます。

こうして読み込まれたTemplateを使い、ページをレンダリングします。

```go
er := page("index").Execute(w, item)
```

これは、ただExecuteを呼び出すだけで、従来と全く変わりありません。テンプレートに渡す値も構造体にまとめたものを引数に指定するだけです。テンプレートの読み込みさえきちんとできれば、複数のテンプレートを組み合わせる場合も一つのテンプレートだけの場合も同様に扱えるのです。

GORMを使ってYoutube 動画の投稿サイトを作る

Section 6-4

Youtube動画を投稿して遊ぶ

　では、Webアプリケーション開発の例として、ある程度まとまった機能を持つWebアプリケーションを作成してみましょう。

　ここでは、例として「**Youtubeの動画を投稿してコメントを付ける**」Webアプリケーションを作ってみます。概要をざっと紹介しておきましょう。

✚1. まずはログインから

　アクセスすると、自動的にログインページに移動します。このWebアプリケーションは、ログインして使います。ユーザーはあらかじめ登録しておき、アカウントとパスワードを入力してログインするとトップページに移動します。

●図6-19：最初に現れるログインページ。ここからログインをする。

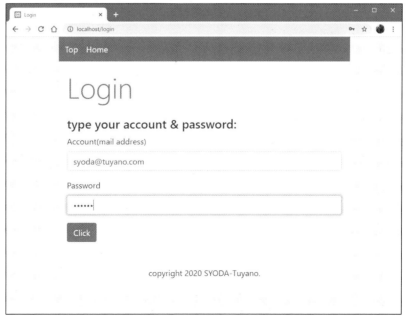

➕2. トップページ

トップページには、二つのリストが表示されます。最近投稿された動画のリストと、グループのリストです。これらはそれぞれ最近のもの最大10項目までが表示されます。

⊙図6-20：トップページ。動画のリストがあり、その下にグループのリストが表示される。

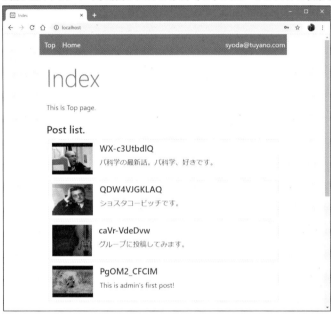

✚3. 動画ページ

動画のリストから見たい動画のサムネイル画像をクリックすると、その動画のページに移動します。ここには動画の再生画面とコメントの投稿フォーム、投稿されたコメントが表示されます。フォームからテキストを書いて投稿すると、それが一番上に追加されます。

◐図 6-21：動画ページ。動画の再生画面があり、下にコメントの投稿フォーム、投稿されたコメントが表示される。

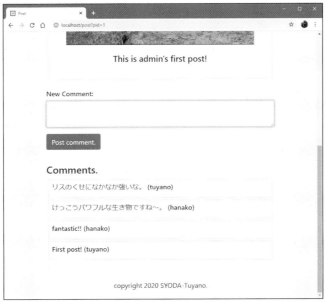

✚ 4. グループページ

　　トップにあるグループのリストからグループ名をクリックすると、そのグループに投稿された動画のリストが表示されます。一番上には投稿のフォームがあり、ここにYoutube動画の共有アドレスをペーストし、コメントを書いて投稿するとそれがグループに追加されます。

❂図6-22：グループページ。グループに追加された動画のリストと投稿フォームがある。

✚ 5. ホームページ

　　上のナビゲーションバーから「**Home**」をクリックすると、自分のホームページに移動します。ここには自分が投稿した動画と作成したグループのリストが表示されます。動画とグループにはそれぞれフォームも用意されており、ここから新たに投稿することもできます。ホームから投稿した動画は、自分だけのプライベート動画となり、トップページやグループのページには表示されません。

◎図6-23：ホームページ。動画の投稿フォーム、動画リスト、グループの投稿フォーム、グローブのリストが表示される。

◉ 動画の共有アドレスについて

このWebアプリケーションでは、Youtubeの動画を**「共有アドレス」**で管理します。Youtubeで動画を表示すると、その下に**「共有」**というアイコンが用意されているのに気づくでしょう。これをクリックすると、画面に共有アドレスを表示したダイアログが現れます。この**「コピー」**をクリックし、Webアプリケーションの動画の投稿フォームで**「Youtube share address:」**と表示されているフィールドにペーストすれば、その動画を投稿できます。

◎図6-24：Youtube の動画下にある「共有」アイコンをクリックすると、このようなダイアログが現れる。これが共有アドレス。これをコピーし、動画に投稿フォームにペーストすればいい。

ORMとGORMについて

今回のWebアプリケーションでは、非常に多くのデータをデータベースで管理します。となると、いかにデータベースアクセスの部分をきちんと構築するかが重要になります。

既にデータベースアクセスの基本は説明しましたから、すべての処理をSQLクエリーを書いて実行させれば実現可能でしょう。が、もっとGoらしいデータベースアクセスを実現したい、またそこら中にSQLクエリーのテキストが散らばっている状況をなんとかしたい、と思う人も多いはずです。

こうした場合には、**「ORM」**と呼ばれるプログラムを利用するのが一般的です。ORMとは、**「Object-relational mapping」**の略で、**「オブジェクト関係マッピング」**と呼ばれる技術です。これは、わかりやすくいえば**「データベースのテーブルとプログラミング言語のオブジェクト（クラスや構造体）を関連付けて扱えるようにする技術」**です。例えばデータベースからレコードを取得するとそれがGoの構造体として取り出せ、逆にGoの構造体を作成して保存すればそれがデータベースに保存される、そういう**「Goの構造体とデータベースのレコードを相互に自動変換する」**機能を提供してくれるのです。

ここで利用するのは、**「GORM」**というGoのORMプログラムです。GORMは、扱い方が比較的簡単であり、またGoのORMの中では広く使われているためいろいろな利用者の情報が

得られます。また本家サイトには日本語の情報もかなりまとまって用意されているのも大きいですね。

✚GORM サイト日本語ページ

https://gorm.io/ja_JP/

⊕図6-25：GORM の日本語ページ。

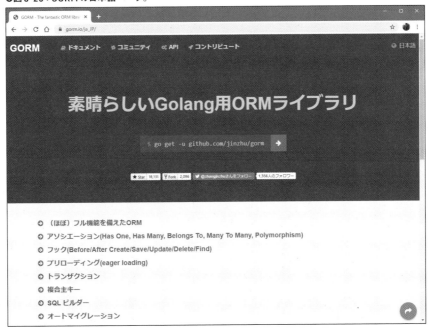

◉ GORM のインストール

GORMのインストールは、go getコマンドを使って行ないます。ターミナルから以下のコマンドを実行してください。

```
go get github.com/mattn/go-sqlite3
go get -u github.com/jinzhu/gorm
```

これでGo環境にGORMパッケージが追加されます。後は、ソースコードファイルでgithub.com/jinzhu/gormパッケージをインポートするだけです。

なお、ここではgo-sqlite3というパッケージをインストールし、「SQLite3」データベースを利用してデータベースアクセスを行ないます。本書ではSQLite3についての説明は特に行ないま

せんので、まだ使ったことがない人は以下のサイトにアクセスして必要な情報を得てください。

https://www.sqlite.org

◉ Webアプリケーションの構成

では、実際にWebアプリの作成を進めていきましょう。GORMについては、必要に応じて説明をしながら作成をしていくことにします。

まずは、Webアプリケーションのフォルダを用意してください。ここでは、デスクトップに**「youtube-board」**というフォルダを用意することにします。フォルダ名や作成場所などはそれぞれで自由に用意して構いません。

フォルダの中には、さらに以下のフォルダを用意してください。

「templates」フォルダ	テンプレートファイルをまとめておくところ
「my」フォルダ	myパッケージの保管場所

今回は用途に応じて複数のソースコードファイルを作成します。すべてmainパッケージだと扱いにくいので、メインプログラム以外は**「my」**パッケージにまとめておくことにします。

モデルを作成する

では、プログラムの作成をしていきましょう。まず最初に作成するのは、**「モデル」**のソースコードです。

モデルというのは、GORMで扱う**「テーブルの構成を定義した構造体」**のことです。SQLデータベースでは、テーブルごとにレコードを保存しています。モデルは、このテーブルの内容をそのまま構造体として定義します。そしてデータベースにアクセスした結果を、この構造体の値として受け取るようにしているのです。

このモデルは、以下のような形で定義します。

```
type モデル名 struct {
        gorm.Model
        ……保持する値……
}
```

モデルは、内部にgorm.Model構造体を組み込んでいます。これは、ID、作成日時、更新日時、削除日時といった項目を持っており、このgorm.Modelを組み込むことでこれらの項目が追

　　加されます。後は、それぞれのモデルに用意しておきたい値を記述していけばモデルが完成する、というわけです。

　　では、「my」フォルダの中に、「models.go」というファイルを用意してください。そして以下のようにモデルを記述していきましょう。

● リスト6-28

```go
package my

import (
        "github.com/jinzhu/gorm"
)

// User model.
type User struct {
        gorm.Model
        Account  string
        Name     string
        Password string
        Message  string
}

// Post model.
type Post struct {
        gorm.Model
        Address string
        Message string
        UserId  int
        GroupId int
}

// Group model.
type Group struct {
        gorm.Model
        UserId  int
        Name    string
        Message string
}

// Comment model.
type Comment struct {
```

```
        gorm.Model
        UserId  int
        PostId  int
        Message string
}


// CommentJoin join model.
type CommentJoin struct {
        Comment
        User
        Post
}
```

GORMの利用は、github.com/jinzhu/gormパッケージをインポートする必要があります。ここで用意されている構造体は、大きく2種類に別れます。

一つは、テーブルに対応する構造体で、「**User**」「**Post**」「**Group**」「**Comment**」がこれに当たり、それぞれ以下のような情報を保管します。

User	ログインするユーザー情報
Post	投稿する動画の情報
Group	グループの情報
Comment	投稿データ（Post）につけられるコメントの情報

これらは、それぞれのテーブルに用意しておきたい項目を値として持たせています。注目してほしいのは、「**○○Id**」という名前の値です。例えば、Post構造体を見てください。

```
type Post struct {
        gorm.Model
        Address string
        Message string
        UserId  int
        GroupId int
}
```

gorm.Modelのほかは、AddressとMessageがPostに保管する情報です。そしてUserIdとGroupIdは、そのPostに関連するUserとGroupのIDになります。Postは、投稿データを管理するものです。投稿データは、必ず投稿したユーザーがいますし、この投稿がどのグループに追加されているかも管理する必要があります。こうした関連するUserやGroupのID値をこれらに

保管しておくのです。こうすることで、関連する他のモデルを取り出せるようにします。

Column CommentJoin とは？

　これらのモデルの中には、「**CommentJoin**」という名前をつけたものが用意されていますね。これは、複数のモデルをひとまとめにするためのモデルです。

　モデルは、それぞれ単体でしか使わないわけではありません。例えば、コメントデータを扱うCommentを利用する場合、そのコメントが付けられた投稿のPostや、コメントした人のUserの情報も必要になるでしょう。**「このモデルを使うときは、それとあれのモデルも使いたい」** というときのために複数のモデルをひとまとめにしたものを用意した、というわけです。

　このCommentJoinの具体的な使い方は、実際にアプリを作っていく上で説明します。

マイグレーションファイルの用意

　モデルができたら、次に行なうのは？　このモデルの情報を元に、データベースにテーブルを用意することです。が、これは皆さんが作業する必要はありません。GORMには、**「マイグレーション」** という機能があります。これは、用意されているモデルの情報を元に、データベースの差分を自動生成する機能です。

　これは、実際にやってみたほうが理解が早いでしょう。**「my」** フォルダの中に **「migrate.go」** というファイルを作成してください。そして以下のように記述をします。

● リスト6-29

```
package my

import (
        "fmt"

        "github.com/jinzhu/gorm"
        _ "github.com/jinzhu/gorm/dialects/sqlite"
)

// Migrate program.
func Migrate() {
        db, er := gorm.Open("sqlite3", "data.sqlite3")
        if er != nil {
                fmt.Println(er)
                return
```

```
    }
    defer db.Close()

    db.AutoMigrate(&User{}, &Group{}, &Post{}, &Comment{})

}
```

　　ここでは、Migrateという関数を定義しています。最初にgorm.Openというものでデータベースをオープンしていますね。5章でSQLデータベースを利用したときは、sql.Openを使ってデータベースを開き、db値を取得していました。GORMを利用する場合は、gorm.Openを使います。使い方は基本的にsql.Openと同じです。

```
変数1, 変数2 := gorm.Open( ドライバ名 , データベース名 )
```

　　戻り値もdb構造体の値になります。が、このdbは、sql.DBではありません。gorm.DBという、GORMに用意されているDB構造体です。似ていますが、4章で使ったdbとは別のものです。
　　そして、このdbの中からマイグレーション実行のためのメソッドを呼び出しています。**「AutoMigrate」**というもので、以下のように記述します。

```
《DB》.AutoMigrate( モデル1, モデル2, ……)
```

　　引数には、マイグレーションするモデルの構造体の値をポインタで渡します。これは必要に応じていくつでも指定可能です。こうしてAutoMigrateを実行すると、引数に指定したモデルがデータベースに反映されます。

マイグレーションを実行する

　　では、マイグレーションを実行しましょう。Webアプリケーションのフォルダ（サンプルでは**「youtube-board」**フォルダ）の中に**「main.go」**というファイルを用意してください。これがメインプログラムのソースコードになります。これを開いて、以下のように記述をしてください。

○リスト6-30

```
package main

import (
    "./my"

    _ "github.com/jinzhu/gorm/dialects/sqlite"
```

```
)

// main program.
func main() {
        my.Migrate()
}
```

記述したら、Webアプリケーションにカレントディレクトリを設定してあるターミナルから「**go run main.go**」を実行しましょう。main.goからMigrate関数が呼び出され、マイグレーションが実行されます。

◉ myパッケージの関数を呼び出す

ここでは、importのところに"./my"と記述がありますね。これは、Webアプリケーション内に作成してあるmyパッケージを利用するためのものです。「**my**」フォルダ内に用意してあるmodels.goやmigrate.goでは、「**package my**」が指定されていました。これらはmyパッケージとして作られているのです。

Goでは、こんな具合にパッケージ名のフォルダ内にソースコードファイルを用意し、packageで名前を指定することで、mainとは別のパッケージを用意することができます。用意したパッケージ内の機能は、「**my.Migrate**」と実行しているように、パッケージ名をつけて呼び出します。

Column パッケージを共有するには？

ここではWebアプリケーション内にフォルダを作成してmyパッケージを用意していますが、このやり方ではこのアプリケーション内でしか使えません。

作ったパッケージを他のアプリケーションでも使えるようにしたい場合は、Goがインストールされているフォルダ内にある「**src**」フォルダの中に配置しましょう。こうすることで、そのパッケージがGoから読み込まれるようになります。この場合、importの記述は"./my"ではなく、"my"で読み込めます。

データベースをチェックする

マイグレーションを実行すると、Webアプリケーションのフォルダ内に「**data.sqlite3**」というデータベースファイルが作成されます。このデータベースの中には、以下のテーブルが追加されています。

● リスト6-31：users テーブル

```
CREATE TABLE "users" (
    "id"          integer PRIMARY KEY AUTOINCREMENT,
    "created_at"      datetime,
    "updated_at"      datetime,
    "deleted_at"      datetime,
    "account"      varchar(255),
    "name"      varchar(255),
    "password"      varchar(255),
    "message"      varchar(255)
);
```

● リスト6-32：posts テーブル

```
CREATE TABLE "posts" (
    "id"          integer PRIMARY KEY AUTOINCREMENT,
    "created_at"      datetime,
    "updated_at"      datetime,
    "deleted_at"      datetime,
    "address"      varchar(255),
    "message"      varchar(255),
    "user_id"      integer,
    "group_id"      integer
);
```

● リスト6-33：groups テーブル

```
CREATE TABLE "groups" (
    "id"          integer PRIMARY KEY AUTOINCREMENT,
    "created_at"      datetime,
    "updated_at"      datetime,
    "deleted_at"      datetime,
    "user_id"      integer,
    "name"      varchar(255),
    "message"      varchar(255)
);
```

● リスト6-34：comments テーブル

```
CREATE TABLE "comments" (
    "id"          integer PRIMARY KEY AUTOINCREMENT,
    "created_at"      datetime,
    "updated_at"      datetime,
    "deleted_at"      datetime,
    "user_id"      integer,
```

```
    "post_id"            integer,
    "message"            varchar(255)
);
```

作成しておいたモデルの構造体と、生成されたテーブルの内容をよく見比べてみましょう。モデルの構造体に用意した項目がそのままテーブルの項目として用意されているのがわかるでしょう。

◉ users テーブルを用意する

テーブル関係が用意できたら、usersテーブルに利用者の情報を作成しておきましょう。今回作成するサンプルには、ユーザーの登録機能などは用意していません。面倒ですが、直接usersテーブルにユーザー情報を追加しておきます。例として、以下のような形でレコードを作成すればいいでしょう。

◎リスト6-35

```
insert into "users" values(1,null,null,null,'taro@yamada.jp','taro','yamada',
    'taro''s account.');
insert into "users" values(2,null,null,null,'hanako@flower.com','hanako',
    'flower','hanako''s account.');
```

created_at, updated_at, deleted_atなどはnullで構いません。これはあくまでレコードの例ですので、用意する値はそれぞれで適当に設定してください。

プログラム本体作成

準備が整ったら、プログラムの本体を作成しましょう。先に作成した「**main.go**」を開いてください。この内容を以下のように書き換えます。

◎リスト6-36

```
package main

import (
        "log"
        "net/http"
        "strconv"
        "strings"
        "text/template"
```

```go
        "./my"
        "github.com/gorilla/sessions"

        "github.com/jinzhu/gorm"
        _ "github.com/jinzhu/gorm/dialects/sqlite"
)

// db variable.
var dbDriver = "sqlite3"
var dbName = "data.sqlite3"

// session variable.
var sesName = "ytboard-session"
var cs = sessions.NewCookieStore([]byte("secret-key-1234"))

// login check.
func checkLogin(w http.ResponseWriter, rq *http.Request) *my.User {
        ses, _ := cs.Get(rq, sesName)
        if ses.Values["login"] == nil || !ses.Values["login"].(bool) {
                http.Redirect(w, rq, "/login", 302)
        }
        ac := ""
        if ses.Values["account"] != nil {
                ac = ses.Values["account"].(string)
        }

        var user my.User
        db, _ := gorm.Open(dbDriver, dbName)
        defer db.Close()

        db.Where("account = ?", ac).First(&user)

        return &user
}

// Template for no-template.
func notemp() *template.Template {
        tmp, _ := template.New("index").Parse("NO PAGE.")
        return tmp
}
```

```go
// get target Temlate.
func page(fname string) *template.Template {
        tmps, _ := template.ParseFiles("templates/"+fname+".html",
                "templates/head.html", "templates/foot.html")
        return tmps
}


// top page handler.
func index(w http.ResponseWriter, rq *http.Request) {
        user := checkLogin(w, rq)

        db, _ := gorm.Open(dbDriver, dbName)
        defer db.Close()

        var pl []my.Post
        db.Where("group_id > 0").Order("created_at desc").Limit(10).Find(&pl)
        var gl []my.Group
        db.Order("created_at desc").Limit(10).Find(&gl)

        item := struct {
                Title   string
                Message string
                Name    string
                Account string
                Plist   []my.Post
                Glist   []my.Group
        }{
                Title:   "Index",
                Message: "This is Top page.",
                Name:    user.Name,
                Account: user.Account,
                Plist:   pl,
                Glist:   gl,
        }
        er := page("index").Execute(w, item)
        if er != nil {
                log.Fatal(er)
        }
}


// top page handler.
```

```go
func post(w http.ResponseWriter, rq *http.Request) {
        user := checkLogin(w, rq)

        pid := rq.FormValue("pid")
        db, _ := gorm.Open(dbDriver, dbName)
        defer db.Close()

        if rq.Method == "POST" {
                msg := rq.PostFormValue("message")
                pId, _ := strconv.Atoi(pid)
                cmt := my.Comment{
                        UserId:  int(user.Model.ID),
                        PostId:  pId,
                        Message: msg,
                }
                db.Create(&cmt)
        }

        var pst my.Post
        var cmts []my.CommentJoin

        db.Where("id = ?", pid).First(&pst)
        db.Table("comments").Select("comments.*, users.id, users.name")
            .Joins("join users on users.id =comments.user_id")
            .Where("comments.post_id = ?", pid).Order("created_at desc").Find(&cmts)

        item := struct {
                Title   string
                Message string
                Name    string
                Account string
                Post    my.Post
                Clist   []my.CommentJoin
        }{
                Title:   "Post",
                Message: "Post id=" + pid,
                Name:    user.Name,
                Account: user.Account,
                Post:    pst,
                Clist:   cmts,
        }
```

```go
        er := page("post").Execute(w, item)
        if er != nil {
                log.Fatal(er)
        }
}


// home handler
func home(w http.ResponseWriter, rq *http.Request) {
        user := checkLogin(w, rq)

        db, _ := gorm.Open(dbDriver, dbName)
        defer db.Close()

        if rq.Method == "POST" {
                switch rq.PostFormValue("form") {
                case "post":
                        ad := rq.PostFormValue("address")
                        ad = strings.TrimSpace(ad)
                        if strings.HasPrefix(ad, "https://youtu.be/") {
                                ad = strings.TrimPrefix(ad, "https://youtu.be/")
                        }

                        pt := my.Post{
                                UserId:  int(user.Model.ID),
                                Address: ad,
                                Message: rq.PostFormValue("message"),
                        }
                        db.Create(&pt)
                case "group":
                        gp := my.Group{
                                UserId:  int(user.Model.ID),
                                Name:    rq.PostFormValue("name"),
                                Message: rq.PostFormValue("message"),
                        }
                        db.Create(&gp)
                }
        }

        var pts []my.Post
        var gps []my.Group
```

```go
        db.Where("user_id=?", user.ID).Order("created_at desc").Limit(10).Find(&pts)
        db.Where("user_id=?", user.ID).Order("created_at desc").Limit(10).Find(&gps)

        itm := struct {
                Title   string
                Message string
                Name    string
                Account string
                Plist   []my.Post
                Glist   []my.Group
        }{
                Title:   "Home",
                Message: "User account=\"" + user.Account + "\".",
                Name:    user.Name,
                Account: user.Account,
                Plist:   pts,
                Glist:   gps,
        }
        er := page("home").Execute(w, itm)
        if er != nil {
                log.Fatal(er)
        }
}

// group handler.
func group(w http.ResponseWriter, rq *http.Request) {
        user := checkLogin(w, rq)

        gid := rq.FormValue("gid")
        db, _ := gorm.Open(dbDriver, dbName)
        defer db.Close()

        if rq.Method == "POST" {
                ad := rq.PostFormValue("address")
                ad = strings.TrimSpace(ad)
                if strings.HasPrefix(ad, "https://youtu.be/") {
                        ad = strings.TrimPrefix(ad, "https://youtu.be/")
                }
                gId, _ := strconv.Atoi(gid)
                pt := my.Post{
                        UserId:  int(user.Model.ID),
```

```
                    Address: ad,
                    Message: rq.PostFormValue("message"),
                    GroupId: gId,
            }
            db.Create(&pt)
    }


    var grp my.Group
    var pts []my.Post

    db.Where("id=?", gid).First(&grp)
    db.Order("created_at desc").Model(&grp).Related(&pts)

    itm := struct {
            Title   string
            Message string
            Name    string
            Account string
            Group   my.Group
            Plist   []my.Post
    }{
            Title:   "Group",
            Message: "Group id=" + gid,
            Name:    user.Name,
            Account: user.Account,
            Group:   grp,
            Plist:   pts,
    }
    er := page("group").Execute(w, itm)
    if er != nil {
            log.Fatal(er)
    }
}


// login handler.
func login(w http.ResponseWriter, rq *http.Request) {
    item := struct {
            Title   string
            Message string
            Account string
    }{
```

```go
                    Title:   "Login",
                    Message: "type your account & password:",
                    Account: "",
            }

            if rq.Method == "GET" {
                    er := page("login").Execute(w, item)
                    if er != nil {
                            log.Fatal(er)
                    }
                    return
            }
            if rq.Method == "POST" {
                    db, _ := gorm.Open(dbDriver, dbName)
                    defer db.Close()

                    usr := rq.PostFormValue("account")
                    pass := rq.PostFormValue("pass")
                    item.Account = usr

                    // check account and password
                    var re int
                    var user my.User

                    db.Where("account = ? and password = ?", usr, pass).
                        Find(&user).Count(&re)

                    if re <= 0 {
                            item.Message = "Wrong account or password."
                            page("login").Execute(w, item)
                            return
                    }

                    // logined.
                    ses, _ := cs.Get(rq, sesName)
                    ses.Values["login"] = true
                    ses.Values["account"] = usr
                    ses.Values["name"] = user.Name
                    ses.Save(rq, w)
                    http.Redirect(w, rq, "/", 302)
            }
```

```go
        er := page("login").Execute(w, item)
        if er != nil {
                log.Fatal(er)
        }
}


// logout handler.
func logout(w http.ResponseWriter, rq *http.Request) {
        ses, _ := cs.Get(rq, sesName)
        ses.Values["login"] = nil
        ses.Values["account"] = nil
        ses.Save(rq, w)
        http.Redirect(w, rq, "/login", 302)
}


// main program.
func main() {
        // index handling.
        http.HandleFunc("/", func(w http.ResponseWriter, rq *http.Request) {
                index(w, rq)
        })
        // home handling.
        http.HandleFunc("/home", func(w http.ResponseWriter, rq *http.Request) {
                home(w, rq)
        })
        // post handling.
        http.HandleFunc("/post", func(w http.ResponseWriter, rq *http.Request) {
                post(w, rq)
        })
        // post handling.
        http.HandleFunc("/group", func(w http.ResponseWriter, rq *http.Request) {
                group(w, rq)
        })

        // login handling.
        http.HandleFunc("/login", func(w http.ResponseWriter, rq *http.Request) {
                login(w, rq)
        })
        // logout handling.
        http.HandleFunc("/logout", func(w http.ResponseWriter, rq *http.Request) {
```

```
            logout(w, rq)
      })

      http.ListenAndServe("", nil)
}
```

◉ メインプログラムの構成

まだテンプレート関係を作っていないので、この状態ではプログラムは実行できません。が、Goのソースコードの部分はこれで完成です。テンプレートの作成に進む前に、作成したmain.goの内容を簡単にまとめておきましょう。

checkLogin	ログインチェックを行ないます。ログインしていない場合はログインページに移動し、そうでない場合はログインユーザーのUserを返します。
notemp	テンプレートの読み込みに失敗した場合の表示（Template）を作成して返します。
page	引数に設定された名前を元にTemplateを生成して返します。
index	トップページの処理です。
post	Post（動画）ページの処理です。
home	Homeページの処理です。
group	Groupページの処理です。
login	ログインページの処理です。
logout	ログアウトの処理です。

これらの関数を必要に応じて呼び出して動いているわけですね。checkLogin, notemp, pageまでは、他の関数内から呼び出されるユーティリティ的なもので、index以降が特定のアドレスにアクセスした際に呼び出されるページ表示のための処理になります（logoutは表示ページはありませんが）。

GORMでデータベースにアクセスする

作成したソースコードの多くの部分は、これまで覚えた知識で理解できるはずですが、新たに登場したGORMについては簡単に説明しておく必要があるでしょう。

GORMの利用は、DBを取得するところから始まります。

```
db, _ := gorm.Open(dbDriver, dbName)
```

```
defer db.Close()
```

dbを取得したら、セットで**「deferでCloseを実行させる」**という処理も用意しておきましょう。Closeによりdbを開放するのもsql.Openの場合と同じですね。

こうして取得したdbから必要なメソッドを呼び出してデータベースへのアクセスを行ないます。これはすべてのデータベース操作で共通する部分です。

◉ 検索の基本

GORMでは、検索はDBに用意されているメソッドを呼び出して実行します。この基本は**「Find」**メソッドでしょう。

```
db.Find( &モデル配列 )
```

引数にはモデル構造体の配列をポインタで渡します。これにより、検索されたレコードが指定のモデル構造体に変換され、配列にまとめられて渡されます。例えば、Postのレコードを取得するならばこうすればいいでしょう。

```
var pl []my.Post
db.Find(&pl)
```

これは検索されたレコードをすべて取り出しますが、場合によっては**「一つのレコードだけ取り出したい」**という場合もあります。こういうときは**「First」**を使います。使い方はFindと同じですが、引数には配列ではなくモデル構造体のポインタを指定します。例えば、Postのレコードを一つだけ取り出すならこうなるでしょう。

```
var pt my.Post
db.First(&pt)
```

◉ 検索条件の設定

dbからFindを直接呼び出すと、すべてのレコードを取り出します。が、必要に応じてレコードを取り出したい場合は、**「Where」**メソッドを使います。

```
db.Where( 条件 , 値1, ……)
```

このWhereは、第1引数に条件となる式などをstringにまとめたものを指定します。この式の中では、**「?」**記号で値が挿入される場所を指定できます（プレースホルダというものですね）。第2引数以降に用意した値が、この?部分にはめ込まれて条件のstringが完成します。

このWhereからさらにFindやFirstを呼び出すことで、指定した条件に合致するレコードを取り出すことができます。

例えば、loginCheck関数では、セッションに保管されているアカウント名（変数ac）を使ってUserを取得するのに以下のようなやり方をしています。

```
db.Where("account = ?", ac).First(&user)
```

◉ 並べ替え

取得するレコードは、追加された順（基本的にはID番号順）に取り出されます。が、特定の項目を基準に並べ替えて取り出したい場合は、「**Order**」メソッドを使います。

```
db.Order( 並べ替え )
```

引数には、並べ替えの情報をstringにしたものを記述します。これは、項目名と「**asc（昇順）**」「**desc（降順）**」を組み合わせたものになります。例えば、name順に並べるならば、"name asc"と引数を指定すればいいでしょう。

◉ オフセットと最大取得数

検索されたレコードの中から特定の物だけを取り出すには「**Offset**」と「**Limit**」が役立ちます。これは以下のように記述します。

```
db.Offset( 開始数 ).Limit( 最大数 )
```

引数にはいずれもint値を指定します。Offsetは、レコードの取得を開始する位置を指定します。Limitは取り出すレコードの最大数を指定します。

例えば、トップページの処理を行なっているindext関数で、PostとGroupのリストを取得している部分を見てみましょう。

```
var pl []my.Post
db.Where("group_id > 0").Order("created_at desc").Limit(10).Find(&pl)
var gl []my.Group
db.Order("created_at desc").Limit(10).Find(&gl)
```

PostとGroupの配列を用意しておき、これらをFindに指定してレコード検索をしていますね。Where, Order, Limitといったメソッドを呼び出していき、最後にFindで取り出しています。dbのメソッドは、このようにメソッドチェーンを使って連続して呼び出していくことができます。た

だし、最後はFintやFirstのようにレコードを取得するメソッドを呼び出してメソッドチェーンを完了します。Where, Order, Offset, Limitといったメソッドは、最後にFind/Firstを実行する際の設定情報を追加しているものだ、と考えればいいでしょう。

関連モデルを取り出す

単純に「**モデルを指定して取り出す**」というのは、Whereで比較的簡単に行なえます。が、今回のサンプルのように複数のテーブルを組み合わせている場合は、「**あるテーブルからレコードを取得し、そのレコードに関連数他のテーブルからもレコードを取り出す**」といった作業が必要になってきます。

こうした「**モデルに関連する別のモデルを取り出す**」方法は、GORMではいくつかのやり方ができます。

まず、「**あるモデルを取り出し、そのモデルに関連する別のモデルを取り出す**」という処理を考えてみましょう。これには「**Model**」と「**Related**」を使うことができます。

```
db.Model( &モデル ).Related( &モデル )
```

Modelは対象となるモデルを設定するもので、ここにあらかじめ取り出しておいたモデルの値をポインタとして指定します。Relatedは、Modelに指定されたモデルと関連する他のモデルの値を取り出すもので、引数には取り出したいモデルの値のポインタを指定します。これは場合によっては配列の形で指定することもあります。

例えば、指定グループの投稿を表示するgroupページの処理を行なっているgroup関数を見てみましょう。ここでグループとそれに含まれる投稿を得るには以下のような処理を実行する必要があります。

```
var grp my.Group
var pts []my.Post
db.Where("id=?", gid).First(&grp)
db.Order("created_at desc").Model(&grp).Related(&pts)
```

まず、db.Where("id=?", gid).First(&grp)でidの値がgidのGroupを取り出します。そしてその値をModelの引数に指定し、Relatedで[]my.Postの変数ポインタを引数に指定してPostの配列を取り出しています。こうすることで、id=gidのGroupに関連付けられている（つまりそのGroupに投稿されている）Postをすべて取り出すことができます。

Table, Select, Joins によるJOINの実行

もう一つの方法は、SQLの「**JOIN**」を利用したやり方です。JOINというのは、あるテーブルを検索する際、別のテーブルを連結する機能です。このJOINを利用するため、GORMには「**Joins**」というメソッドが用意されています。

```
db.Joins( 連結の設定 )
```

引数には、モデルを連結する際の設定となる式をstringで指定します。これは、わかりやすくいえば「**AモデルとBモデルを、両モデルにあるどの値を使って結びつけるか**」を示します。このstring値は具体的には以下のような形で記述することになるでしょう。

```
"join テーブル on 項目A = 項目B"
```

「**join モデル**」で、連結するテーブルを指定します。on以降の式は、結合する二つのモデルにある値を比較する式を指定します。

◉ Table と Select

このJoinsを利用するためには、その前に「**Table**」と「**Select**」メソッドを用意する必要があります。これらは以下のように記述します。

```
db.Table( テーブル ).Select( 項目の指定 )
```

Tableには、検索するテーブルの名前をstringで指定します（モデル名ではありません。テーブル名です）。そしてSelectには、値を取り出す項目名をstringですべて指定します。これは、Tableで指定したテーブルの項目だけでなく、その後でJoinsで連結するテーブルにある項目も用意する必要があります。

◉ Postにつけられた Comment を取得する

では、JOINSの具体的な利用例として、投稿された動画のページの処理を行なうpost関数を見てみましょう。ここでは、クエリーパラメータで渡されたPostのID（変数pst）をもとにPostを取得し、このPostの情報を元にCommentを取り出しています。

```
var pst my.Post
var cmts []my.CommentJoin
```

```
db.Where("id = ?", pid).First(&pst)
db.Table("comments").Select("comments.*, users.id, users.name").
    Joins("join users on users.id =comments.user_id").Where("comments.post_id
    = ?", pid).Order("created_at desc").Find(&cmts)
```

ここでは、まずPostとCommentJoin配列を変数として用意しています。Postは、指定のIDの
Postを取り出すためのものですが、ではCommentJoinというのは？

これは「**CommentにUserやPostの情報を追加したもの**」です。先に「**○○Join
という名前のモデルは、複数のモデルをひとまとめにしたものだ**」と説明しましたね。
CommentJoin構造体は以下のようになっていました。

```
type CommentJoin struct {
        Comment
        User
        Post
}
```

このCommentJoin構造体を使うことにより、CommentとPostの値をひとまとめにしたもの
が得られる、というわけです。
TableとSelectは、以下のように呼び出していますね。

```
.Table("comments").Select("comments.*, users.id, users.name")
```

取り出すのは、commentsテーブルです。そして取り出す項目として、comments.*とusers.id,
users.nameを指定しています。comments.*というのは、commentsにあるすべての項目を示し
ています。それに加え、関連するusersのidとnameの値も取り出すようにしています。
そしてJoinsは以下のように呼び出しています。

```
.Joins("join users on users.id =comments.user_id")
```

連結の条件として、users.id =comments.user_idを指定しています。つまり、関連するusers
テーブルのidと、commentsのuser_idの値が等しいものを連結して取り出すことを示している
わけですね。
こうすることで、CommentJoinにはCommentのコメント情報と、それに関連付けられたUser
のユーザー情報（ユーザー名とID）がまとめて取り出されることになります。これを利用すれ
ば、コメントと投稿したユーザー名を表示できるようになるのです。

レコードの新規作成

main.goでは、検索関係の他に**「レコードの新規作成」**も行っています。投稿した動画情報やコメント、グループなどの作成ですね。

レコードの作成は、DBの**「Create」**メソッドを使います。これは以下のように実行します。

```
db.Create( &モデル )
```

引数には、登録する内容をまとめたモデルのポインタを指定します。これにより、そのモデルの情報をもとに新しいレコードを作成します。

例えば、Homeページの処理を行なっているhome関数で、投稿されたフォーム情報をデータベースに保存している部分を見てみましょう。

```
pt := my.Post{
        UserId:  int(user.Model.ID),
        Address: ad,
        Message: rq.PostFormValue("message"),
}
db.Create(&pt)
```

まず、Post構造体の値を作成します。UserIdには、あらかじめ取り出しておいたUser構造体の値（変数user）からModel.IDの値を設定しています。モデルを見るとわかることですが、モデル構造体は、gorm.Modelを用意しており、この中にある値はModel.IDのようにModel内から取り出すようになっています。

そして、変数ptが用意できたら、そのポインタを引数に指定してdb.Createを実行します。これだけで、新しいPostを作成することができるのです。

とりあえず、**「検索」「関連モデルの取得」「モデルの新規作成」**といったものができるようになれば、今回作成したmain.goの内容はだいたい読み取れるようになります。それぞれで内容を考えてみましょう。

テンプレートを作成する

これでGoのプログラム関連は完成しました。残るはテンプレートファイルです。テンプレートファイルは、**「templates」**フォルダの中に必要なものを配置していきます。

では、テンプレートファイルを作成していきましょう。今回は全部で7ファイルあります。間違えないように記述しましょう。

● リスト6-37：head.html

```
{{define "header"}}
<html>
<head>
    <meta charset='utf-8'>
    <title>{{.Title}}</title>
    <link rel="stylesheet"
    href="https://stackpath.bootstrapcdn.com/bootstrap/4.4.1/css/bootstrap.min.css"
    crossorigin="anonymous">
    <script>
    function logout(){
        if (window.confirm("ログアウトしますか？")){
            window.location = "/logout";
        }
    }
    </script>
</head>
<body class="bg-light">
<div class="container bg-white p-0">
<nav class="navbar-expand-sm navbar navbar-dark p-1 bg-primary justify-content-
between">
    <ul class="navbar-nav">
        <li class="nav-item active">
          <a class="nav-link" href="/">Top</a>
        </li>
        <li class="nav-item active">
            <a class="nav-link" href="/home">Home</a>
          </li>
    </ul>
    <a href="#" onclick="javascript:logout();">
    <span class="navbar-text text-light">
        {{.Account}}
    </span></a>
</nav>
<div class="p-3">
<h1 class="display-4 mb-4 text-primary">
{{.Title}}</h1>
{{ end }}
```

● リスト6-38：foot.html

```
{{define "footer"}}
```

433

```
<p class="mt-5 mb-1 text-center">
    copyright 2020 SYODA-Tuyano.</p>
</div></div>
</body>
</html>
{{ end }}
```

○リスト6-39：index.html

```
{{ template "header" .}}
<p>{{ .Message }}</p>

<h4 class="mt-4">Post list.</h4>
{{range $n,$Itm := .Plist}}
<div class="media border m-1 p-2">
    <a href="/post?pid={{$Itm.Model.ID}}">
        <img class="mr-3" src="https://img.youtube.com/vi/{{$Itm.Address}}/
            default.jpg" alt="Generic placeholder image">
    </a>
    <div class="media-body">
        <h5 class="mt-0">{{$Itm.Address}}</h5>
        {{$Itm.Message}}
    </div>
</div>
{{end}}

<h4 class="mt-4">Group list.</h4>
{{range $n,$Itm := .Glist}}
<div class="media border m-1 p-2">
    <div class="media-body">
        <a href="/group?gid={{$Itm.ID}}"><h5 class="mt-0">{{$Itm.Name}}</h5></a>
        {{$Itm.Message}}
    </div>
</div>
{{end}}

{{ template "footer" .}}
```

○リスト6-40：home.html

```
{{ template "header" .}}
<p>{{ .Message }}</p>
```

```html
<h4 class="mt-5">Post.</h4>
<form method="post" action="/home">
<input type="hidden" name="form" value="post">
<div class="form-group mt-4">
    <label for="address" class="h6">Youtube share address:</label>
    <input type="text" class="form-control"
    id="address" name="address" placeholder="https://youtu.be/xxxxx">
</div>
<div class="form-group mt-4">
    <label for="message" class="h6">Message:</label>
    <input type="text" class="form-control" id="message" name="message">
</div>
<button type="submit" class="btn btn-primary mb-2">Post group.</button>
</form>


<h5 class="mt-3">Post list.</h5>
{{range $n,$Itm := .Plist}}
<div class="media border m-1 p-2">
    <a href="/post?pid={{$Itm.Model.ID}}">
        <img class="mr-3" src="https://img.youtube.com/vi/{{$Itm.Address}}/
            default.jpg" alt="Generic placeholder image">
    </a>
    <div class="media-body">
        <h5 class="mt-0">{{$Itm.Address}}</h5>
        {{$Itm.Message}}
    </div>
</div>
{{end}}


<h4 class="mt-5">Group list.</h4>
<form method="post" action="/home">
<input type="hidden" name="form" value="group">
<div class="form-group mt-4">
    <label for="name2" class="h6">New Group:</label>
    <input type="text" class="form-control" id="name2" name="name">
</div>
<div class="form-group mt-4">
    <label for="message" class="h6">Message:</label>
    <input type="text" class="form-control" id="message" name="message">
</div>
<button type="submit" class="btn btn-primary mb-2">Post group.</button>
```

```
</form>

<h5 class="mt-3">Group list.</h5>
{{range $n,$Itm := .Glist}}
<div class="media border m-1 p-2">
    <div class="media-body">
        <a href="/group?gid={{$Itm.ID}}"><h5 class="mt-0">{{$Itm.Name}}</h5></a>
        {{$Itm.Message}}
    </div>
</div>
{{end}}

{{ template "footer" .}}
```

○ リスト6-41：post.html

```
{{ template "header" .}}
<p>{{ .Message }}</p>

<h4 class="mt-4">Post movie.</h4>

<div class="card m-1 p-2 text-center">
    <div>
    <iframe width="560" height="315" src="https://www.youtube.com/embed/
        {{.Post.Address}}" frameborder="0" allow="accelerometer;
        autoplay; encrypted-media; gyroscope; picture-in-picture"
        allowfullscreen></iframe>
</div>
    <div class="card-body">
        <h5 class="mt-0">{{.Post.Message}}</h5>
    </div>
</div>

<form method="post" action="/post?pid={{.Post.ID}}">
    <div class="form-group mt-4">
    <label for="message" class="h6">New Comment:</label>
    <textarea class="form-control" id="message" name="message"></textarea>
</div>
<button type="submit" class="btn btn-primary mb-2">Post comment.</button>
</form>
<h4 class="mt-4">Comments.</h4>
{{range $n,$Itm := .Clist}}
```

```
<div class="media border m-1 p-2">
    <div class="media-body">
        <h6 class="mt-0">{{$Itm.Comment.Message}} ({{$Itm.Name}})</h6>
    </div>
</div>
{{end}}


{{ template "footer" .}}
```

● リスト6-42：group.html

```
{{ template "header" .}}
<p>{{ .Message }}</p>

<h4 class="mt-4">"{{.Group.Name}}" group.</h4>

<form method="post" action="/group?gid={{.Group.Model.ID}}">
    <div class="form-group mt-4">
        <label for="address" class="h6">Youtube share address:</label>
        <input type="text" class="form-control"
        id="address" name="address" placeholder="https://youtu.be/xxxxx">
    </div>
    <div class="form-group mt-4">
        <label for="message" class="h6">Message:</label>
        <input type="text" class="form-control" id="message" name="message">
    </div>
    <button type="submit" class="btn btn-primary mb-2">Post group.</button>
</form>

{{range $n,$Itm := .Plist}}
<div class="media border m-1 p-2">
    <a href="/post?pid={{$Itm.Model.ID}}">
        <img class="mr-3" src="https://img.youtube.com/vi/{{$Itm.Address}}/1.jpg"
            alt="Generic placeholder image">
    </a>
    <div class="media-body">
        <h5 class="mt-0">{{$Itm.Address}}</h5>
        {{$Itm.Message}}
    </div>
</div>
{{end}}
```

```
{{ template "footer" .}}
```

● リスト6-43：login.html

```
{{ template "header" .}}
<h4>{{ .Message }}</h4>
<form action="/login" method="post">
    <div class="form-group">
        <label for="Account">Account(mail address)</label>
        <input type="mail" class="form-control"
            id="account" name="account">
    </div>
    <div class="form-group">
        <label for="pass">Password</label>
        <input type="password" class="form-control"
            id="pass" name="pass">
    </div>
    <button type="submit" class="btn btn-primary">
        Click</button>
</form>
{{ template "footer" .}}
```

これでWebアプリケーションは一通り完成しました。go run main.goで実行し、Webアプリから実際にアクセスをして動作を確認してみてください。なおログインの際は、先にリスト6-35で追加したアカウントとパスワードを入力してください。

これから先は？

今回のWebアプリケーションは、一応ちゃんと動きはしますが、しかし**「必要最低限のもの」**だけしか用意されてはいません。これをもとに、それぞれで機能拡張することで、より本格的に使えるWebアプリケーションに改造してみると面白いでしょう。

例えば、以下のような機能があるとさらに便利になりますね。

◆ ユーザーの新規登録。
◆ 登録済みの情報（Post、Group、Userなど）の編集機能。
◆ 安全のため、Userのpasswordを暗号化。

Webアプリケーションは、最初からすべてを設計して完成！　といったものではありません。まずはまともに動く必要最小限のものを開発し、後は実際に使いながら**「こういう機能を追加しよう」「ここはこう変えて使いやすくしよう」**といったことをフィードバックし改良していくのです。

そうやって一つ一つ機能を自分なりに作っていくことで、Webアプリケーション開発のさまざまなノウハウが少しずつ蓄積されていくはずです。さまざまなノウハウが溜まっていけば、いつの日か**「完全なオリジナルの新しいWebアプリケーション」**を自分なりに開発できるようになることでしょう。

Index 索 引

ま行

ら行

著 者 略 歴

掌田 津耶乃（しょうだ つやの）

日本初の Mac 専門月刊誌「Mac+」の頃から主に Mac 系雑誌に寄稿する。ハイパーカードの登場により「ビギ
ナーのためのプログラミング」に開眼。以後、Mac、Windows、Web、Android、iOS とあらゆるプラットフォー
ムのプログラミングビギナーに向けた書籍を執筆し続ける。

近 著

「Vue.js3 超入門」（秀和システム）

「Electron ではじめるデスクトップアプリケーション開発」（ラトルズ）

「Unity C # ゲームプログラミング入門 2020 対応」（秀和システム）

「ブラウザだけで学べる シゴトで役立つやさしい Python 入門」（マイナビ）

「Android Jetpack プログラミング」（秀和システム）

「Node.js 超入門 第 3 版」（秀和システム）

「Python Django3 超入門」（秀和システム）

著書一覧

http://www.amazon.co.jp/-/e/B004L5AED8/

ご意見・ご感想

syoda@tuyano.com

Go言語ハンズオン

発行日	2021年　3月10日		第1版第1刷

著　者　掌田　津耶乃

発行者　斉藤　和邦

発行所　株式会社　秀和システム

〒135-0016

東京都江東区東陽2-4-2　新宮ビル2F

Tel 03-6264-3105（販売）　　Fax 03-6264-3094

印刷所　三松堂印刷株式会社

ISBN978-4-7980-6399-7 C3055

定価はカバーに表示してあります。
乱丁本・落丁本はお取りかえいたします。
本書に関するご質問については、ご質問の内容と住所、氏名、
電話番号を明記のうえ、当社編集部宛FAXまたは書面にてお
送りください。お電話によるご質問は受け付けておりませんの
であらかじめご了承ください。